U0206714

南京社科学术文库

南京历史街区
空间布局与发展模式研究

朱庐宁◎著

中国社会科学出版社

图书在版编目（CIP）数据

南京历史街区空间布局与发展模式研究/朱庐宁著.—北京：
中国社会科学出版社，2019.12
（南京社科学术文库）
ISBN 978 - 7 - 5203 - 5541 - 4

Ⅰ.①南… Ⅱ.①朱… Ⅲ.①商业街—城市规划—研究—
南京 Ⅳ.①TU984.13

中国版本图书馆 CIP 数据核字（2019）第 247658 号

出 版 人　赵剑英
责任编辑　孙　萍
责任校对　季　静
责任印制　王　超

出　　版　中国社会科学出版社
社　　址　北京鼓楼西大街甲 158 号
邮　　编　100720
网　　址　http://www.csspw.cn
发 行 部　010 - 84083685
门 市 部　010 - 84029450
经　　销　新华书店及其他书店

印　　刷　北京君升印刷有限公司
装　　订　廊坊市广阳区广增装订厂
版　　次　2019 年 12 月第 1 版
印　　次　2019 年 12 月第 1 次印刷

开　　本　710×1000　1/16
印　　张　23.5
字　　数　373 千字
定　　价　99.00 元

《南京社科学术文库》编委会

总　序

　　2018 年是改革开放 40 周年，也是我们全面贯彻党的十九大精神的开局之年和决胜全面建成小康社会、实施"十三五"规划承上启下的关键一年。这一年，南京市进入了创新名城建设的起步阶段，南京市社会科学事业也迎来了学术繁荣、形象腾跃的大好时节。值此风生水起之际，南京市社科联、社科院及时推出"南京社科学术文库"，力图团结全市社科系统的专家学者，推出一批有地域风格和实践价值的理论精品学术力作，打造在全国有特色影响力的城市社会科学研究品牌。

　　为了加强社会科学学科高地建设、提升理论引导和文化传承创新的能力，我们组织编纂了"南京社科学术文库"。习近平新时代中国特色社会主义思想，是对中国特色社会主义理论体系的丰富和发展，是马克思主义中国化的最新理论成果，是我国哲学社会科学的根本遵循，直接促进了哲学社会科学学科体系、学术观点、科研方法的创新，为建设中国特色、中国风格、中国气派的哲学社会科学指明了方向和路径。本套丛书的重要使命即在于围绕实践中国梦，通过有地域经验特色的理论体系构建和地方实践创新的理论提升，推出一批具有价值引导力、文化凝聚力、精神推动力的社科成果，努力攀登新的学术高峰。

　　为了激发学术活力、打造城市理论创新成果的集成品牌、推广社科强市的品牌形象，我们组织编纂了本套文库。作为已正式纳入《加快推进南京社科强市实施意见》资助出版高质量的社科著作计划的本套丛书，旨在围绕高水平全面建成小康社会、高质量推进"强富美高"新南京建设的目标，坚持马克思主义指导地位，坚持百花齐放、百家争鸣的方针，创建具有南京地域特色的社会科学创新体系。在建设与南京城市地位和定位相匹配的国内一流的社科强市进程中，推出一批具有社会影响力和文化贡献力的理论精品，建成在全国有一定影响的哲学社会科学学术品牌，由此实现由社科资源大市向社科发展强市的转变。

为了加强社科理论人才队伍建设、培养出一批有全国知名度的地方社科名家，我们组织编纂了本套文库。本套丛书的定位和选题是以南京市社科联、社科院的中青年专家学者为主体，团结全市社科战线的专家学者，遴选有创新意义的选题和底蕴丰厚的成果，力争多出版经得起实践检验、岁月沉淀的学术力作。借助城市协同创新的大平台、多学科交融出新的大舞台，出思想、出成果、出人才，让城市新一代学人的成果集成化、品牌化地脱颖而出，从而实现社科学术成果库和城市学术人才库建设的同构双赢。

盛世筑梦，社科人理应承担价值引领的使命。在南京社科界和中国社会科学出版社的共同努力下，我们期待"南京社科学术文库"成为体现理论创新魅力、彰显人文古都潜力、展现社科强市实力的标志性成果。

叶南客

（作者系江苏省社科联副主席、创新型城市研究院首席专家）

2018 年 10 月

目　录

第一章

绪　论

据研究，国际上历史街区的保护实践始于 20 世纪 60 年代，中国始于 20 世纪 80 年代。① 发展至今，历史街区的保护已成为文化遗产保护的重要环节，并与单体文物、历史文化名城以及相关非物质文化遗产共同构成了城市文化遗产保护的完整体系。② 但无论是国内还是国外，关于历史街区的概念、内涵及保护实践均经历了一个发展过程。

第一节　国外关于历史街区的认知历程

国际上从法律与制度层面最初提出与"历史街区"有关的文化遗产保护区的概念，始于 1962 年法国《马尔罗法令》③ 的颁布与保护区制度的建立。④ 该法令明确指出保护的内涵主要涉及两个方面：一是将保护范围从单体建筑的保护扩展至对历史环境的保护；二是指出城市更新之目的更重要的是改善环境品质及带来新的发展动力，而不仅仅是物质更新。⑤ 法令的

---

① 顾鉴明：《对我国历史街区保护的认识》，《同济大学学报》2003 年第 3 期。

② 叶如棠：《在历史街区保护（国际）研讨会上的讲话》，《建筑学报》1996 年第 9 期。

③ 又称《历史街区保护法令》，以其制定者——当时法国文化部长马尔罗而闻名。

④ 该法令制定并颁布的背景是，第二次世界大战后，法国战后重建在 20 世纪 50 年代开始出现大规模的"城市更新"失败。为扭转颓势，《肖肖伊法令》（又称《城市更新法》）制定并颁布，由此导致法国城市建设从战后重建走向全面的城市更新，另一方面亦促使城市保护领域从单体建筑保护最终走向整体城市保护。参见邵甬《法国建筑·城市·景观遗产保护与价值重现》，同济大学出版社 2010 年版，第 68—69 页。

⑤ 邵甬：《法国建筑·城市·景观遗产保护与价值重现》，同济大学出版社 2010 年版，第 69—70 页。

颁布推动了保护实践的开展。1964 年 5 月 12 日，里昂的圣—让（Saint-Jean）保护区建立，并以平均每年 2—3 个的速度增长；至 2007 年，全法国已有 97 个保护区。[①] 这些保护区建立的目的有二："（1）通过建立一个法律的保护机制来避免或阻止历史街区中可能造成的不可避免的损失；（2）通过特殊的运行机制来保证历史的、建筑的、城市遗产的品质，并改善老住宅的设施以保证其中的生活品质能够满足现代化的标准。"[②]

不难看出，《马尔罗法令》作为第一部现代意义上对历史街区进行保护的法律，在目的、内容与实践上均有相当的成熟度。因为在此法令颁布之前，已有 1913 年《历史纪念物法》、1930 年《景观地法》和1943 年《文物建筑周边环境法》的铺垫，更有《雅典宪章》形成的关于文化遗产保护价值的共识。《历史纪念物法》确立了对文物建筑的保护制度；《景观地法》则提出在文物建筑周围划出一个保护区，但由于第二次世界大战后重建的迫切性，并未完整实践。尤其值得一提的是《文物建筑周边环境法》，该法律规定建立一个以文物建筑为中心，500米半径的保护范围，且概念、范围和保护措施均为自动生效。即一旦某"文物建筑"被确定，在其周边便自动形成 500 米半径，约合 78.5 公顷面积的保护范围，且该范围内的建设活动均受到严格控制。[③]

稍迟于法国《景观地法》的颁布，1931 年的《关于历史古迹修复的雅典宪章》中明确提出"应注意保护历史遗址周边地区"，[④] 可以看作"将一个地区进行保护"理念的萌生。两年后，国际现代建筑协会（International Congress of Modern Architecture，简称 CIAM）制定了第一个获国际公认的城市规划纲领性文件《雅典宪章》（*Charter of Athens*），并在文件第七节专门论述了"有历史价值的建筑和地区"：[⑤] "（一）真能代表某一时期的建筑物，可引起普遍兴趣，可以教育人民者。

---

① 邵甬：《法国建筑·城市·景观遗产保护与价值重现》，第 70 页。
② 伍江、王林主编：《历史文化风貌保护规划编制与管理》，同济大学出版社 2007 年版，第13 页。
③ 邵甬：《法国建筑·城市·景观遗产保护与价值重现》，第 59—62 页。
④ 《关于历史古迹修复的雅典宪章》（*The Athens Charter for Restoration of Historical Monuments*，1931）英文版：http://www.icomos.org/athens_charter.html.
⑤ 国际现代建筑协会：《雅典宪章》，《城市发展研究》2007 年第 5 期。

（二）保留其不妨害居民健康者。（三）在所有可能条件下，将所有干路避免穿行古建筑区，并不增加交通拥挤，亦不妨碍城市有转机的新发展。在古建筑附近的贫民窟，如作有计划清除后，即可改善附近住宅区的生活环境，并保护该地区居民的健康。"可见，此时在国际范围内，已有关于古建筑区保护的观念，并有改善古建筑周边环境理念的萌芽，但对其内涵、范围及具体的保护措施并无实践性和可操作性的措施。这部宪章中，"Historic Areas" 名词已经出现。①

20 世纪 60 年代，"保护区"的概念并不仅产生于法国，日本与英国亦在文化遗产保护领域着力于"保护区"制度的实施。日本于 1966 年颁布《古都保存法》，该法中提出"历史风貌保存区域"概念，并对"保存区域"制定标准，② 规定具体划界原则③。此外，针对"历史风貌保存区域"，该法规定相关行为须事先向府、县知事申报。④《古都保存法》的颁布一方面将日本文化遗产保护对象的范围从原先的单体扩大到风貌保存区域，另一方面为具体的保护实践提供法律支持。"历史风貌保存区域"一旦确定，相关的"历史风貌保存计划"即须公布，计划的内容包括："（1）分区确定保护的重点和原则；（2）制定相关保护、管理设施的建设计划；（3）将区域内的重要地区进一步定为'历史风貌特别保存地区'；（4）确定国家收买土地的具体办法。"⑤

1967 年，英国颁布《城市美化法》（Civic Amenity Act）首次将"保护区"概念列入国家立法范畴，并将其定义为"其特点或外观值得

① 结合条文应理解为"受保护的古建筑所处的场地"及周边环境。

② 标准的具体内容包括：（1）重要文物古迹及与之成为一体的环境；（2）文物古迹的"背景"地区，所谓的"背景"不仅指景观通道的视觉背景，还广义地包括自然环境"背景"和历史"背景"；（3）各个文物古迹之间的连接地带。参见王景慧《日本的〈古都保存法〉》，《城市规划》1987 年第 5 期。

③ （1）考虑地貌、植被等自然环境的整体性；（2）考虑景观的完整性；（3）结合道路、河流等明显的地理标志，再考虑行政管辖界线。参见王景慧《日本的〈古都保存法〉》，《城市规划》1987 年第 5 期。

④ （1）建（构）筑物的新建、改建、扩建；（2）开垦荒地、开辟住宅用地及其他改变土地性质的行为；（3）采伐林木；（4）挖土、采石、填埋水面；（5）政令规定的其他影响"历史风貌"的行为。参见王景慧《日本的〈古都保存法〉》，《城市规划》1987 年第 5 期。

⑤ 王景慧：《日本的〈古都保存法〉》，《城市规划》1987 年第 5 期。

保护或予以强调的、具有特别的建筑和历史意义的地区"①，该法规定保护区内建筑不可随意拆除，并且必须制定符合历史风貌特征的保护性规划，新建或改建建筑都要制订详细的方案并且获得相关部门批准后方可建设。此外，为改善和提高保护区价值，顺应现代生活的需求，此项法律还规定："（1）消除影响保护区特色的因素；（2）积极控制新建筑的使用性质和设计；（3）防止为增加保护区的商业吸引力，人为'美化'保护区；（4）反对肤浅的抄袭式仿古建筑；（5）在修复、修缮、改善时，最好考虑采用自然材料。"② 经过相关对比，可以看出此时关于保护区的概念、内涵及保护措施的认识，较之法国《马尔罗法令》更加深入、细致，可操作性更强。

　　法、日、英等国在法律与制度层面关于"保护区"的保护实践，反映了20世纪60年代国际文化遗产保护的对象从个体文物扩大到保护区的趋势。这是文化遗产领域的进步，也是人类发展观的改变，还是思维进步的产物。其另一重要表现即《威尼斯宪章》（1964年5月通过）明确提出"Historic Monument"（历史古迹）概念："一种独特文明、重要发展或重要历史事件的城市或乡村环境……保护一座文物建筑，意味着要适当保护一个环境……一座文物建筑不可以从它所见证的历史和它所产生的环境中分离出来。"③ 这种将文物建筑与建筑环境密切联系的定义，构成了后来历史街区概念的本质内涵。而"历史古迹的概念既适用于伟大的建筑艺术作品也适用于更大量的过去的普通建筑"的解释，为数量众多的普通历史建筑能够划入历史遗产范畴奠定了基础，为以后历史街区的价值认定与评估指引了方向。

　　有学者将上述20世纪30年代—70年代初称为历史街区概念演化历程中的酝酿期，而将紧接其后的20世纪70年代中期—80年代中后期称为形成期。④ 通过分析可知，在酝酿期后段，即20世纪60年代—70年

---

① 薛林平：《建筑遗产保护概论》，中国建筑工业出版社2013年版，第190页。

② 伍江、王林主编：《历史文化风貌保护规划编制与管理》，第24页。

③ 《威尼斯宪章》（The Venice Charter，1964）英文版，（http：//www.icomos.org/venice_charter.html）。

④ 参见王景慧、阮仪三、王林《历史文化名城保护理论与规划》，同济大学出版社1999年版；吴志强、李德华《城市规划原理》（第四版），中国建筑工业出版社2010年版。

代中期，"保护区"的概念业已形成，并在法、日、英等国通过立法的手段制度化。而国际宪章（主要指《威尼斯宪章》）中对"保护区"概念的进一步确认以及对文物建筑与建筑环境关系的进一步阐述，为后续历史街区概念的形成及在国际范围内的传播奠定了基础。

1976 年，以《内罗毕建议》为标志，国际遗产保护领域中观层面的核心概念——"Historic Areas"（历史地区）正式提出。根据《内罗毕建议》的规定，"历史地区"不仅包括单一遗址群，还包括历史城镇、史前遗址、城市旧街区、乡村和村庄等多种类型，且总体可分为城市和乡村两类。① 1987 年，《华盛顿宪章》则进一步提出"Historic Urban Areas"（历史城区）概念，并规定"历史城区"包括历史上所有自然形成和认为创造的"城市社区"，"无论大小，包括了城市、城镇和历史上的城市中心或者街区，以及它们的自然和人工环境"。② 至此，国外关于历史街区的相关概念基本形成。值得注意的是，这些概念的形成和内涵的界定，直接影响了国内有关历史街区相关概念的诞生和演化、认识的深入及保护实践的推进。

第二节　国内关于历史街区的认知历程

国内关于历史街区的认识、研究与保护，从 20 世纪 80 年代初的专家动议，到 1986 年"历史文化保护区"③ 概念的提出，再到如今业已形成的较为成熟、完善的宏观（历史文化名城）、中观（历史街区）、微观（文物建筑）的文化遗产保护体系，历经三十余载，经历了一个从无到有，由浅入深，由单一到多元的发展历程。其间，诞生、衍化或

---

① 《内罗毕建议》即《关于历史地区的保护及其当代作用的建议》（*Recommendation Concerning the Safeguarding and Contemporary Role of Historical Areas*, 1976），英文版，（http: // unesdoc. unesco. org/images/0011/001140/114038e. pdf）。

② 《华盛顿宪章》（*Charter for Conservation of Historic Towns and Urban Areas*, 1987），英文版，（http: /www. international. icomos. org/charters/towns_ e. htm）。

③ 1986 年，国务院公布第二批国家历史文化名城时，明确提出要建立"历史文化保护区"。

派生出了一系列的相关概念，如"历史文化保护区""历史城区""历史地区""历史地段""历史街区"等，相互之间容易混淆。本书将着重就国内关于历史街区的认知历程与学术研究史作一梳理，并就相关概念做简要分析。

一　概念演化与保护历程

20 世纪 80 年代初，随着国内文化遗产保护研究与实践的推进，文物保护面过小和历史文化名城保护面过大的局限性开始被认知；加之改革开放后，国外关于历史街区保护理念的导入和影响，中等尺度的历史街区保护，因其文化上的相对完整性和尺度上的可操作性，逐渐成为"历史文化名城"保护的重要层次和重要内容。历史街区的出现，一定程度上是现实逼迫需要调整古城的整体保护思路而采取的重点保护措施，是名城保护的无奈选择和必然出路。[1]

由国际"Historic Areas"（历史地区）内化形成的"历史文化保护区"，是国内历史文化名城保护体系中观层面最早发展起来的概念，其雏形大致出现于 20 世纪 80 年代初期至中期。[2] 1985 年 5 月，建设部城市规划司建议采用"历史性传统街区"的法定概念，得到国务院采纳。[3] 1986 年，国务院在公布第二批国家历史文化名城的相关文件中指出："对文物古迹比较集中，或能完整地体现出某一历史时期传统风貌和民族地方特色的街区、建筑群、小镇村落等也应予以保护，可根据它们的历史、科学、艺术价值，公布为当地各级历史文化保护区。"[4] "历史文化保护区"概念以正式公文的形式被提出。1991 年，中国城市规划学会历史文化名城规划委员会主持召开以"历史地段保护与更新"

---

[1]　参见薛林平《建筑遗产保护概论》，第 190 页。

[2]　参见赵长庚《历史文化名城和名区的一些规划问题》，《重庆建筑工程学院学报》1985 年第 3 期。

[3]　参见阮仪三、孙萌《我国历史街区保护与规划的若干问题研究》，《城市规划》2001 年第 10 期。

[4]　中华人民共和国国务院：《国务院批转建设部、文化部关于请公布第二批国家历史文化名城名单报告的通知》（国发〔1986〕104 号），1986 年 4 月 24 日。

为主题的学术会议，"历史地段"概念因此得到普及。① 1994年，国家文物局、建设部发布《历史文化名城保护规划编制要求》，提出"对于具有传统风貌的商业、手工业、居住以及其他性质的街区，需要保护整体环境的文物古迹、革命纪念建筑集中连片的地区，或在城市发展史上有历史、科学、艺术价值的近代建筑群等，要划定为'历史文化保护区'予以重点保护"，并正式提出"历史街区"概念。②

20世纪80年代初—90年代中期，虽然关于历史街区中观层面的"历史文化保护区"概念已经提出，且有官方公布的相关保护规定。但此时的历史街区保护仍然在历史文化名城保护的框架体系中，概念的提出和保护的规定亦多依附于历史文化名城保护规划之下，并未形成独立的层面。

1996年6月，由建设部城市规划司、中国城市规划学会和中国建筑学会联合举办的"历史街区保护国际研讨会"在黄山市屯溪区召开。此次会议使用"历史街区"概念，并被学术界广泛采用。更为重要的是，此次会议确立了历史街区作为中观层面保护的必要性、重要性、独立性和可操作性。诚如会上时任建设部副部长叶如棠所强调的："我国虽有众多古城，但至今保存完好、符合历史文化名城条件的还只是少数，但在许多城市和乡村中，局部保存着完整历史风貌的街区确实是大量存在的。选择若干历史街区加以重点保护，以这些局部地段来反映古城风貌特色，是一个现实可行的办法。"③ 时任规划司副司长的王景慧亦在会议小结中强调："历史街区的保护已经成为保护历史文化遗产的重要一环。它以整体的环境风貌体现着它的历史文化价值，展示着历史时期的典型风貌特色，反映城市发展的脉络。"④ 历史街区保护在历史文化遗产保护中的地位以及在城市发展中的作用得到确定和强调。

1997年，《黄山市屯溪老街历史文化保护区保护管理暂行办法》更

---

① 中国城市规划学会历史文化名城规划学术委员会：《关于历史地段保护的几点建议》，《城市规划》1992年第2期。

② 中华人民共和国建设部、中华人民共和国国家文物局：《历史文化名城保护规划编制要求》，1994年9月5日。

③ 叶如棠：《在历史街区保护（国际）研讨会上的讲话》，《建筑学报》1996年第9期。

④ 傅爽：《历史街区保护（国际）研讨会在黄山市召开》，《建筑学报》1996年第9期。

进一步明确了历史文化保护区的重要地位和保护原则、方法:"历史文化保护区是我国文化遗产的重要组成部分,是文物保护单位、历史文化保护区、历史文化名城这一完整体系不可缺少的一个层次。"①

2002 年,新修订的《中华人民共和国文物保护法》规定"保存文物特别丰富,具有重大历史价值和革命意义的街区(村、镇)为历史街区(村、镇)",② 在法律层面上正式明确提出"历史街区"概念,并以立法的形式规定了历史街区的保护制度。从《文物保护法》开始,国内法规用语中,"历史街区"替代了"历史文化保护区"成为规范用词。

20 世纪末至 21 世纪初,针对城市化进程的加速和城市更新的推进所导致的大量历史街区被破坏的情况,建设部于 2003 年公布《城市紫线管理办法》,其中规定:"本办法所称城市紫线,是指国家历史文化名城内的历史街区和省、自治区、直辖市人民政府公布的历史街区的保护范围界限,以及历史街区外经县级以上人民政府公布保护的历史建筑的保护范围界限。"③ 除对"城市紫线"的定义有规定外,该《办法》还规定了紫线范围内的保护措施。④ 划定城市紫线,为历史街区和历史建筑保护范围的划定、规划的制定和实施提供了重要依据。

2005 年,国家颁布《历史文化名城保护规划规范》,就"历史城区""历史地段"和"历史街区"等概念进行了解释。⑤ 而后在 2008 年颁布的《历史文化名城名镇名村保护条例》中规定:"历史街区,是指经省、自治区、直辖市人民政府核定公布的保存文物特别丰富、历史建筑集中成片、能够较完整和真实地体现传统格局和历史风貌,并具有一定规模的区域。历史街区保护的具体实施办法,由国务院建设主管部门

---

① 中华人民共和国建设部:《黄山屯溪老街历史文化保护区保护管理暂行办法》(1997)。

② 《中华人民共和国文物保护法》(2002,以下简称《文物保护法》)

③ 中华人民共和国建设部:《城市紫线管理办法》,2003 年 12 月 17 日。

④ 即紫线范围内确定的保护建筑不得拆除,建筑物的新建和改建不得影响该区的传统格局和风貌,不得破坏规划保留的园林绿地、河湖水系、道路等。

⑤ 中华人民共和国建设部:《历史文化名城保护规划规范》(GB50357 - 2005)。

会同国务院文物主管部门制定。"① 该条例的出台实施，使得历史街区的保护与管理被提升到前所未有的高度，历史街区的保护在历史文化遗产保护体系的中观层面地位日益凸显。

20 世纪后十年和 21 世纪前十年是我国文化遗产保护体系构建的重要时期。其中，1997 年历史文化保护区作为一个独立层次被正式提出，标志着我国覆盖宏观、中观和微观三个层次的遗产保护体系雏形正式形成；此后，随着研究的深入、认识的深化和保护实践的推进，在我国遗产保护体系中，中观层面历史街区保护的地位逐渐凸显。而2002 年《文物保护法》的颁布及其对历史街区相关概念、保护原则、措施等的规定，进一步为历史街区中观层面的保护实践提供了法律依据和制度保障，后续的法律、法规、条例陆续出台，推动了历史文化名城和文物保护制度的接轨，标志着我国历史文化名城保护体系的真正建立。②

二 学术史回顾

如前文所提及，我国关于历史街区的保护始于 20 世纪 80 年代，保护实践的开展伴随着研究的推进和深入。有学者通过梳理 1980—2010 年有关历史街区的研究文献，将历史街区的研究历程划分为三个阶段：③ 1982—1993 年萌芽阶段；1994—2003 年初步发展阶段；2004—2010 年全面深入阶段。如今离 2010 年已过去相当一段时间，关于历史街区的研究亦有新的内容和进展。本书拟在已有研究基础上，纳入最新的研究成果，稍作分析：

1. 萌芽阶段（20 世纪 80 年代初至 90 年代中期）

此阶段，关于历史街区的研究尚处在历史文化名城研究的框架之下，学术界的相关研究文献亦较少。研究的主要内容集中在对国际相关法规文献的翻译和保护经验的介绍上。前者如陈志华《保护文物建筑及

---

① 中华人民共和国国务院：《历史文化名城名镇名村保护条例》，2008 年 8 月 24 日。

② 参见李晨《"历史街区"相关概念的生成、解读与辨析》，《规划师》2011 年第 4 期。

③ 参见戴湘毅、朱爱琴、徐敏《近 30 年中国历史街区研究的回顾与展望》，《华中师范大学学报》（自然科学版）2012 年第 2 期。

历史地段的国际宪章》① 及《保护历史性城镇的国际宪章（草案）》②，分别是对 1964 年《威尼斯宪章》及补充文件的翻译；后者如陈志华先生翻译的马丁·穆施塔所作《德意志民主共和国保护文物建筑和历史地段的原则》，③ 朱自煊先生介绍的关于日本高山市的历史地段保护与城市设计，④ 以及李勇先生对意大利历史地段和文物建筑保护的案例分析和经验总结。⑤ 通过分析可以看出，此时或由于国内关于历史街区的保护实践刚刚起步，对国外历史地段保护经验介绍，仅停留在案例或总体分析层面，并未结合国内情况做具体的参考性分析。

　　值得注意的是，20 世纪 80 年代中期，朱自煊先生已开始探索国内历史街区（此时尚称"历史地段"）的保护问题，其在《屯溪老街历史地段的保护与更新规划》⑥ 中，将保护层次区划分为核心保护区、环境影响区、建设控制区和景观协调区，并就各区内的建筑高度、建筑风貌等作具体的控制，就国内而言极具创新性和前瞻性。这不仅是国内历史街区保护领域较早出现"历史地段""保护区"等概念，亦是对历史街区保护实践的早期探索。

　　在本阶段的最后几年，即 20 世纪 90 年代初，借"历史地段保护与更新"会议⑦召开之机，国内关于"历史地段"的保护与更新问题进行了颇多讨论。较有代表性的有，中国城市规划学会历史文化名城规划学术委员会在该会议上提出的关于历史地段保护的几点建议：第一，充分认识历史地段保护的必要性、重要性和急迫性；第二，保护历史地段应

---

① 陈志华：《保护文物建筑及历史地段的国际宪章》，《世界建筑》1986 年第 3 期。

② 陈志华：《保护历史性城镇的国际宪章（草案）》，《城市规划》1987 年第 3 期。

③ 马丁·穆施塔：《德意志民主共和国保护文物建筑和历史地段的原则》，陈志华译，《世界建筑》1985 年第 3 期。

④ 朱自煊：《他山之石 可以攻玉（二）——日本高山市历史地段保护与城市设计》，《国外城市规划》1987 年第 3 期。

⑤ 李勇：《意大利历史地段与文物建筑保护》，《沈阳建筑工程学院学报》1992 年第 1 期。

⑥ 朱自煊：《屯溪老街历史地段的保护与更新规划》，《城市规划》1987 年第 1 期。

⑦ 会上来自全国各地的专家，就"历史地段"的定义、内涵、特征，保护的必要性、重要性和迫切性，保护的原则和具体方式方法等进行了详细的探讨，具体内容见《"历史地段保护"问题的讨论——附：关于历史地段保护的几点建议》，《城市规划》1992 年第 2 期。

有明确的目标，并划定具体的保护范围；第三，应采取保护为主，保护、整治和必要的改造更新相结合的原则；第四，理论与实践均需进行深入探讨和总结。① 吴良镛先生不仅探讨了历史地段的保护问题，更结合北京菊儿胡同和隆福寺商业街区改建这两个工程实例，深入探索历史地段内新建筑的创作问题。② 云南省城乡规划设计研究院孙平先生则分析了历史文化名城保护的困境和历史地段保护的可操作性和必要性，并提出历史地段的保护需建立完整的体系，并将其纳入区域性城镇体系规划和城市总体规划之中。③

2. 初步发展阶段（20 世纪 90 年代中期至 2004 年前后）

20 世纪 90 年代中期，随着国家战略层面颁布的《历史文化名城保护规划编制要求》中列出"历史街区"概念，以及"历史街区保护国际研讨会"的召开，我国历史街区保护的实践与研究开始发力，进入发展阶段。

这一阶段，国内学界关于历史街区保护的研究内容主要分为两大方向：一是伴随着各地历史街区保护实践的推进，详细介绍了具体的保护案例，或在探索各城市历史街区的保护策略与方法中，总结经验，提炼模式，形成理论。前者的相关论文过百篇，限于篇幅，难以一一列举。较有代表性的如北京白塔寺历史街区的整治与改建、④ 济南芙蓉街曲水亭街地区保护整治规划⑤及南京高淳淳溪镇老街历史街区的保护规划⑥等。后者，即此阶段在保护实践基础上形成的关于历史街区的相关理论，代表者如吴良镛先生在北京菊儿胡同整治过程中，受生态学启发，

---

① 中国城市规划学会历史文化名城规划学术委员会：《关于历史地段保护的几点建议》，《城市规划》1992 年第 2 期。

② 吴良镛：《"抽象继承"与"迁想妙得"——历史地段的保护、发展与新建筑创作》，《建筑学报》1993 年第 10 期。

③ 孙平：《从"名城"到"历史保护地段"》，《城市规划》1992 年第 6 期。

④ 吴良镛、方可、张悦：《从城市文化发展的角度，用城市设计的手段看历史文化地段的保护与发展——以北京白塔寺街区的整治与改建为例》，《华中建筑》1998 年第 3 期。

⑤ 张杰、方益萍：《济南市芙蓉街曲水亭街地区保护整治规划研究》，《城市规划汇刊》1998 年第 2 期。

⑥ 阮仪三、范利：《南京高淳淳溪镇老街历史街区的保护规划》，《现代城市研究》2002 年第 3 期。

提出对小规模、动态性的、过程性的"有机更新理论"。① 同时涌现了许多基于该理论，同时结合其他实践案例而形成相关理论。② 此外，还有宋晓龙等应用于北京市南北长街保护规划中的"微循环式"保护与更新理论，即认为保护与更新相辅相成，对立统一；③ 有王骏、王林等结合国外成功的保护案例中采用的小规模、持续整治的模式而提出的"持续整治"思想；④ 有梁乔从人文精神、可持续发展观和交往实践观角度，提出的"双系统模式"；⑤ 以及张鹰在福州三坊七巷历史街区保护实践中提出的"愈合理论"等。⑥

二是从总体的视角，结合我国国情，探索城市更新和规划设计中历史街区的保护、更新与规划问题。这方面同济大学国家历史文化名城研究中心主任阮仪三教授进行了系统、深入且富有成果的研究。如其在《城市遗产保护论》中，深度剖析了我国历史街区保护与规划的相关现状问题；在对我国历史街区保护现状分析的基础上，总结历史街区保护的误区，分析历史街区保护与整治规划在编制步骤、方法上的特点，并分析历史街区保护与更新的具体措施、历史街区范围与规模的确定。⑦ 又如《对于我国历史街区保护实践模式的剖析》，在对我国历史街区保护的主要模式的分析基础上，提出历史街区保护与更新的对策。⑧

---

① 吴良镛：《北京旧城与菊儿胡同》，中国建筑工业出版社 1994 年版。

② 有代表性者如胡云、黎志涛《常州市青果巷历史地段"有机更新"研究》，《东南大学学报》（哲学社会科学版）2002 年第 4 期；刘丛红、刘定伟、夏青《历史街区的有机更新与持续发展——天津市解放北路原法租界大清邮政津局街区概念性设计研究》，《建筑学报》2006 年第 12 期；陆翔《北京传统住宅街区渐进更新的途径》，《北京规划建设》2001 年第 3 期。

③ 宋晓龙、黄艳：《"微循环式"保护与更新——北京南北长街历史街区保护规划的理论和方法》，《城市规划》2000 年第 11 期。

④ 王骏、王林：《历史街区的持续整治》，《城市规划汇刊》1997 年第 3 期。

⑤ 梁乔：《历史街区保护的双系统模式的建构》，《建筑学报》2005 年第 12 期。

⑥ 张鹰：《基于愈合理论的"三坊七巷"保护研究》，《建筑学报》2006 年第 12 期。

⑦ 阮仪三：《城市遗产保护论》，上海科学技术出版社 2005 年版，第 38—56 页。

⑧ 即加强政府的主导作用和管理职能，坚持长期渐进的小规模"有机更新"原则，确保历史脉络的延续性和真实性，推动基于"社区参与"与"居民自助"的历史街区更新新机制，建立适应历史环境保护要求的土地开发管理新机制。参见阮仪三、顾晓伟《对于我国历史街区保护实践模式的剖析》，《同济大学学报》（社会科学版）2004 年第 5 期。

已故的建设部规划司原副司长王景慧先生亦在此方面建树颇丰。如其在《历史地段保护的概念和作法》① 一文中，不仅阐述了"历史地段"概念的形成过程，还提出确定"历史地段"的三个具体标准，即有较完善的历史风貌、有真实的历史遗存、有一定规模且视野所及范围内风貌基本一致；并指出历史地段保护的方法：强调保护整体风貌，行政措施方面要做好规划、划定保护区域并规定保护措施，在实施上需采取逐步整治的方法等。其编著的《历史文化名城保护理论与规划》中关于历史街区的保护方法，在剖析"博物馆式保护"（又称"冻结保存"）与"拼贴式保护"的基础上，又更深入地提出历史街区建筑保护、格局与肌理保护、高度与尺度控制、基础设施改造、居住人口及居住方式调整及街区性质、功能调整等可操作性方法。②

其他学者在此阶段亦有关于历史街区的相关论著。如同济大学张松先生《历史城市保护学导论——文化遗产和历史环境保护的一种整体性方法》中关于历史地段和历史保护区的相关论述，重点就历史地段和历史保护区的划定和规划控制，保护区内新建筑的设计问题进行了探讨，提出保护区新建筑设计控制需从"特色"和"环境"两个主要方面进行考虑。③ 东南大学董卫先生则就城市更新中历史地段或历史街区的保护问题进行了反思，着重就中西不同文化背景下的保护观念及内涵，保护的真实性问题及实践中的真实性评估等问题进行了深入分析。④ 北京市古代建筑研究所王世仁先生就历史街区保护中的"保存""更新"与"延续"三个方面的问题所进行的探讨。⑤

3. 深入发展阶段（2004 年前后至今）

进入 21 世纪，随着我国城市化进程的加速，城市更新过程中旧城

① 王景慧：《历史地段保护的概念和作法》，《城市规划》1998 年第 3 期。

② 参见王景慧等编著《历史文化名城保护理论与规划》。

③ 张松：《历史城市保护学导论——文化遗产和历史环境保护的一种整体性方法》，上海科学技术出版社 2001 年版，第 53—56 页。

④ 董卫：《城市更新中的历史遗产保护——对城市历史地段/街区保护的思考》，《建筑师》2000 年第 6 期。

⑤ 王世仁：《保存·更新·延续——关于历史街区保护的若干基本认识》，《北京规划建设》2002 年第 4 期。

改造与建设对历史街区产生强烈的冲击，历史街区的保护与相关研究刻不容缓；另一方面，历史街令人担忧的生存状况，亦引起学界、社会的广泛关注，相应地推动了国内历史街区研究向前发展。经笔者总结，本阶段，关于历史街区的研究有如下特点：

第一，和上阶段一样，本阶段各地的历史街区保护实践仍在继续，因此相关研究中有相当部分是对各地历史街区保护案例的介绍和经验总结。但与上阶段偏重于整体保护理论或保护模式探索不同的是，本阶段的关注点侧重于历史街区保护中的具体问题或保护的某一方面问题的探讨。同时，随着保护理念的更新和社会的发展，关注的视角和问题亦有新的内容。

其中，较有代表性的是从受众的体验和感知视角出发，或者是探析对历史街区的认知特征，或者是反观历史街区保护与更新、开发与利用的效果，或为历史街区的复兴提供新思路、新策略。如以南京夫子庙为例，从游客体验的角度，通过实地的调研，分析了游客对夫子庙历史街区的真实感知及其影响因素；[①] 有以福州市三坊七巷历史街区为例，揭示不同属性特征的游客对三坊七巷历史街区意向空间感知的分异性特征。[②] 同样以福州三坊七巷为例，有研究则通过体验视角，分析历史街区的体验要素，试图为历史街区的旅游层面复兴提供新的发展思路。[③]

也有的研究偏向于关注历史街区复兴中的旅游、商业与文化消费问题。如有学者在对历史街区商业化理论、实践及正负效应等方面归纳分析的基础上，提出历史街区商业化是在认知动力、竞租动力、旅游及体验经济等多种社会经济因素综合影响下催生的空间需求，其中，前两者为初始动力，其他为后续补充动力。在充分认识历史街区商业化的动力机制后，其规划应发挥公共政策职能，引导历史街区商业化向着和谐、

①　廖仁静等：《都市历史街区真实性的游憩者感知研究——以南京夫子庙为例》，《旅游学刊》2009 年第 1 期。

②　徐国良、万春燕、甘萌雨：《福州市历史街区游客意向空间感知差异研究》，《重庆师范大学学报》（自然科学版）2012 年第 2 期。

③　刘家明、刘莹：《基于体验视角的历史街区旅游复兴——以福州市三坊七巷为例》，《地理研究》2010 年第 3 期。

全面、内涵和空间四个方向上发展。① 有研究在总结国内外历史街区商业化改造实践的基础上，结合我国现实情况，对历史街区商业化改造中的资金筹措、政策管理、公众参与等问题进行了实例分析，并提出相应的改造实施策略。②

亦有部分研究聚焦于历史街区保护与更新实践中的技术实现问题。如有学者针对历史街区保护中古建筑修缮过程中设计的基础、墙体、屋面、木结构等各项技术问题进行了较为详细的分析。③ 关于历史街区的虚拟重建技术，有研究探索激光遥感技术在历史街区重建及基于重建的历史街区保护中的应用问题，④ 有学者则关注基于 Google Earth 平台的历史街区虚拟重建问题。⑤ 其他，还有 GIS 技术在历史街区划定及历史建筑价值评估体系中的应用、⑥ ZigBee 技术在历史街区智能化中的应用、⑦ 三维激光扫描技术在历史街区保护中的应用⑧以及应对我国历史街区狭窄街巷特点的直埋管线综合技术的应用。⑨

此外，还有根据某一历史街区的具体实例，探讨历史街区中非物质

---

① 李和平、薛威：《历史街区商业化动力机制分析及规划引导》，《城市规划学刊》2012年第 4 期。

② 贺菲菲：《历史街区的商业化改造与更新研究》，硕士学位论文，湖南大学，2007 年。

③ 陈永明：《历史街区保护中若干技术问题的探讨——绍兴市历史街区保护的实践与思考》，《古建园林技术》2007 年第 3 期。

④ 庞前聪、詹庆明、吕毅：《激光遥感技术——古建筑与历史街区保护的新契机》，《中外建筑》2008 年第 2 期。

⑤ 韩世刚：《基于 Google Earth 的历史街区虚拟重建技术研究》，《系统仿真学报》2009年 10 月。

⑥ 胡明星、金超、董卫：《基于 GIS 技术在南京历史文化名城保护规划中划定历史街区的应用》，《建筑与文化》2010 年第 7 期；郑晓华、沈洁、马菊艺：《基于 GIS 平台的历史建筑价值综合评估体系的构建与应用——以南京三条营历史街区保护规划为例》，《现代城市研究》2011 年第 4 期。

⑦ 张素荣：《ZigBee 技术在历史街区智能化中的应用》，硕士学位论文，湖南科技大学，2008 年。

⑧ 孙新磊、吉国华：《三维激光扫描技术在传统街区保护中的应用》，《华中建筑》2009年第 7 期。

⑨ 李新建：《历史街区适应性直埋管线综合规划技术研究》，《城市规划》2013 年第11 期。

文化遗产的保护问题,① 遗迹物质与非物质整合的文化遗产保护问题,即强调保护的整体性及其实现的问题;② 探究非文物历史街区的保护问题,即强调历史街区的社会属性及其对人、城市发展的重要性,提出"从静止的时间及风貌保护转向动态的历史过程保护,从孤立的建筑保护到广泛联系的空间系统保护"两种基本的历史街区保护观;③ 关注历史街区保护与开发中建筑的"原真"与"模仿"问题,提出历史街区的保护与开发中,应充分考虑保护文化遗产的原真性、整体性、可读性和可持续性。④

　　第二,新的保护理论或保护视角的导入。例如,历史街区代表城市历史或传统形象,而城市更新展现的多为现代形象,传统与现代的形象之间怎样有效衔接,有学者主张引入城市形象理论,并对导入方式进行了相关探讨。⑤ 又如,一直以来我国历史街区内产权的划分存在权责不清,关系模糊及法规制度不健全等问题,相关研究亦鲜见。针对这一问题,有的研究运用经济学基本理论,通过从属程度,从控制与风险两个视角进行了分析,并探讨了基于明晰产权关系的历史街区保护,即明确管理部门的权责关系,明确历史街区中专有部分与共有部分的界限,明晰公共空间的产权界定方式。⑥ 此外,有学者针对目前我国在历史街区保护与价值评估中,采用同一性的认定标准和保护方法,以重庆的历史街区保护为例,提出分级保护策略,建立评价体系,制定分级标准,进行分级保护。⑦

---

① 胡颖:《论历史街区的非物质文化遗产保护——以屯溪老街为例》,硕士学位论文,华东师范大学,2006 年。

② 张杰、张飏:《走向物质与非物质整合的历史街区文化遗产保护方法研究——以福州三坊七巷保护为例》,2009 年中国城市规划年会,第 2628—2638 页。

③ 吴建勇:《非文物历史街区保护问题研究:一种对待历史的态度——以高邮为例》,《现代城市研究》2010 年第 1 期。

④ 杨春荣:《历史街区保护与开发中建筑的原真与模仿之争——以成都宽窄巷子为例》,《西南民族大学学报》2009 年第 6 期。

⑤ 姜建涛、李爽、李春辉:《城市形象理论导入历史街区更新之探讨》,《北京城市学院学报》2009 年第 6 期。

⑥ 翁一峰:《历史街区保护的产权视角的若干讨论》,《2006 年中国城市规划年会论文集》,第 533—537 页。

⑦ 李和平等:《重庆历史街区分级保护策略》,《城市规划》2010 年第 1 期。

天津大学郑利军的博士学位论文《历史街区的动态保护研究》，引入"动态保护"的概念，在对静态保护与动态保护的含义、动因及意义三方面在进行比较的基础上，进一步就历史街区动态保护中的相关原则——原真性、时代性、人性化、整体协调性、动态性及多方位等进行了重新解释说明，并就政府、开发商、专家、公众等因素的参与问题进行了相关探讨，是关于历史街区保护理论的新认识。[1]

第三，本阶段，国内亦出现了一批对国外历史街区与建筑遗产保护实践经验与成果介绍和分析的文章。与第一阶段不同，本阶段的介绍和分析已不再局限于国外某一地区或某一案例的介绍，而是着眼于某国的整体，从而进行全面考察，且分析的内容不再局限于保护实践本身，还包括其保护历史沿革、法律制度、社会环境与运营管理等各方面，在深度与系统两方面均较第一阶段有根本性提升。比较有代表性的如邵甬《法国建筑·城市·景观遗产保护与价值重现》，[2] 是对法国遗产保护的介绍；以及朱晓明编著的《当代英国建筑遗产保护》，[3] 是对英国的介绍。

三　相关概念辨析

从 20 世纪 80 年代中期，"历史地段"与"历史文化保护区"等概念的提出，到 2005 年《历史文化名城保护规划规范》对"历史城区""历史街区""历史地段"的相关概念进行规范解释，及保护体系中观层面的概念建构，伴随着国内关于历史街区的认知历程，并在国际遗产保护领域重要概念的影响下进行，其间形成了包括"Historic Areas"（历史地区）、"Historic Urban Areas"（历史城区）、"历史地段"、"历史文化保护区"和"历史街区"等概念在内的概念群。各概念的内涵与外延，各自的指代对象及相互之间的关系，较容易

---

① 郑利军：《历史街区动态保护研究》，博士学位论文，天津大学，2004 年。

② 邵甬：《法国建筑·城市·景观遗产保护与价值重现》，同济大学出版社 2010 年版。

③ 朱晓明编著：《当代英国建筑遗产保护》，同济大学出版社 2007 年版。

被混淆,① 本书结合已有研究,拟稍作辨析:

根据各概念出现的场合与环境,上述概念可分为国内与国外两类。前者多为宪章用语,主要包括"Historic Areas""Urban Historic Areas"和"Historic Urban Areas"等;后者主要包括"历史地段""历史文化保护区""历史街区""历史城区"和"历史街区",除"历史街区"为国内学术用语外,其他均为法规用语。

有学者研究指出,"Historic Areas"(历史地区)是上述概念群中所有概念的原形,其他概念主要通过概念分化和概念演化两种方式发展而来。这两种方式中,概念分化有法制化(如"历史地区"以法律条文的形式加以限定形成"历史街区"和"城市历史街区")和环境化(如"历史地区"按照空间范围分化出"历史地段""历史城区"和"历史街区")两种。由此可见,"历史街区"是交汇点,因而是既具有法律效力又代表中观层面最小保护单元的概念。② 通过前文梳理国内对历史街区的认知历程,亦可见"历史街区"是2002年以后法律、法规、条例和相关文件最常见的规范用词(2002年之前多用"历史文化保护区",2002年后该词被"历史街区"取代)。概念的衍化主要有两种方式,一是简化,二是混用。如"历史街区"和"历史地段"分别由"历史文化保护区"和"城市历史地区"衍化而来。③

在上述概念中,"历史地区"是包含内容最多,涉及范围最广的概念,其他概念均内涵其中。2005年颁布的《历史文化名城保护规划规

① 如朱自煊在介绍日本关于历史街区的保护经验时说:"高山上三之町历史地段传统建筑群50年代在文学、摄影作品中屡被介绍,认为是日本最美的历史街区之一。"(参见朱自煊《他山之石,可以攻玉(二)——日本高山市历史地段保护与城市设计》,《国外城市规划》1987年第3期。)陆翔在解释该概念时则说:"历史文化保护区(又称为历史地段或历史街区)。"(参见陆翔《北京历史文化保护区保护方法初探》,《北京建筑工程学院学报》2001年第1期。)李德华在《城市规划原理》中说:"历史地段通常也称作历史街区。"(参见李德华《城市规划原理》,中国建筑工业出版社2001年版。)杨钊等在屯溪老街的研究中则提及:"当前对于历史街区的研究主要集中在其保护和规划上,对历史街区的开发利用研究较少。"[参见杨钊、陆林、王莉《历史街区的旅游开发——安徽屯溪老街实例研究》,《安徽师范大学学报(人文社会科学版)》2004年第5期。]

② 李晨:《"历史街区"相关概念的生成、解读与辨析》,《规划师》2011年第4期。

③ 同上。

范》中对国内较常用的表述用语进行解释："历史地段"是指"保留遗存较为丰富，能够比较完整、真实反映一定历史时期传统风貌或民族、地方特色，存有较多文物古迹、近现代史迹和历史建筑，并均有一定的规模"，其涵盖对象包括城镇和乡村。而"历史街区"则指"经省、自治区、直辖市人民政府核定公布应予以重点保护的历史地段"。显然，"历史街区"的范畴小于历史地段。"历史城区"有广义与狭义之分，广义指"城镇中能体现其历史发展过程中或某一时期风貌的地区，涵盖一般通称的古城区和旧城区"，狭义则特指"历史范围清楚，格局和风貌保存较为完整的需要保护控制的地区"。无论是广义还是论及狭义，"历史城区"的指代范围均局限于城镇内，因此"历史城区""历史地段"及"历史街区"均有交集，且不完全等同。其他概念，如"历史文化保护区"为"历史街区"在 2002 年以前的表述；"历史街区"则为"历史文化保护区"衍化而来的学术用语。

具体关于上述概念的各自内涵、指代对象、范畴及相互之间的发展关系，已有学者作过详细分析，① 可参考。

以南京为例，南京为我国第一批历史文化名城，其明城墙范围内常被称为"老城"或"旧城"，因此属广义上的历史城区；老城南历史文化遗存丰富且集中，街区肌理保存较为完整，亦需保护，因此属狭义上的历史城区。在历史城区内、外均存在历史地段，如城内的秦淮河畔，东至平江府路，西至四福巷来燕路，南至琵琶街，北至建康路的夫子庙历史地段；城外的栖霞山栖霞寺历史地段，中山陵历史地段等。历史地段可以以陵、墓等为依托，历史街区必须以城市和城镇为依托，若某个历史地段经过了省级或以上人民政府核定公布应予以重点保护，则称历史街区，如夫子庙历史街区等。若在 2002 年之前公布，其有可能称夫子庙历史文化保护区。

---

① 参见李晨《"历史街区"相关概念的生成、解读与辨析》，《规划师》2011 年第 4 期；王景慧、阮仪三、王林《历史文化名城保护理论与规划》，同济大学出版社 1999 年版。

第三节　南京历史街区研究现状

南京作为入选我国第一批历史文化名城的城市（1982 年），其历史街区的保护实践开展较早。1984 年，市文管会、规划局及规划设计研究院会同有关部门，在南京规划建设委员会指导下，编制出台了《南京历史文化名城保护规划方案》。该规划方案确定了市区内五片重点保护区（石城风景区、钟山风景区、大江风貌区、秦淮风光带和雨花台纪念风景区）和市区外围的四片重点保护区（牛首祖堂风景区、栖霞风景区、阳山碑材疗养游览区、汤山温泉、江浦老山森林风景区）。[①] 虽然仅从总体上划定保护区，未有进一步的规划和保护实施细则，但可以看出南京历史文化名城保护的初始即有保护区的概念。

保护实践的推进需要基础的调研和相关的研究作为支撑。1991 年，关于南京明清历史街区的调研工作启动。在调研的基础上，由南京建工学院、南京市文管会和南京古都学会提出南京古都风貌保护建议，其中划定城南十片历史街区：门西片区、门东片区、乌衣巷片区、金沙井片区、颜料坊片区、西街片区、南捕厅片区、安品街片区、施府桥片区和瞻园片区，并提出相关保护思路：（1）保护明清传统街坊；（2）保护明清建筑形式和风格，严格控制街坊内建筑高度和建筑形式；（3）民居做好各自房屋的维护工作，避免搭建、插建现象；（4）政府做好环境整治工作和基础建设。[②]

1991 年，在编制南京城市总体规划的背景下，对原有规划进行了继承、完善和充实，于 1992 年出台了《南京历史文化名城保护规划》，该规划从名城风貌、古都格局、文物古迹、建筑风格的保护及历史文化的再现和创新五个方面提出了文化遗产保护的具体内容。其中，"历史文化保护地段"的提出尤为重要，即针对文物古迹集中分布的重要区

---

① 参见南京市地方志编纂委员会、南京文物志编纂委员会编《南京文物志》，方志出版社 1997 年版，第 527 页。

② 参见汪永平《南京城南民居的调查与保护》，南京文物工作 1992 年版，第 226 页。

域，或具有独特风貌的历史地段，划出保护范围，计有朝天宫地区、明故宫地区、天王府梅园新村、夫子庙地区、传统民居保护区（南捕厅、门东片、门西片、金沙井、大百花巷五片重点保护区）、中山东路近代建筑群、"公馆区"、杨柳村古建筑群八片。这一版保护规划，较之1984年划出了保护地段内文物古迹的保护范围和建设控制地带，使得保护实践具有了实际意义和可操作性。

21世纪以前，由于南京历史街区的保护实践尚未真正付诸具体的案例或项目中，因此关于历史街区的研究基本停留在总体规划编制和基础资料调研阶段，尚难见到具体的案例分析和相关理论探索。进入21世纪，由于国内历史街区保护实践和研究相继走热，加之南京本地的城市更新中历史街区保护实践的兴起，相关研究逐渐展开。

总结归纳这部分研究，主要涉及如下几方面内容：

第一，对历史街区内涵的分析，包括历史街区的构成、格局、特色与价值。例如，有学者在阐述历史沿革的基础上，分析老城南历史街区内的历史文化遗产构成，强调其历史与文化价值；并进一步指出其在城市更新中所遭受的破坏，点明正确保护的必要性和迫切性。[1] 有研究从街区建筑规划、路网布置和配套设施、院落布局等角度分析鼓楼区颐和路历史街区的特色与价值；[2] 还有从院落布局、院落类型、院落形态及院落间组织关系等角度，分析老城南门东历史街区保存较为完整的院落特征。[3] 此外，下文论述的各历史街区保护案例分析中，亦多有涉及各历史街区的内涵与价值分析。

第二，对南京历史街区保护具体案例的规划、设计方案的介绍。例如，有的研究基于南京城的历史发展和历史地段现状，探讨了夫子庙历史街区和明城墙历史地段保护性城市设计案例，并分析了该案例的经验得失，指出历史街区或历史地段的相关保护要平衡原生环境及再生环境

---

①　周学鹰、张伟：《简论南京老城南历史街区之文化价值》，《建筑创作》2010年第2期。

②　卢漫、王刚：《南京鼓楼区颐和路历史街区特色与保护价值》，《江苏建筑》2007年第4期。

③　吴超：《南京老城南门东历史街区传统院落布局特征》，《城市建筑》2013年第4期。

质量的提高，并点明历史街区的旅游开发中特色与可识别性的重要性。① 其他还有如高淳淳溪镇老街历史街区的保护规划，② 明故宫历史地段的保护研究，③ 老城南历史街区的景观复兴研究④及门西愚园的传统街区保护与更新⑤等。

第三，通过具体案例分析，探索南京历史街区的保护策略与模式。这部分研究在南京历史街区已有研究中所占比重最大，总体又可分为两类：一类是以具体的案例说明历史街区保护中某一方面的问题，是由点到点的过程。例如，杨俊宴、吴明伟《城市历史文化保护模式探索——以南京南捕厅街区为例》一文，在分析历史文化保护模式，即原真型保护、风貌型保护、再现型保护和创新型保护的基础上，就南捕厅历史街区的保护模式进行探索，指出应根据不同地块的历史文化遗产构成、保存状况、价值评估等采用不同的保护模式，即整个南捕厅历史街区采用多元化的保护模式。⑥ 又如，有学者通过梅园新村民国住区保护改造，探讨历史街区更新中的不变、可变、善变的辩证关系，及针对各要素的应对策略。⑦ 再如有学者在南京六合文庙传统街区的保护与更新案例中，从街区功能、民居风貌和基础设施现状分析入手，针对性地提出圈层式分级保护策略，并进一步探讨其在历史街区保护中的应用前景。⑧

① 王建国、陈宇：《南京历史地段保护性城市设计初探》（英文），《东南大学学报》（英文版）2000 年第 2 期。

② 阮仪三、范利：《南京高淳淳溪镇老街历史街区的保护规划》，《现代城市研究》2002 年第 3 期。

③ 邓晟辉、姚亦锋：《南京明故宫历史地段保护研究》，《山东建筑工程学院学报》2006 年第 2 期；邓晟辉、姚亦锋：《城市历史地段保护策略研究——以南京明故宫地段为例》，《城市问题》2005 年第 5 期。

④ 杨锐、赵岩：《优雅地老去：南京老城南历史街区的景观复兴策略》，《现代城市研究》2011 年第 9 期。

⑤ 郭华瑜：《建筑学五年级"传统街区的保护与更新"设计教案研究——以南京门西愚园地块城市设计为例》，《华中建筑》2008 年第 12 期。

⑥ 杨俊宴、吴明伟：《城市历史文化保护模式探索——以南捕厅街区为例》，《规划师》2004 年第 4 期。

⑦ 刘宁旗：《南京梅园新村民国住区保护改造纪实——兼谈历史街区出新中不变、可变、善变的辩证关系》，《现代城市研究》2007 年第 1 期。

⑧ 刘峰：《融入当下的传承——南京六合文庙传统街区保护与更新》，《现代城市研究》2013 年第 11 期。

此外，还有针对历史街区街区肌理、① 景观标识、② 传统风貌保护、③ 旅游开发环境④等方面的研究。

　　另一类是分析某一理论或技术手段在具体案例中的导入与应用，是由面到点的过程。例如，关于 GIS 技术，既有在建立历史文化名城空间数据库和名城面状历史资源评价体系的基础上，分析 GIS 技术在南京历史文化名城保护规划中划定历史街区的应用，⑤ 又有将其应用于历史街区内历史建筑价值总和评估体系的构建中，⑥ 两者均是历史街区保护乃至历史文化名城保护中关于技术层面的有益探索，为历史街区的划定拓展了新的思路。再如，有学者以南京南捕厅历史街区为例，分析了土壤源热泵技术在历史街区保护规划中的应用，指出相较于传统的空调系统，土壤源热泵技术可减少在狭窄街巷上铺设市政管道对街巷脉络的破坏，从而有利于保护历史街区的风貌，且更具环保效能，有利于历史街区环境的保护和可持续发展。⑦

　　第四，对南京历史街区保护实践的思考。关于历史街区保护的实践，虽然有国外及国内其他地区的经验与模式可供参考、借鉴，但本地的保护实践仍是结合实际情况的探索过程，其中对既有保护实践的反思和经验总结必不可少。例如，有学者指出，南京老城南内历史街区所采用的"镶牙式"保护模式——如镶牙般植入新建筑，替代原来受损的

---

① 杨俊宴、谭瑛、吴明伟：《基于传统城市肌理的城市设计研究——南捕厅街区的时间与探索》，《城市规划》2009 年第 12 期。

② 江昼：《城市景观标识设计中富含城市他色的视觉营造基础元素之提炼——以南京市历史街区景观标识设计为例》，《华中建筑》2007 年第 3 期。

③ 祝莹：《历史街区传统风貌保护研究——以南京中华门门东地区城市更新为例》，《新建筑》2002 年第 2 期。

④ 黄嫦娥、沈苏彦：《制约历史街区旅游开发的社会生态环境分析——以南京梅园新村历史街区为例》，《南京晓庄学院学报》2014 年第 2 期。

⑤ 胡明星、金超、董卫：《基于 GIS 技术在南京历史文化名城保护规划中划定历史街区的应用》，《建筑与文化》2010 年第 7 期。

⑥ 郑晓华、沈洁、马菀艺：《基于 GIS 平台的历史建筑价值综合评估体系的构建与应用——以南京三条营历史街区保护规划为例》，《现代城市研究》2011 年第 4 期。

⑦ 陈北领：《土壤源热泵技术在历史街区保护规划中的应用——已南京南捕厅历史街区为例》，2011 城市发展与规划大会，扬州，2011 年 6 月。

古建筑，织补肌理，不符合整体保护的原则，属于保护性破坏。① 亦有学者从利益、文化、体制三方面重新审视老城南的旧城更新问题，指出南京老城南改造是多方面利益的博弈过程，如何解决保护历史街区和改善人民生活环境的平衡与协调，实现保护历史文化遗产和城市新发展的共赢是解决该问题的关键。② 现在来看，老城南历史街区保护过程中提出的"镶牙式"保护模式，从理论上并无根本缺陷，但在实施的过程中，由于受到多方面利益的影响，难以实现保护与规划的初衷圆满落地，因而难以取得预期的效果。这应是该模式不适合老城南历史街区保护的根本原因。

第五，综合研究。总体而言，关于南京历史街区的综合研究相对薄弱。相对较早的研究有周岚等人编著的《快速现代化进程中的南京老城保护与更新》，其中关于南京老城历史文化遗产的保护与更新章节，即有从点、区、面三个维度建立调查老城历史文化资源保护数据库；且提出在保护的前提下，从保护和塑造老城独特的地标体系、改善绿化环境、提升活力和功能、改善和整合交通系统、改善居住区结构和环境、完善公共设施和市政设施配套等方面，详细阐述老城的更新策略。虽然其更多是从历史文化名城和狭义的历史城区角度，考察南京老城的保护与跟新问题，但其中有不少关于建立老城保护体系和框架，建立文化资源保护数据库及老城更新策略等的探讨和建议，对老城内历史街区的保护与更新亦有参考价值。③

此后，有南京工业大学魏皎硕士学位论文《城市转型期中南京历史街区现状和保护更新研究》。该论文在对南京老城（原文称"主城"）内外主要历史街区的现状调查与分析基础上，研究南京历史街区的分布特点及形成机制，并选取典型案例进行现状考察。其中对南京老城以外历史街区的关注是该论文的亮点，弥补了长期以来学界关注重点偏于老

① 王路：《历史街区保护误区之："镶牙式改造"——南京老城南历史街区保护困境》，《中华建设》2011 年第 5 期。

② 王丽丽：《南京老城南旧城更新的博弈与启示》，2012 年昆明中国城市规划年会，2002 年 10 月。

③ 周岚等编著：《快速现代化进程中的南京老城保护与更新》，东南大学出版社 2004 年版，第 63—114 页。

城内的不足；同时，该论文针对南京老城内外主要历史街区的实地调查研究，是关于南京历史街区基础资料调查中较为全面和详细的，为进一步的研究提供了基础。但该论文关于南京历史街区的保护与更新方面着墨较少，导致该论文的基础信息调研并未就进一步的保护与更新研究提供参考依据，因此还可进一步深入探讨。①

此外，还有南京工业大学吴寅妮的硕士学位论文《南京历史街区复兴中的功能定位研究》，其在对南京历史街区分类的基础上，重点关注各类型历史街区的定位问题，并分析影响定位的因素：法律法规、城市总体规划、城市发展计划、历史功能与保存情况及公众意愿等；以及影响历史街区复兴的内部驱动力和外部驱动力。该论文指出要实现南京历史街区的复兴与可持续发展，不仅要参考其原有功能定位，还要注入新的功能，实现多元复合。②

综合上述关于南京历史街区的研究，在如下方面尚显薄弱：

关于南京历史街区的基础研究：一方面，对历史街区基础资料调研匮乏，且目前所见的关于南京历史街区的内涵分析中，形式分析多，形制分析少；感性分析多，理性分析少。例如，前文所述的关于颐和路历史街区和门东历史街区的院落分析，多关注院落格局和形式特色，缺乏院落及院落内建筑的具体测绘数据和基础形制分析。而这部分内容是历史街区内涵与价值分析的基础和前提，亦是其保护的重要参考依据。另一方面，对历史街区的内涵分析中，重物质文化遗产，轻非物质文化遗产。换言之，在对历史街区内涵与价值的分析中，对街区内建筑、桥梁、古木及街巷格局关注较多；对街区内承载的传统工艺、生活习惯、民俗风情、礼仪风尚等关注较少。

关于南京历史街区的保护与更新研究：其一，重物质，轻人文。对整体街区的规划布局、历史建筑的保护修缮、街区环境的整治更新等着墨较多，对街区内社会关系的梳理，非物质文化遗产的调研等关注较

---

① 魏皎：《城市转型期中南京历史街区现状和保护更新研究》，硕士学位论文，南京工业大学，2010年。

② 吴寅妮：《南京历史街区复兴中的功能定位研究》，硕士学位论文，南京工业大学，2012年。

少；其二，在物质层面的历史街区中，只重视核心保护区，但轻视建设控制地带、环境因素影响区及风貌保护区的保护、治理、更新与运营；其三，保护与更新脱节，已有研究中系统且深入论述保护与更新关系者少见。

关于南京历史街区的综合研究尚显单薄。目前已有研究多是针对某一历史街区或某一类型历史街区进行分析，有的甚至是针对某一历史街区的某一方面问题进行探讨，除上述两篇硕士论文外，尚未见到专门就南京历史街区进行专门、综合研究的专著。具体的案例研究必不可少，总体的综合研究则利于概观南京历史街区的整体现状和普遍问题，从而制定更加实际、科学的保护与更新策略，因此同样意义重大。

第四节 研究方法与创新点

一 研究方法

本书在研究过程中，主要采用了文献资料分析法、实地调研、案例分析、比较分析、学科交叉分析法等。

本书在对南京历史街区的研究过程中，不仅利用纸质文书、数据库、网络等手段查阅了大量有关历史文献，获得关于南京历史街区的历史认识，还查阅了大量国内外关于历史街区研究和南京历史街区研究的文献论著，在此基础上，对相关历史文献和研究论著也进行了较为系统的研究分析，从而得以熟悉研究资料、掌握研究现状及明晰研究思路。

实地调研是本书的重要方法之一，通过对南京历史街区广泛的调研（方式主要包括获取文字档案、现场勘察、测绘、摄影及人物访谈等），及对南京11个历史街区的逐一现场勘察和实地调研，获得不少有关南京历史街区的一手资料（包括文字、历史图档、图像、现状测绘数据、采访语音等），这些资料使得本书更真实、充实、完善和具有说服力。

比较分析法则体现在本研究的多个方面，举例而言，南京的历史街区保护现状研究中，在梳理各历史街区已有保护规划的基础上，将南京历史街区的保护规划分为三类，并对三类进行了详细的内容探究，对比各自在内容、结构、思路、方法及实施过程中的差异与特色。通过比较分析，可凸显其差异性，从而为进一步的研究提供差异化思考方法。

本书的研究对象——南京历史街区涉及多个学科和领域，较为明显和直接者如建筑学、历史学、社会学、地理学等，因此需要用多学科交叉分析的方法加以研究。概言之，即针对同一研究对象，采用不同学科的研究视角和研究方法，从而感受到不同的认知，并对形成的认知进行综合分析，以期获得相对更全面、更科学的研究结果。

二 创新点

本书在已有研究基础上，通过现场勘查和实地调研，获得关于南京历史街区现状的资料与信息，并在此基础上通过整理、归纳与分析，进行有关保护与利用的现状研究。其创新之处主要有：

1. 本书是一部关于南京历史街区的综合研究

截至目前，有关南京历史街区的已有研究，多是针对某一历史街区或某一类型历史街区进行分析，有的甚至是针对某一历史街区的某一方面问题进行探讨，综合研究尚显单薄。本书则是在对南京历史街区广泛调研的基础上，对其内涵、历史沿革、价值、保护与利用等方面进行了较为系统的探讨。

2. 基础研究较为系统

与已有研究多关注南京主城区内历史街区不同，调研的 11 个历史街区，既有主城区内的 9 个，还包括位于高淳的 2 个。同时在现状调研中，不仅注重各历史街区内物质文化遗产的现状，还关注域内包括传统工艺、生活习惯、民俗风情、礼仪风尚等在内的非物质文化遗产的现状。此外，对于学界尚较少关注的历史街区内建筑的产权关系和使用流转等，亦进行了相关调研和记录说明。

3. 本书在对南京历史街区的保护与利用现状研究中，关注到其中仿古建筑的问题

仿古建筑对于南京历史街区的构建、保护与利用，影响巨大，其直接影响了历史街区的内涵构成、街区形象和现场体验。在文中首先

对仿古建筑与历史建筑及古式古风建筑进行了辨析；其次分析了优秀仿古建筑在历史街区建构中的作用与意义；最后，较为客观地分析了仿古建筑的缺陷及应对策略。通过对历史街区中仿古建筑问题的探讨，希望为南京历史街区的未来构建、保护与研究提供相关参考。

第二章

南京主城区内民国以前的历史街区

2012 年 4 月 27 日，南京市规划局发布了《南京历史文化名城保护规划（2010—2020）》，其中划定了 9 片历史街区，分别是颐和路历史街区、梅园新村历史街区、总统府历史街区、南捕厅历史街区、朝天宫历史街区、夫子庙历史街区、荷花塘历史街区、三条营历史街区、金陵机器制造局历史街区。2012 年 9 月，江苏省人民政府批复了《高淳历史文化名城保护规划》申请，批准划定高淳老街和七家村两个历史街区。2016 年 1 月 11 日，《省住房城乡建设厅、省文物局关于公布第一批江苏省历史街区的通知》（苏建规〔2016〕21 号）公布了第一批 58 个"江苏省历史街区"，南京 11 个街区入选，名列全省第一。2015 年 4 月 21 日，国家住房城乡建设部、国家文物局对外公布第一批中国历史街区，南京颐和路与梅园新村历史街区入选。

南京历史街区是南京作为世界历史文化名城的重要载体，划入历史街区的 11 个片区范围内（见表 2—1），其文物古迹较为丰富真实、历史建筑成片集中、传统街巷格局和肌理保存基本完整、建筑风貌具有一定特色，且街区内非物质文化遗产也较为丰富和具备一定特色。由于历史街区的认定是由文物部门和住房建设部门联合进行的，其侧重点在历史建筑的风貌与街巷格局的完整度和真实度，从文化遗产学的角度对于每条街区的历史发展脉络、空间区位和文化内涵进行分析研究，显得十分必要，更有利于科学地认知历史街区的文化遗产价值。例如，有些历史街区常以"明清历史街区"等进行描述，事实上街区内已经找不到一座明代时期的历史建筑。因此，需要从文化遗产学的视角，对每个历史街区进行历史、文物、遗产、意义和价值评估，为进一步科学的保护和可持续的利用奠定基础。

表2—1　　　　　　　　　　南京历史街区范围①

名称	范围	面积（公顷）
颐和路历史街区	北到江苏路、东至宁海路、南抵北京西路、西至西康路	35.19
梅园新村历史街区	北到竺桥、西至梅园新村纪念馆围墙一线、东抵毗卢寺东围墙、南至钟岚里南侧围墙范围	10.48
总统府历史街区	北至长江后街，东至东箭道、长江东街，南至中山东路，西至大行宫军民共建广场、太平北路	15.097
南捕厅历史街区	北至平章巷、南至原客运站北边界、东至中山南路、西至绒庄街	3.17
朝天宫历史街区	东至王府大街、南至建邺路、西至莫愁路、北至冶山道院	9.05
夫子庙历史街区	北至建康路、南至琵琶街、东至平江府路、西至大四福巷—来燕路	20.00
荷花塘历史街区	北至殷高巷，东至磨盘街、中山南路一线，南至城墙，西至鸣羊街	12.56
三条营历史街区	北至三条营及省级文保单位蒋寿山故居、南至新民坊路、西至规划上江考棚路、东至双塘园（路）和现状街巷	4.84
金陵机器制造局历史街区	北至扫帚巷、东至建国后大跨度厂房东侧、南至应天大街、西至民国宿舍楼和兵工学校建筑红线	14.35

---

① 主要依据《南京历史文化名城保护规划（2010—2020）》和《高淳历史文化名城保护规划》绘制。

续表

名称	范围	面积（公顷）
高淳老街历史街区	北至县府路，南至官溪路，东至小河沿、仓巷，西至通贤街	约9.00
七家村历史街区	北至镇兴路，南至镇北路，东至城墙遗址、原县影剧院、城隍庙遗址，西至中山大街	2.15

　　由于南京历史街区数量较多，且各历史街区在位置与时代上有相近或相似之处，因此本书以位置与时间为参考，将南京现有的11个历史街区总体分为三类，即主城区内民国以前历史街区、主城区内民国历史街区和主城区外历史街区，分别对应本书的第二、三、四章内容。这三章内容的研究采用文化遗产学的研究方法，首先是采用历史沿革和空间区位分析的方法，对历史街区的形成、发展与演变过程进行历时性研究，探讨这片历史街区在南京历史文化名城发展过程中的区位和作用；其次是对历史街区内的遗产要素进行调查和研究，包括对古街巷的调查和研究、历史建筑的调查和描述、相关环境遗产的调查、非物质文化遗产的调查；最后是根据现场调研的实际情况，对街区的整体格局、建筑风貌、文化特色、遗产价值进行评估。

　　需要说明的是，在论述南京市区内的历史街区内相关历史建筑所列条目，内容介绍涉及房产沿革、建筑面积、占地面积、房屋原布局、房主信息等相关资料，均来源于南京市房产档案管理局查阅的材料，以下不再一一注释。

第一节　南捕厅历史街区

　　南捕厅历史街区位于南京城南历史城区（图2—1），其范围为东至中山南路，南至原中北客运站北边界，西至绒庄街、大板巷，北至平章巷，总用地面积3.17公顷（图2—2）。

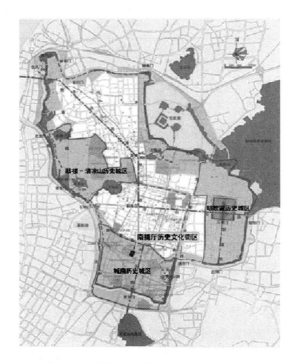

图2—1　南捕厅历史街区所在位置示意图

图片来源：南京市规划局、南京市城市规划编制研究中心：《南捕厅历史街区保护规划》，2012 年 8 月。

图2—2　南捕厅历史街区范围示意图

一　历史沿革与空间区位分析

1. 春秋至六朝时期

这一带在春秋时期，先后位于越城①西北、金陵邑②的东南面。东吴黄龙元年（229 年），孙权追尊其兄孙策为"长沙桓王"，并将都城从武昌（今湖北鄂州）迁来建业，于其兄孙策原府邸处建皇宫"太初宫"。如果汉末孙策确有府邸，其位置正在今南捕厅历史街区东北一带（图 2—3）。东汉末年，今南捕厅历史街区北邻扬州州治、孙策府邸，其东南方向邻丹阳郡治，其西北方向有石头城等重要的政治、军事城垒或建筑区。由此可见，在春秋战国至东汉末年，今南捕厅历史街区在粗具雏形的南京城中已处于重要的空间节点。

六朝时期，今南捕厅历史街区处在六朝都城③南垣与郭城④南垣之间，是当时秦淮河两岸繁华的商业区和居民区的一部分。其四周分布有

---

①　学术界认为，南京有近 2500 年的建城史。唐人许嵩编撰的《建康实录》卷一言："（周）元王四年，即越王勾践四年，当春秋之末，越既灭吴，尽有江南之地。越王筑城江上镇，今淮水一里半废越城是也，案，越范蠡所筑，城东南角，近故城望国门桥西北，即吴牙门将军陆机宅。"（参见（唐）许嵩撰，张忱石点校《建康实录》，中华书局 1986 年版，第 1—2 页。）这一段史料是说，东周元王四年（前 472 年），越王勾践攻灭吴国后，为了对抗和攻打楚国，命令范蠡在今天南京中华门外长干里的高地上修筑"越城"作为军事据点，此事被认为是南京建城之始。当时，越国的贵族和军人都居住在越城内，而工商业者和普通百姓可能大多居住在越城北面的秦淮河两岸。

②　《建康实录》卷一还记载"勾践后七代一百四十三年，越王无疆即位元年，当周显王三十六年，越霸中国，与齐、楚争强，为楚威王所灭，其地又属楚。乃因山立号，置金陵邑也。楚之金陵，今石头城是也。"（参见（唐）许嵩撰，张忱石点校《建康实录》，中华书局 1986 年版，第 2 页。）意即东周显王三十六年（前 333 年），楚威王又灭了越国，在今南京清凉山（古称石头山）一带设置"金陵邑"，今南捕厅历史街区在其南面。

③　据考证，郭城南界在今雨花台一线，东到今御道街西，西到今清凉山一线，北至今小九华山北一线。（参见贺云翱《六朝瓦当与六朝都城》，文物出版社 2005 年版，第 84—88 页。）

④　都城位于郭城内，周长"二十里一十九步"，约合今天的 8668 米，略呈南北长而东西窄的长方形，近于传统之"九六城"形状。关于它的四至，目前有多种说法，一说东界北起今太平门内一带，近钟山西麓，沿清溪南下，至今太平南路东侧文昌巷附近；南界在今淮海路稍南一线，东起太平南路东侧红花地、大杨村附近，西至今中山南路附近；西界北起今北极阁南麓偏西，经进香河路及洪武北路一线，至中山南路淮海路口偏南与南界相会；北界在今北极阁、小九华山以南，今北京东路一线。（参见南京市地方志编纂委员会《南京建置志》，海天出版社 1994 年版，第 42—44 页。）

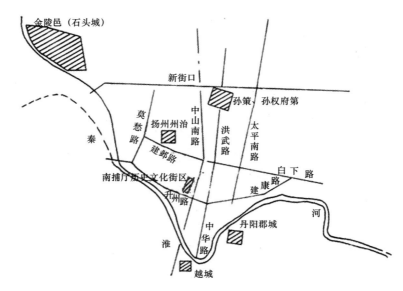

图2—3　春秋战国及秦汉时期南捕厅历史街区空间位置

图片来源：据《六朝瓦当与六朝都城》图四八改绘（贺云翱：《六朝瓦当与六朝都城》，文物出版社2005年版，第89页）。

西州城①（西北）、冶城②（西北）、运渎（西）、太庙（东南）、太学（东南）、明堂（东南）等六朝都城的显要建筑。其中，南北走向的"运渎"开凿于东吴赤乌三年（240年）十二月，纵贯今南捕厅历史街区所在地西部而过，南自秦淮河，北抵东吴皇宫北面的苑城内的苑仓，③苑城约在今新街口以东，中山东路以北一带，是南京城的重要水

---

① 西晋永嘉年间（307—313年），王敦建扬州刺史治所，称"州城"，后又称"西州城"。城址就位于今天南捕厅历史街区的西北，据《建康实录》记载，城所置"其西即吴时冶城，东则运渎，吴大帝所开，今西州桥水是也"。参见（唐）许嵩撰，张忱石点校《建康实录》，中华书局1986年版，第3页。西州城四周建有坚固的城防设施，因此它不仅是扬州治所所在，还是东晋、南朝时期建康都城的重要军事堡垒，王侯和重臣常常将宅邸设于此。

② 冶城，一称冶城山，位于今天的南京朝天宫一带，因孙权定都建业时在这里设置冶铸之所而得名，是六朝早期国家级别的重要手工业作坊所在。据《晋书》记载，东晋初年，王导得了重病，久治不愈，于是召方士戴洋询问。戴洋曰："君侯本命在申，金为土使之主，而于申上石头立冶，火光照天，此为金火相烁，水火相煎，以故受害耳。"参见（唐）房玄龄等撰《晋书》卷九五，中华书局1974年版，第2470页。

③ （唐）许嵩撰，张忱石点校：《建康实录》卷二，中华书局1986年版，第45页。

上交通要道和城市的补给排水设施,同时也是都城的军事屏障。

从以上分析可以看出,今天的南捕厅历史街区在六朝时期属于郭城和都城之间的一块枢纽之地,西面不远分布有交通要道运渎,同时在本区周围分布有重要的国家级礼制建筑和地区政治中心,也有不少王侯贵族和普通百姓居住于此,在六朝建康都城的政治、经济和文化生活中扮演了重要角色。

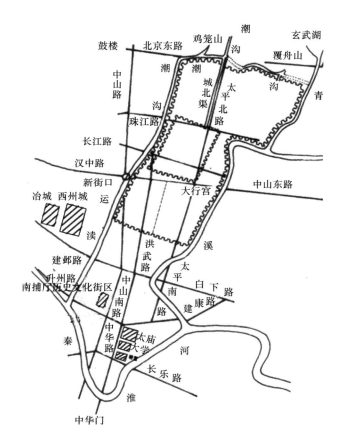

图2—4　六朝建康都城与南捕厅历史街区位置示意图

图片来源:据贺云翱《六朝瓦当与六朝都城》图五六改绘(参见贺云翱《六朝瓦当与六朝都城》,文物出版社2005年版,第97页)。

2. 隋唐五代至宋元时期

隋唐时期，今南捕厅历史街区先后存在于江宁县、[①] 江宁郡[②]及昇州府治[③]的南面，与当时的政治中心紧邻。五代杨吴、南唐时期，杨吴天祐十一年（914年），昇州刺史徐知诰（后来南唐开国皇帝李昇）"始城昇州"，后又经过五次较大规模的扩建，南京城南城垣被推移到今中华门一线，西至今水西门一线，北迄今珠江路南一线，东到今逸仙桥下杨吴城濠一线，今南捕厅历史街区一带正式被纳入主城城墙之内。当时，在今南捕厅历史街区南近邻神秘而辉煌的南唐宫城，分布有南唐宫城前的西牌楼等。

北宋时期，今南捕厅历史街区的大格局与南唐时期相比没有发生大的变化。这一时期，原南唐宫城先后被作为昇州和江宁府的治所[④]（北宋灭南唐后，先于金陵设昇州，后又改设江宁府）；到南宋时期，原南唐宫城又继续被作为建康府治所（南宋改江宁府为建康府），到建炎三年（1129年），原南唐宫城又进一步被改作宋高宗赵构的行宫，此后"行宫"的性质一直被保留到南宋灭亡。南宋时，西锦绣坊设于此，与东锦绣坊对峙。

3. 明清时期

元末明初，朱元璋决定拓建应天府城，将全城规划为宫城（城东今明故宫地区）、居民市肆（老城南）和军营（城西北）三大区域，同时陆续从全国各地迁来工匠10万余人，于南京老城南构建了手工业集聚区"十八坊"，包括踹布坊、皮作坊、钦化坊、锦绣坊、颜料坊、毡匠坊、箭匠坊、细柳坊、木匠坊、机匠坊、鞍辔坊、铜作坊、铁作坊、弓

---

① 唐太宗贞观九年（635年），唐政府复置江宁县，县治设于冶城东（约今江苏省委党校及以东一带）。参见（五代）刘昫等《旧唐书》卷四十，中华书局1975年版，第1584页；参见（北宋）欧阳修等《新唐书》卷四十一，中华书局1975年版，第1057页。

② 唐肃宗至德二年（757年），于江宁县置江宁郡。参见（北宋）欧阳修等《新唐书》卷四一，中华书局1975年版，第1057页。

③ 乾元元年（758年），又改江宁郡为昇州。江宁郡本即江宁县治为署，昇州又沿用之，参见（五代）刘昫等《旧唐书》卷四十，中华书局1975年版，第1584页；（北宋）欧阳修等《新唐书》卷四一，中华书局1975年版，第1057页。

④ （南宋）李焘：《续资治通鉴长编》卷九一，中华书局2004年版。

匠坊、银作坊、织绣坊、白酒坊、豆腐坊等。① 这些作坊代表着当时各类手工业的最高水平，对南京乃至全国的手工业水平、经济生产都造成了深远影响。南捕厅历史街区即处于居民区的中心部分和"十八坊"之间，锦绣坊就在今天的街区内。至今仍在用的与丝织业有关的街巷名称如绒庄街等。各地商贩及满族、汉族、回族、蒙古族等民族在此云集，尤以回民居多。茶楼、酒肆、作坊以及清真寺、道观、寺庙等遍布街巷，是当时热闹非凡的商业区。

清代，南捕厅是文人官僚的园墅显第相望之处。南京著名文人甘熙的宅第设于此，位于南捕厅 15 号、17 号、19 号，房屋建筑范围广，规模大，最盛时占地约 12000 平方米，号称"九十九间半"，至今仍是中国南方古都城中现存规模最大、保存最完整的民居府宅。同治、光绪帝的老师翁同龢曾经生活在今街区西侧的绫庄巷文恭轩内。朱之藩、杨桂年、陈作霖等历史名人均在此街区内有宅院。皮革、绸缎等作坊也生意兴隆。

4. 民国时期

1927 年，国民政府定都南京后，制定《首都建设计划》，将南京划分为六个功能区，住宅区分三个等级，居住了三分之二人口的城南明清

---

①　关于明代南京城南地区的"坊"的设立及名称，在不同的史书中有不同的记载，如明《洪武京城图志》中记有敦化坊、裕民坊、建安坊、善政坊、全节坊、织锦一坊、织锦二坊、织锦三坊、杂役一坊、杂役二坊、杂役三坊、鞍辔坊、银作坊、铁作坊、弓匠坊、毡匠坊、皮作坊等。明代晚期的顾起元著《客座赘语》，其"坊厢乡"条中说："国初徙浙、直人户填实京师，凡置之都城之内曰'坊'，附城郭之外者曰'厢'，而原额图籍，编户于郊外者曰'乡'。……上元（县）之坊曰十八坊、十三坊、十二坊，织锦坊、九坊、技艺坊、贫民坊、六坊、木匠坊……；江宁（县）之坊曰人匠一坊、人匠二坊、人匠三坊、人匠四坊、人匠五坊、正西旧一坊、正西旧二坊、贫民一坊、贫民二坊、正南旧二坊、正东新坊、铁猫局坊、正南旧一坊、正西新坊、正西技艺坊。"其坊名说法与《洪武京城图志》所载不尽相同。而且，这些坊街到明晚期多数已经衰落，《客座赘语》卷一"市井"条说："南都大市为人货所集者，亦不过数处，而最夥为行口，自三山街西至斗门桥而已，其名曰菓子行。……如铜铁器则在铁作坊，皮市则在笪桥南，鼓铺则在三山街口、旧内（按指朱元璋居住过的吴王府，在今内桥东南王府园一带）西门之南，履鞋则在轿夫营，簾箔则在武定桥之东，伞则在应天府街之西，弓箭则在弓箭坊，木器南则钞库街、北则木匠营。盖国初建立街巷，百工货物买卖各有区肆，今沿旧名而居住仅此数处，其地名在而实亡。如织锦坊、颜料坊、毡匠坊等，皆空名无复有居肆与贸易者矣。"

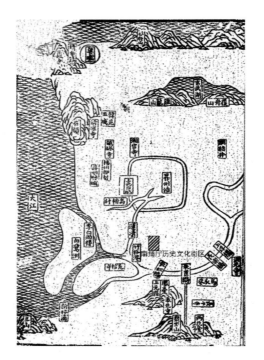

**图 2—5　《金陵古今图考》中"唐昇州图"及今南捕厅
历史街区所处位置示意图**

图片来源:(清)吴任臣:《十国春秋》卷一五,中华书局 1983 年版,第 185 页。

风格的老街区被完整保留,因此南捕厅历史街区基本延续了明清格局。

这一时期,南京进行了以辟干道,拓路面为中心的城市建设,建邺路、昇州路及中正路(今中山南路)得以建成。特别是民国时期建邺路以北地区的开发建设和新街口商业中心的形成,使原南捕厅一带失去了南唐以来作为城市工商业集聚地的作用,加之随后战争的破坏,整个区域不可避免地持续衰落。

5. 1949 年至今

1949 年以后随着南京城市中心的转移,南捕厅一带房舍逐渐破败,逐渐成为棚户搭建区。随着经济体制的变革、城市的发展和交通条件也逐步改善,伴随鼎新路的开通及建邺路、中山南路的拓宽改造,南捕厅历史街区周边的建设逐渐展开,其周边的配套设施和交通条件得到了改

图 2—6　南唐都城与今南捕厅历史街区空间位置所在示意图

图片来源：据《南京建置志》"南唐江宁府城图"改绘（马伯伦、刘晓梵：《南京建置志》，海天出版社 1994 年版，第 102 页）。

图 2—7　清代今南捕厅历史街区主要街巷布局示意图

图片来源：据《南京建置志》"南唐江宁府城图"改绘（马伯伦、刘晓梵：《南京建置志》，海天出版社 1994 年版，第 102 页）。

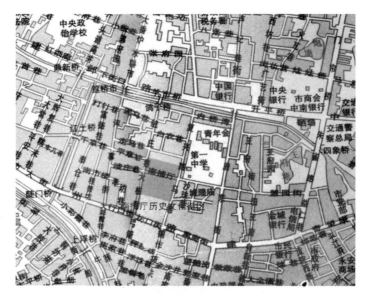

图 2—8　民国时期今南捕厅历史街区布局示意图

据《南京建置志》附图"民国南京市街道详图（1948 年 10 月）"改绘（马伯伦、刘晓梵：《南京建置志》，海天出版社 1994 年版）。

善。近年来也在局部开发建设了南捕厅小区、绒庄新村等多层、高层住宅建设项目。2012 年向社会公布了《南捕厅历史街区保护规划》，明确了文保单位、历史建筑、历史街巷、非物质文化遗产的具体保护办法。至此，街区内现存的明清传统风格建筑群得到了较好的保护。2016 年 1 月，南捕厅历史街区入选第一批江苏省历史街区。

二　历史街巷

1. 绒庄街

绒庄街北与建邺路相交，南与大板巷相连，宽约 6.6 米，长 900 米，支巷长 127 米（图 2—9）。明清时期，这一带是丝绸织缎作坊的密集之地，特别是帽子的加工和销售业异常兴旺，所以在明代称作帽儿行。不过，"帽儿行"在南京方言中谐音与"没儿行"相近，"不孝有三，无后为大"，这个名字实在不太吉利。后来，以丝绸织缎下脚料为原料的绒花作坊也渐渐聚集于此，于是住在这条街上的人就自发地将这条街改称为"绒庄街"。① 另据《运渎桥道小志》记载，宋代绒庄街设有永宁驿，供传递文书者和南来北往的官吏在此住宿、补给、换马。南宋绍兴年间（1131—1162年）的建康知府晁谦之曾作《永宁驿记》，记载甚详。② 南宋《景定建康志》中录铺驿数约80多处，但在今主城区并详录书中的只有"永宁驿"，可见其地位颇重。其文曰："永宁驿，旧基在南唐仪仗院，今为待漏院，而驿徙置总领所西，闪驾桥之南。绍兴十五年，晁公谦之建。"③

图2—9　绒庄街（杨菊生绘）

①　清代，南京绒花是朝廷贡品，所以除了民营作坊外，还专门设置了官营花作，生产御用绒花。

②　（清）陈作霖：《运渎桥道小志》，载《金陵琐志九种》，南京出版社2008年版，第18页。

③　（南宋）马光祖修，周应合纂：《景定建康志》卷一六，中华书局《宋元方志丛刊》，1990年，第369页。

民国以后，绒庄街还有几十家小作坊制作绒花，1949年后以此为基础设立了南京人造花总厂。20世纪80年代后绒花业日渐萧条，20世纪90年代，人造花总厂倒闭。太平天国时期，绣花馆也设在绒庄街。另有陈氏朴园在此，该园营造精美，"迭石环轩，……参天拔地，双栝尤尊"。① 清末，裁撤江宁织造局后，民间云锦业兴盛起来，北京李氏的正源号逐渐垄断了云锦市场，在绒庄街建立起自己的工厂，即著名的中兴源丝织厂。这是南京历史上最早的近代工厂之一，也是中国丝绸工业中有相当影响的厂家之一。可惜以上所述历史遗存现已不复存在。

图2—10　绒庄街现状

2. 大板巷

大板巷北连绒庄街，南隔昇州路与弓箭坊相望，宽约6米，全长833米，支巷长304米（图2—11、图2—12）。旧名"习艺街"，因习艺行当集中于此而得名，也是明代十八坊之一，《洪武京城图志》载："习艺西街，在皮作坊东，旧土街；习艺东街，在习艺西街东。"② 可

① （清）陈作霖：《运渎桥道小志》，载《金陵琐志九种》，南京出版社2008年版。
② （明）礼部纂修：《洪武京城图志》，南京出版社2006年版，第46页。

见，此街最初形成于明代洪武年间。清末民国期间，大板巷中分布有不少染坊。另外，大板巷83号为国民党要人林栋的故居。

　　大板巷东部的一些地段在甘熙宅第的范围内，据清《同治上江两县志》①记载，甘氏重要的藏书楼"津逮楼"即位于这条街上。2007年在大板巷42号发现一处建筑精美的小院，经研究判断，其可能为甘熙的起居室所在。

图2—11　大板巷44号旧影

　　①　（清）莫祥芝、甘绍盘修，汪士铎等纂：《同治上江两县志》卷五，江苏古籍出版社《中国地方志集成》，1991年。

图2—12 大板巷现状

3. 平章巷

平章巷东到绒庄街，西连千章巷，宽5米左右，全长226米，支巷长126米（图2—13）。因位于评事街东边，街上亦有皮具作坊，曾名"皮场巷"。① 清代，巷人认为这名子不好听，修造闸门时，改名为"平章巷"。巷内原有祭祀明初被朱棣残杀的建文朝忠臣景清的景公阁，内塑有景清像。② 清末，景公阁移往绒庄街。而据《金陵园墅志》载，清末南京名园挹翠楼"在平章巷，溧水朱子期孝廉绍颐园楼。绍颐与弟绍亭，光绪丙子同举于乡。绍亭字豫生，有轩曰双桂，在挹翠楼右，各名其集，藏于家"。③ 可惜这些历史上名噪一时的名园名楼今均无迹可寻。

4. 南捕厅

东隔中山南路与府西街相望，西接绫庄巷，宽2.5米，长193米（图2—14、图2—15），以清代南捕通判衙署设此而得名。南捕通判署是主要负责陆上罪犯缉拿工作的衙署。而在此之前的清顺治三年

---

① （明）陈沂、孙应岳，（清）余宾硕撰：《金陵世纪》，南京出版社2009年版，第34页。

② （明）吴应箕：《留都见闻录》，南京出版社2009年版；（清）甘熙：《白下琐言》，南京出版社2007年版。

③ （民国）陈诒绂：《金陵园墅志》，载《金陵琐志九种》，南京出版社2008年版。

图 2—13　平章巷现状

图 2—14　南捕厅旧影

（1646 年），江南盐法道署也设于此，督察江南省辖域内食盐的生产和行销事务。因为在传统社会中，盐业和盐税是朝廷经济基础里最为重要的组成部分。

据陈作霖《运渎桥道小志》记载："道北有南捕通判署，其街即沿署名，曰南捕厅，在南宋为西锦绣坊也，地与东锦绣坊对峙，今府署东

图2—15　南捕厅现状

出直街犹存古名也。"① 锦绣坊原是南唐宫城前的两座牌楼，南宋时才改称东、西锦绣坊。② 元末明初，因东锦绣坊为朱元璋的吴王府所在，故西锦绣坊称为（吴王府）府西街，当时南京地区的最高行政机构应天府治即设于这一地区，地理位置特别重要。现街上保留有著名的甘熙宅第，坐落在南捕厅15号、17号、19号。

三　历史建筑

据调查，街区现存建筑中，民国以前建筑占33%，民国建筑占13%，改革开放至20世纪末建筑占5%，21世纪建筑占49%，各历史建筑情况详见附录二"南捕厅历史街区内历史建筑举要"。

四　其他相关遗迹

南捕厅历史街区历史悠久，除保留有古建筑外，还有留存至今的古树11株，古井、古碑各1处等，它们是传统公共空间或私人居所的重要组织元素，也是历史风貌的重要组成部分。如甘熙宅第过去曾有32

---

① （清）陈作霖：《运渎桥道小志》，载《金陵琐志九种》，南京出版社2008年版。
② （南宋）马光祖修，周应合纂：《景定建康志》卷一六，中华书局《宋元方志丛刊》，1990年。

眼水井，目前已经清理恢复的水井有 9 眼。它们的形制、位置各不相同，不但院中有井，室内也有。在甘熙宅第修复的过程中，就在室内发现了 3 眼水井。室内的水井相对较小，有石井盖，井盖上还保留有透气孔，可以起到调节室内温度、湿度，起到冬暖夏凉的作用。

五　非物质文化遗产

1. 甘熙宅第内保存的非物质文化遗产

南京市民俗博物馆是以甘熙宅第为馆址，占地面积 9500 多平方米，建筑面积 8000 平方米。它以收集、整理和研究南京地区的民风民俗为主要工作对象，是保存和传承南京非物质文化遗产的重要场所。现在，该馆已加挂"南京非物质文化遗产博物馆"的馆名，已成为南京非物质文化遗产保护的重要基地。

该馆的基本陈列包括南京传统民居建筑艺术、传统民居复原陈设、南京老茶馆和票社及儿童专题陈列等，让人们感受到"老南京"悠远的文化韵味。藏品涉及南京百姓的民间艺术、日常生活等多方面内容，拥有各类藏品千余件，全方位反映了作为城市主体阶层的生活状态，是研究老南京社会与民风的珍贵物质资料和游览场所。

此外，馆内还为戏剧票友提供了活动场地，如"南京甘熙故居京昆文化艺术研习中心"就经常在此举行活动。尤其值得一提的是，该馆还为一批优秀的非物质文化遗产代表性传承人提供活动场所，如绒花、剪纸、泥人等传承人都在此设有工作室，从而成为南京各界市民和中小学生体验和学习非物质文化遗产知识的教育基地。

2. 传统戏剧、曲艺

（1）京昆艺术

20 世纪初以来，甘氏家族的甘贡三先生和其子甘南轩、甘涛、甘律之都是南京文艺界的名人，以弘扬京剧、昆曲艺术为一生事业。甘贡三对诗词书画、戏曲音乐无一不精，尤娴音律，人称"江南笛王"。他酷爱昆曲，1932 年与友人吴梅、沈仲约、吴舜石等组织了"紫霞曲社"。

1935 年，甘贡三的长子甘南轩主持成立了南京票友历史上人才最多、活动历史最长、影响最大的南京新生音乐戏曲研究社，简称"新生社"。甘贡三的二子甘涛，四子甘律之，女婿汪剑耘以及甘氏门客、京剧名宿范儒林等都是社中的中坚力量，社址就设在甘熙宅第内。新生社先后聘请过颜凤鸣、佟志刚、关盛明、张九奎等著名演员为教师。戏曲界名流傅侗（红豆馆主）、梅兰芳、奚啸伯、徐兰源、曹慧麟、王熙春、施桂林、徐金虎、李金寿、尤彩云等常出入甘宅交流指导技艺。社员们在名家的传授下，艺术水平不断提高。

西安事变后，张学良被执南京，蒋介石对他采取羁留政策，让他到此活动，张学良在甘家协助下编写了《九宫集曲大成南北词谱》82 卷，共 50 册，是国内少有之全套本。

1936 年新生社在南京明星大戏院首次公演。活动直至 1949 年后，其间培养了不少人才，为振兴京昆艺术做出了极大的贡献。

1954 年 12 月，由甘涛领导的南京乐社成立，下设古乐、民乐、昆曲三组。昆曲一门则由甘贡三先生执牛耳，登高一呼，四方来应，成员百余。名曲友爱新毓婍、邬铠、谢也实、宋文治、严凤英、吴新雷、蔡幼华等均往来曲社，得甘老先生亲授曲学。

"文化大革命"后，南京乐社昆曲组于 1980 年恢复活动，甘南轩、爱新毓婍为执事。二位先生逝世后，又公推甘贡三先生外孙女汪小丹女士出任社长，同时恢复社讯，1998 年正式更名为南京昆曲社。曲社延续传统，定期举行曲集，曲友相互切磋，并与江苏省昆剧院每年举办迎春雅集。2004 年，曲社五十华诞之际，于南京市文化局注册名为"南京甘熙故居京昆文化艺术研习中心"，聘请梅葆玖先生为名誉社长。如今每逢周日，该社在甘熙宅第内都进行昆曲传习及表演活动。

另外，南京城建历史街区开发有限责任公司在甘熙宅第隔壁的大板巷 54 号依原址、原样、原貌落架重建了"廿一·熙园"会所。会所中特意建造了一座古戏台，通过与江苏省演艺集团昆剧院合作，每晚展演昆曲经典剧目《牡丹亭》《桃花扇》。"廿一·熙园"现已成为南京展演非物质文化遗产昆曲的重要场所，受到社会各界好评。

（2）南京白局

在南京流行的各种传统戏剧曲艺中，对于南京本地人而言，当以白局最为亲切，因其说的都是老南京的特色方言，唱的是民间俚曲，通俗易懂，韵味淳朴，生动诙谐，是一种土生土长的地方说唱艺术，也是南京唯一的古老曲种。不过南京白局近几十年来日渐衰落，如今只能在南京民俗博物馆和熙南里看见这种民间曲艺表演。

　　南京白局起源于六合农村吹打班子，成熟于明清南京云锦织造机房中，有七百多年的历史。六合吹打班子所唱曲子皆以苏南苏北小调为基础，又揉进了秦淮歌妓弹唱的曲调，其曲调众多，唱腔丰富，故有"百曲"之称（图2—16）。明清时期，南京织锦业发达，当"百曲"从乡间流入城市之后，20万织锦工人首先接纳了百曲。他们在机房劳作时演唱解闷，每唱一次称作"摆一局"，因谐音，"摆一局"又被称为"白局"。白局很快在南京市井中流行开来，传入澡堂、理发店、厨行、茶馆等服务行业。到清道光年间（1821—1850年），白局已成为一种有故事情节、有人物特征描述、说唱兼备、曲牌连缀完整的曲艺形式。现存的南京白局曲目近百个，内容大都是编自南京本地的新闻趣事，其中不少内容是大胆地针砭当时的政治与社会状况。

图2—16　白局表演

3. 传统技艺

（1）制帽业

绒庄巷和绫庄巷是评事街历史城区垂直相交的两条巷子。绒庄巷在明代曾叫帽儿行，因为专门加工和出售帽子而出名；绫庄巷则以制作帽绫而出名。随着工业化时代的到来，那种以手工业制帽的传统手工业就退出了历史舞台。不过，作为一种特色手工艺，它们有一定的历史、艺术价值。

（2）制酱技艺

位于评事街历史城区的百年老字号"全美酱园"，以所产的豆腐乳最为著名，曾在南京城南风靡一时。其历史可以追溯到清咸丰年间（1851—1861 年），一些从绍兴来的官船常把路上吃不了的腐乳，在南捕厅街丁家镖局附近出售，因质好味美，日久便出了名，出现了由丁、茹、刘三家合伙经营的酱园，后由茹家在南捕厅街觅屋正式开店，定名"全美"。经营的品种始有小块棋方、醉方两种，用坛子装售，后又增加火腿腐乳、虾子腐乳，用罐头装，还自做糟鱼、腐乳螃蟹、萝卜响和秋油干供应市场，成为老南京人留存心底的美味。

（3）绿柳居素菜

"三天不吃青，两眼冒火星。""南京一大怪，不爱荤菜爱野菜。"这些民谚表现了南京民众对素菜的喜爱。在中国饮食文化史上，南京是全素席的发明地。梁武帝萧衍笃信佛教，天监十六年（517 年），他下令宗庙僧尼严禁饮酒食肉，一律食素，于是建康宫廷、寺庙纷纷研究素食的烹制，当时烹制的一种面筋，即为席上佳品。到了明代，南京素食有了更大的发展，既增加了素肴品种，更提高了品味和质量，有素鸡、素鱼、素火腿、素海参、素鱼翅。全素席也在明清相交之际出现，以灵谷寺、清凉寺的素菜馆最为著名。

民国初，"绿柳居素菜馆"创建，因坐落于秦淮河畔桃叶渡的绿柳中，故名"绿柳居"，成为南京素菜的代表。其素菜上承六朝余绪，下应时令风尚，突出了"鲜、嫩、烫、脆、香"的五大特色。其制作原料无非豆腐、面筋、香菇、木耳以及时令素菜，但在厨师们的精心烹制下，花色繁多，不下千种，有炒蟹粉、炒腰花、宫保鸡丁、古老肉、糖醋黄鱼、罗汉斋、金钱鸡块、桂花肉、荷包鱼翅、炒鳝糊、凤尾虾、炒鱼片，等等。这些"象形菜"，造形逼真、口味独特，不仅形似，有些甚至味道也很像。熙南里 10 号就开设有一家绿柳居门店，"绿柳居素菜"工艺在这一地区当会扎根开花，兴旺发达。

4. 传统美术——南京剪纸

剪纸工艺是被列入世界非物质文化遗产名录的中国传统民间工艺品的代表，由于各地民风各异，剪纸也形成了多种的地方特色。南方剪纸纤细秀丽，玲玲剔透；北方剪纸粗犷有力，浑厚天成。南京地处南北之间，成为南北剪纸文化艺术交汇融合之地。南京剪纸，在继承苏皖剪纸艺术的秀丽剔透基础上，兼融北方剪纸艺术直白有力的优点，表现技法上形成独特的自身风格，粗中有细，拙中显灵。剪纸艺人以剪代笔，不需底稿，手随心运，有如"一笔画"而连绵不断、一气呵成。

在题材上，南京剪纸有"花中有花、题中套题"的特点。如柿子形剪纸内涵如意，代表事事如意；寿桃剪纸中剪有蝙蝠、铜钱，象征福寿双全；石榴剪纸中剪有莲花、桂花，寓意连生贵子。而在具体用途上，剪纸有喜花、窗花、门笺、灯笼花等，南京剪纸以更以喜花闻名，作为节日喜庆、祝寿、升迁、生育、开市等贺喜装饰。

除了传统的单色剪纸外，南京剪纸中还有一种套色剪纸，民间祭祀时用来装饰一种焚烧的斗香，所以称为"斗香花"。斗香花用大红、桃红、绿、蓝、枯黄、淡黄、黑七种蜡光纸和一层皱纹金纸刻花后拼贴而成，色彩鲜艳强烈，富有强烈的装饰效果。如今在南京民俗博物馆和熙南里都有南京剪纸工艺的展示以及成品的展销。

六　遗产特色与价值

南捕厅历史街区是历史上南京城市文化形成的重要区域，也是目前南京城内传统文化生态保留较为丰富的区域，其遗产特色与价值主要体现在以下几方面。

1. 早期政治气息浓厚

南捕厅历史街区从六朝时代直到清代，都临近政治中心所在。东吴时期，位于"南宫"之北、御道之西；东晋南朝时期，位于扬州州治"西州"之南、御道之西；南唐时期，位于宫城之侧；北宋江宁府治、南宋的建康府治及行宫、元代的集庆路治、明代的应天府治、清代的江宁府署等也都在其附近，以及南捕通判署还设于此，这使得南捕厅在近千年的历史时期里一直沐浴在政治氛围里。

2. 老街巷格局保存完整

南捕厅历史街区的街巷格局大体形成于明清时期，如平章巷、绒庄街、大板巷等。每条街巷名均有其历史渊源，体现了传统街区历史风貌的原真性。老地名的本身，也是一种文化记忆和不可忽视的非物质文化遗产。

3. 有一批老建筑组群基本保存完整

南捕厅历史街区现有中国江南地区大都市中占地面积最大的古民居组群——甘熙宅第，此外还有一批晚清至民国时期的建筑散落在街区内。其中，甘熙宅第是中国南方大城市中规模最大、保存最完整的古代民居建筑群，具有极高的历史、科学和旅游价值。甘熙宅第在建筑装饰上，绝大多数房屋的门窗都是格扇门、和合窗，裙板上的雕饰多为寓意吉祥的花草图案，以及玉堂富贵、吉庆有余、万事如意等吉祥图案。这些木雕雕工精细，层次丰富。整组建筑的门楼砖雕保存也很完整，题材丰富。甘熙宅第建筑色调统一，屋面小青瓦、白粉墙、棕红色广漆形成灰、白、棕三色的建筑主调，这种主调与筑内的苍绿园林浑然天成，加之淡雅、平和的色调，轻巧多变的结构，又使得民居造型朴素灵活。[①]

南捕厅历史街区中的建筑类型多样，既有大量的传统多进式民居及前铺后坊的形式，也有寺院、近代旅社及会馆等较为特殊的类型，反映了南京老城南地区多元文化交融的特点，部分老建筑有一定的延续性，组群风貌也会呈现出不同时期的建筑特征，具有特殊的历史价值。

4. 民俗手工艺文化丰富多样

甘熙故居现是南京民俗博物馆也是南京非物质文化遗产馆，研究、展陈、保护南京的民俗文化，设有剪纸、金陵绳结、根雕、微雕、手工

---

① 甘熙宅第在朝向上与众不同，住宅坐北朝南。据《论衡·诘术》对"图宅术"的记载："商家门不宜南向，徵家门不宜北向，则商金，南方火也；徵火，北方水也，水胜火，火贼金，五行之气不相得，故五姓之宅，门有宜向，向得其宜，富贵吉昌；向失其宜，贫贱衰耗。"南方火，烧金，故主门向北，不向南。甘熙宅第充分反映了南京地方建筑特色，对研究南京清代建筑和社会上层人士的生活方式有重大意义。其建筑风格是轻巧秀丽中略带雄浑，多进穿堂式布局与长江三角洲一带的社会上层人士住宅有相似之处，庭院空间较为疏朗，建筑装修也比皖南民居简洁，工程做法则多种流派并存，建筑的总体风格介于南北之间。

脱胎京剧脸谱、布艺、金陵竹刻、绒花等十多个项目的艺术大师工作室，它们都是手工业文化的典型代表。

第二节　朝天宫历史街区

朝天宫历史街区位于南京新街口西南，老城南历史城区西北侧，西接水西门、莫愁湖，东近南捕厅、夫子庙（图2—17）。街区范围北至冶山道院，东至王府大街，南至建邺路，西至莫愁路，总面积9.05公顷（图2—18）。可谓"江南地区规格最高、规模最大、保存最好的一组宫殿式古建筑群"，曾为"古金陵四十八景"之一。

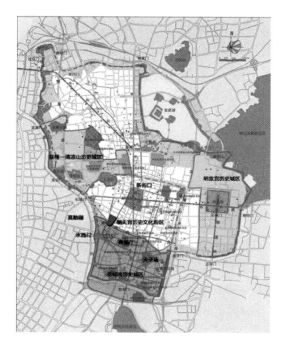

图2—17　朝天宫历史街区位置示意图

图片来源：南京市规划局、南京市规划设计研究院有限责任公司：《朝天宫历史街区保护规划》（公众意见征询），2013年1月。

图 2—18　朝天宫历史街区范围示意图

一　历史沿革与空间区位分析

1. 春秋至六朝时期

今朝天宫所在的冶山地区，是南京开发较早、较为知名的地区。相传 2500 年前，吴王夫差在此设冶制造兵器，并聚集人口形成原始城邑，后人因此称此山为"冶山"或"冶城"。三国东吴时期，孙权设置冶官于此，是东吴制造铜铁器的重要场所，制造兵器、用具及铸造铜钱。所以至今，在朝天宫旁仍保留着一条名为"冶山道院"的街道。西晋永嘉年间（307—313 年），在今朝天宫东侧分布有王敦建扬州刺史治所的"州城"，又称"西州城"。① 东晋初年，冶山为丞相王导所有。据《晋书》记载，王导得了重病，久治不愈，于是召方士戴洋询问。戴洋曰："君侯本命在申，金为土使之主，而于申上石头立冶，火光照天，此为

———————————

① （唐）许嵩撰，张忱石点校：《建康实录》卷一，中华书局 1986 年版，第 3 页。

金火相烁，水火相煎，以故受害耳。"[1] 于是王导在冶山建园，多植林馆，移居于此。王导家族在此居住后，吸引了上至皇帝，下到士子等大批显贵文人到此参观。《晋书·成帝纪》云："咸和五年（330 年）冬十月丁丑，幸司徒王导第，置酒大会。"《六朝事迹编类》引徐广《晋记》亦云："成帝幸司徒府，观冶城园。"东晋太元十五年（390 年），随着王导家族的衰落，冶城开始由贵族府邸向佛教中心转变，一时间佛教兴盛，出现了以僧慧通为代表的一批高僧。到了梁代侯景之乱后，冶城作为秦淮河北岸的制高点，又成为军事要地并一直延续到陈朝末年。[2] 王导死后三十余年，另一位东晋名臣谢安曾与大书法家王羲之共同登临游览冶山，留下了另一段千秋佳话。在冶山西麓还分布有为纪念东晋忠臣卞壶父子所建的祠堂。

南朝泰始六年（470 年），宋明帝在冶山建"总明观"，为南方古代最早的社会科研单位。梁天监四年（505 年）立五学馆于总明观内，设祭酒官一人、访举官一人，另设博士二十人，分设文、史、儒、道、阴阳五门学科，或著书立说，或开课授徒，一时成为文苑盛事。后随着总明观逐渐荒废，又在冶山上修建道观，自此冶山开始成为道教圣地。

2. 隋唐五代至宋元时期

唐代，今朝天宫所在的冶山地区建有太清宫，李白、刘禹锡等曾先后至此登临。

五代杨吴、南唐时期，今朝天宫历史街区正式被纳入南京主城城墙之内。当时，今朝天宫历史街区东侧不远分布有南唐宫城（图 2—20）。此时，今朝天宫一带还设有紫极宫，以及江宁县衙、江宁府、武烈帝庙（紫极宫以西）、忠贞亭等建筑空间。当时，南唐宫城东到今太平南路以西一线，西到今张府园一线，南到白下路—建邺路一线，北到今淮海路以南一线，宫城位居都城的中央，都城东门和西门之间也形成了一条从宫城南门前经过的街道，就是今天朝天宫南侧的建邺路及白下路的前身。

宋代将唐代所建的太清宫名为天庆观。北宋庆历三年（1043 年），

---

① （唐）房玄龄等：《晋书》卷九五，中华书局 1974 年版，第 2470 页。
② 贺云翱：《六朝瓦当与六朝都城》，文物出版社 2005 年版，第 201—206 页。

图 2—19　六朝建康都城与今朝天宫历史街区空间位置示意图

图片来源：据《六朝瓦当与六朝都城》图五六改绘（贺云翱：《六朝瓦当与六朝都城》，文物出版社 2005 年版，第 97 页）。

江宁知府叶清臣，将南唐所建的忠贞亭改为忠孝亭。宋元祐八年（1093年），将忠孝亭扩建为忠孝堂，并绘制卞壶画像，悬挂其中，规定春秋两季以礼祭祀。南宋建炎年间，金兵南侵，忠孝堂毁于兵火（图 2—21）。绍兴八年（1138 年），忠孝堂重建，高宗赵构赐庙额"忠烈"。

元代，天庆观改为"玄妙观"。元文宗图贴睦尔继位前在金陵做藩王，王府就在冶山东侧。天历二年（1329 年），图帖睦尔在元大都登上了皇帝的宝座（元文宗），"建康"得名"集庆"，图帖睦尔原先住过的

图2—20　南唐都城与今朝天宫历史街区空间位置所在示意图

图片来源：据《南京建置志》"南唐江宁府城图"改绘（马伯伦、刘晓梵：《南京建置志》，海天出版社1994年版，第102页）。

府邸被改造成为称誉一时的大龙翔集庆寺，[①] 位于今朝天宫东侧。图贴睦尔与玄妙观住持宝琳道士友谊深厚，经常微服沿后山小径至观聚谈。至顺二年（1331年），玄妙观改为"永寿宫"。

3. 明清至民国时期

明洪武十七年（1384年），明太祖朱元璋下诏对元代永寿宫加以改建，并赐名"朝天宫"。据《明太祖实录》载，朝天宫是当时明王朝皇室和王公贵族焚香祈福的道教道场，属于皇家寺观。另据《明会要》记，朝天宫内有习仪亭，为朝廷举行大典前文武百官演习朝拜天子礼仪

---

① （元）张铉纂修：《至正金陵新志》卷一一，北京图书馆出版社《中华再造善本》，2006年，第364页。

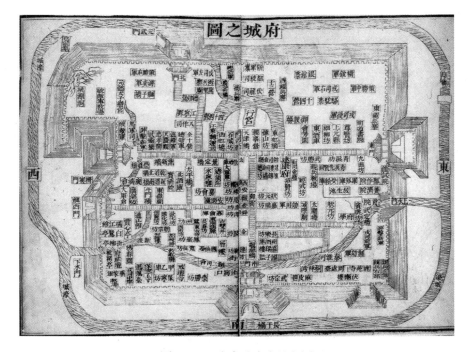

图2—21　南宋建康府城之图

图片来源：（宋）周应合：《景定建康志》（卷五），南京出版社2009年版，第72页。

的场所。当时朝天宫占地面积三百多亩，有各种殿堂房庑数百间，建有神君殿、三清正殿、大通明宝殿、万岁正殿等。

　　明天顺五年（1461年），朝天宫失火，主要建筑被焚毁。据《金陵玄观志》记载，明宪宗成化六年（1470年），吏部尚书邹干，推荐李靖观道士担任朝天宫住持，负责重修朝天宫。重建后的朝天宫基本格局和主要建筑与明初一样，占地约20万平方米，东起今王府大街，西至莫愁路东侧，北延伸到秣陵路以北，南至仓巷北口。当时朝天宫东侧还建有飞霞阁、景阳阁、全真堂、火星殿、白鹤楼、道录司，西侧有西山道院等系列附属建筑。据《金陵玄观志》统计，明代朝天宫建筑群共有大小殿堂30余组，各类道士修行所居的静室82房。

　　清代，随着江南社会经济的恢复和发展，朝天宫逐渐得到大规模重修，"宫观犹盛，连房栉比"。康熙、乾隆南巡时，均到过此地。太平天国时期，朝天宫一度成为兵工厂和军火库。同治五年（1866年），两江总督曾国藩将朝天宫改为孔庙，并把江宁府学迁至朝天宫，形成中为文庙、东为府学，西为卞公祠的格局，并基本保存至今。

图2—22　明代《国朝都城图》中的朝天宫位置图

民国时期，国民政府定都南京后，今朝天宫处先后设过"故宫博物院南京分院"、伤兵医院、首都高等法院等。1930 年，民国政府将今朝天宫前河道沿线的珠宝廊、羊市桥、下街口拓宽，易名"建邺路"，与今朝天宫前流过的内桥至铁窗棂段河道平行。

4. 1949 年后至今

1949 年以后，朝天宫基本成为一个文化场所，先后成为朝天宫小学、南京市工农干部补习学校和南京师范学校所在地。20 世纪 60 年代曾是阶级斗争教育展览馆；20 世纪 80 年代，江苏省农展馆、南京市科协等有关单位曾在此办公，一些相关的展览也经常在这里举办。同时，南京市政府多次疏浚今朝天宫前流过的内桥至铁窗棂段河道，并砌以石岸，河道有 10 米以上宽，在红色、高大的"万仞高墙"前流过。

如今以朝天宫为核心的历史街区，仍保留了魏晋时期中国早期园林

图 2—23　清代今朝天宫历史街区及周边情况示意图

图片来源：据《南京建置志》附图 2 "清江宁省城图" 改绘（马伯伦、刘晓梵：《南京建置志》，海天出版社 1999 年版）。

的自然风貌和痕迹，街区风貌能够映现出江南地区文庙、府学的布局特色。界区内包含全国重点文物保护单位朝天宫（包括江宁府学）以及市级文物保护单位卞壶墓碣，还有国家级昆曲艺术和市级安乐园清真小吃烹制技术等非物质文化遗产。

二　历史街巷

1. 冶山道院

位于朝天宫北侧，东起王府大街，西至莫愁路（图 2—26）。清代有巷，以巷内原有冶山道院得名。清代，这一带分布有江宁府学等。民国时期，首都明德慈善堂设于冶山道院 13 号。现街沿线及周边居住有较多的回族居民。

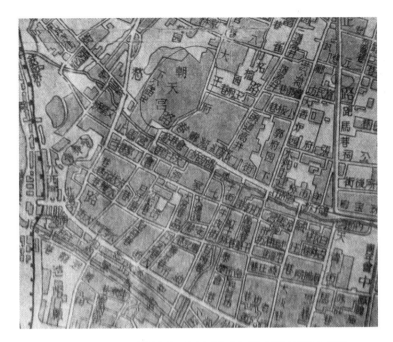

图2—24　民国时期今朝天宫历史街区及周边情况示意图

图片来源：据南京出版社编《南京旧影·老地图1946》（南京出版社2012年版）南京全图改绘。

2. 王府大街

位于新街口西南，朝天宫东北，南起建邺路，北至汉中路（图2—27）。最初为大王府巷、三茅宫、铁管巷。其中，大王府巷即今王府大街南段，位于朝天宫东侧，南起建邺路，北至原三茅宫。明代，在此街一带设立江南行中书省，总览省事。清《同治上江两县志》载："旧名皇甫巷，南唐皇甫晖居此得名，故曰王府矣。"[①] 1997年，三巷拓并而成一条街。以大王府巷名中"王府"二字得名。

3. 莫愁路

位于南京市区中部，朝天宫西侧，北起汉中路，南至升州路西端水

---

① 《明代南京城图》称王府巷。清代，巷分大王府巷、小王府巷。大王府巷又曾改称龙翔寺，巷侧有冶城山馆。（清）《白下琐言》称"阳湖孙星衍买皇甫巷宅，亭馆池树，布置有法，名曰冶城山馆。又有邢氏绿园，修廊广厦、小亭短垣，致尤静逸，今并废"。

图2—25　今朝天宫及边上的河道

图2—26　冶山道院街道现状

图 2—27　王府大街现状

西门广场（图 2—28）。辟建于 1935 年。此路南端向西通向水西门外莫愁湖，故名。"文革"中曾名"四新路"。1973 年恢复莫愁路原名。该路西侧的堂子街，是清代南京"黑市"所在。[①] 现黑市早已不存，但整条街道仍以经营旧货为主。街沿线分布有江苏省中医院、莫愁路基督教教堂、朝天宫和第三十六中学等。

---

　① 黑市在夜里借着昏暗的灯光交易，以经营旧货为主，在天亮之前便告落市，故名。它是旧社会城市畸形发展的产物。提供货源的主要有两类人：一是破落的官僚贵族和名门望族；二是挑高箩收破烂的市民，当然还有不少是鼠窃狗偷来的东西。经营方式也不外乎两种：挑高箩者将白天收购来的物品，设摊陈列于路边，供人挑选购买，同时也就地收购转卖的生意，小偷往往将窃物贱价卖给他们再由他们销赃。另一种是破落的大户人家子弟，将货物零星拍卖。大户人家的老爷少爷们，平时养尊处优惯了，一旦断了生计，家道中落，便坐吃山空，田产变卖完后，只好卖家里的摆饰和生活用品。这些人都是有脸面的人，不好意思在光天化日之下卖东西，远比商品的便宜。一是因为大户人家子弟不知市面行情，又急于脱手，免得被熟人撞见丢了面子；二是偷来的东西，销赃越快越好，以免被失主抓获扭送官府。因此，有经验的人，都喜欢买破落户和小偷的东西，碰巧了，"三文不值二文"，就能买到很珍贵的东西。一些古玩商人，也常到这里来觅宝，有因此而发大财者。当然，既然是黑市，有些人就钻萤萤灯火、暗淡无光的空子，以次充好，以假乱真，牟取暴利。因此而上当者为数不少。

图 2—28　莫愁路现状

4. 建邺路

位于新街口西南，朝天宫东南，西起虎踞南路，东至中山南路，长 1525.8 米，宽 30 米，沥青混凝土路面（图 2—29）。该路中山南路至莫愁路段，为南唐宫门外横街西段，早期称"石城坊""敦化坊""来道街"。现在的建邺路建于 1934 年，是由位于今朝天宫历史街区东侧的珠宝廊、羊市街（又叫鸽子桥）、下街口等路段拓建而成。元代，这里分布有规模宏大的龙翔集庆寺。明代，这里非常繁华，特别是珠宝廊，摩肩接踵，云集着各地的珠宝商和南来北往的顾主。清代，路沿线分布有织造司库和笔贴式署、库使署。[1] 太平天国时期，洪秀全的哥哥洪仁发、地官又副丞相刘承芳等均居住于此。民国时期，"中央"政治学校设于此，是培养反共反人民的国民党反动鹰犬之地。[2] 南京解放初，此处为华东军政大学校址，1952—1968 年为中国共产党江苏省委党校，

---

① 笔贴式署、库使署原来设在西华门街的刘伯温祠，后迁于此。

② 吕武进、李绍成、徐柏春：《南京地名源》，江苏科学技术出版社 1991 年版，第 243—245 页。

1968 年改为省革委会招待所，1979 年 6 月为中国共产党江苏省委党校。1991 年拓宽改造时，为避开朝天宫，在朝天宫东跨内秦淮河，新建仓巷桥向西南、再向西至莫愁路。1993 年再向西延伸至虎踞南路，为市区主干道之一。

图 2—29　建邺路现状

三　历史建筑

详见附录二"朝天宫历史街区内历史建筑举要"。

四　其他相关遗迹

1. 忠孝泉井

又名"忠孝井"，在朝天宫冶山西麓，莫愁路东（图 2—30）。《景定建康志》载，南宋嘉定三年（1210 年），建康马军行司主管临淮人周虎为储水防火，命人在驻地一处空场挖地凿池，才挖下去四五尺，就有一眼泉水涌出。《景定建康志》称此水为"清冷而甘香，以之沦茗涤烦，颇胜他水"。今存井栏，位于朝天宫西侧，呈六角形，高 0.45 米，刻有"永乐十七年七月忠孝泉"铭文。

图 2—30　忠孝泉井现状

2. 府学庸钟

府学庸钟为李鸿章于清同治八年（1869 年）命江南制造局为江宁府学铸造的铜钟，高 1.44 米，底径 1.31 米，腹围 2.2 米，系青铜铸造，重约 1.5 吨（图 2—31）。① 现保存完好，悬挂于朝天宫金声门东侧，撞击时声音清越，数里可闻。

图 2—31　府学庸钟及铭文

---

① 钟顶铸有方格纹饰，钟上有铭文两处，一处为"江宁府学镛钟"；一处为"同治八年岁在己巳，五月十有五日，江南制造总局铸"。

五　非物质文化遗产

朝天宫历史街区主要非物质文化遗产有国家级传统音乐"昆曲"，省级传统技艺"安乐园清真小吃制作技艺"，以及老字号"十竹斋"等。

六　遗产特色与价值

朝天宫是南京的重要名片。在南京各历史名胜古迹中，其历史延续最久，文化积淀最为丰富，是南京文化宝库中最富有历史文化价值的珍贵遗产之一，呈现了较高的价值。

1. 街巷格局相对完整

历史上，朝天宫历史街区的街巷格局在运渎和秦淮河中段两条河道形成后，随之的也基本稳定。从过去的王府巷到今天的建邺路、冶山道院、莫愁路和王府大街，四周的街巷道路不断拓宽取直，但街巷空间的线型、位置和格局在长久的历史发展中始终没有经历大的变化，可以说其街巷格局是较为稳定、相对完整的。

2. 点状文化空间丰富

街区最大的点状文化空间系历史建筑群，是江南地区现存规模最大、建筑等级最高、保存最完整的一组"官式"古建筑群。今立于高楼林立的城市中心地区，更强烈地凸显出它的珍贵。

3. 街区整体尺度宜人

街区整体尺度宜人，整体高度控制较好，是以多层为主的空间形态，疏密相间，以水平延伸为主的城市肌理。

第三节　夫子庙历史街区

夫子庙历史街区位于南京老城城南地区、秦淮河畔，北临著名商业街太平南路，东临风景秀丽的白鹭州公园西北侧，西临"金陵第一园"——瞻园，具有典型的明清传统建筑风貌，是秦淮风光中最具精华的部分，也是充满活力的商业街区。街区范围北至建康路，南至琵琶

街，东至平江府路，西至大四福巷及来燕路，总占地面积约 20 公顷
（图 2—32）。

图 2—32　夫子庙历史街区范围示意图

一　历史沿革与空间区位分析

1. 春秋至秦汉时期

春秋时期，这一带是处于"吴头楚尾"交接地带的秦淮河地区之
一部分。秦汉时期，今夫子庙历史街区南面的秦淮河流域得到进一步开
发，流域内的设县明显增多，区域文明发展加快，距今夫子庙历史街区
南，直线距离约 3 千米左右的长干里地区两次成为丹阳郡治所在，丹阳
郡治的设立奠定了南京六朝都城的根基。

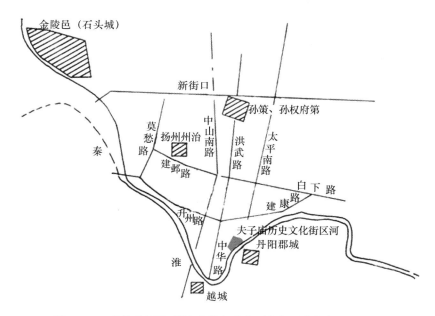

图2—33　春秋战国及秦汉时期夫子庙历史街区空间位置示意图

图片来源：据贺云翱《六朝瓦当与六朝都城》图四八改绘，文物出版社2005年版，第89页。

2. 六朝时期

东晋咸康三年（337年），晋成帝诏立太学于秦淮河南岸。[①]《建康实录》曰："（晋成帝召太学）对东府城南小航道西，在今县城东七里废丹阳郡城东。"[②] 太学，又称国学，是古代由中央设立于首都的大学，为全国的最高学府。孝武帝时，又将太学由秦淮河南岸迁至秦淮河北岸的太庙之南，史载："右御街东，东逼淮水。"今夫子庙历史街区位于其东北面不远，均位于秦淮河北岸。可见六朝时期的今夫子庙历史街区周边儒学文化氛围浓郁。东晋太学一直持续到整个南朝，在当时四分五裂、中原文化被大规模破坏的时代背景下，为中华文庙的传承发挥了巨大作用。

---

① （唐）李嵩撰，张忱石点校：《建康实录》卷七，中华书局1986年版，第190页。

② （唐）李嵩撰，张忱石点校：《建康实录》卷九，中华书局1986年版，第277页。

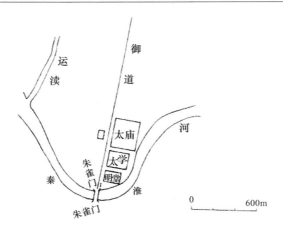

图2—34　东晋、南朝时期秦淮河岸边的太庙、太学等位置示意图

图片来源：据贺云翱《六朝瓦当与六朝都城》图七〇改绘，文物出版社2005年版，第162页。

3. 隋唐五代时期

隋唐时期，由于南京城市地位的下降，今夫子庙历史街区周边的儒学文化空间也一度遭到摧毁。五代南唐时，随着国子监的设立，今夫子庙历史街区周边的儒学文化再次复兴。马令《南唐书》载："国子监，先帝教育贤才之地。南唐跨有江淮，鸠集典坟，特置学官，滨秦淮，开国子监。"南唐的国子监与六朝的太学性质相同，都是当时一个政权首都内的最高学府。史曰："五代之乱也，礼乐崩坏，文献俱亡，而儒衣书服，盛于南唐。南唐累世好儒，而儒者之盛，见于载籍，灿然可观。"[①] 相对稳定的社会环境，使南唐秦淮河畔的国子监成为五代时期儒家学者荟萃、儒学典籍与儒学文化研究的集萃之地。今夫子庙历史街区再次深受儒家文化的影响，也为承担起传承传统文化、延续中华文脉的历史重任奠定了基础。

4. 宋元时期

北宋景祐元年（1034年），因看重今夫子庙历史街区一带旺盛的文气，江宁知府陈执中在考察了南京地貌之后，决定将原来位于浮桥东北

---

① （北宋）马令：《南唐书》（卷一三），傅璇宗等主编《五代史书汇编》第9册，杭州出版社2004年版，第5347页。

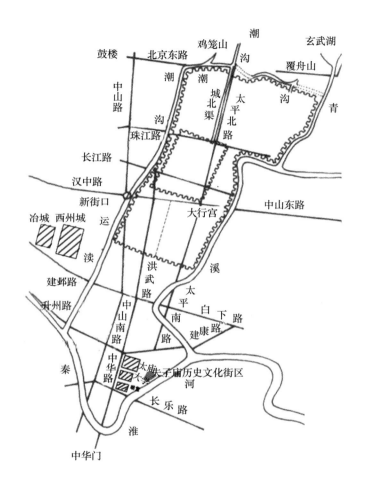

图 2—35 六朝建康都城、太庙、太学等与夫子庙历史街区空间位置示意图

图片来源：据贺云翱《六朝瓦当与六朝都城》图五六改绘，文物出版社 2005 年版，第 97 页。

的夫子庙迁移至今夫子庙历史街区西部，并在夫子庙后建学宫。夫子庙
是供奉和祭祀孔子的庙宇，学宫是科举时代学子读书习艺的场所。陈执
中迁夫子庙、立学宫的这一决定对于包括今夫子庙历史街区在内的秦淮
空间的发展意义是重大的。此后，尽管历经多次重建，但夫子庙的位置
再也没有变动过。

南宋，秦桧府宅设于夫子庙附近。南宋绍兴九年（1139 年）修建

图 2—36　南唐时期夫子庙历史街区空间位置示意图

图片来源：据《南京建置志》"南唐江宁府城图"改绘（马伯伦、刘晓梵：《南京建置志》，海天出版社 1994 年版，第 102 页）。

康府学，又作小学于大门之东，增教官一员，置书阁以藏书。南宋乾道四年（1168 年）当时的知府史近志，在位于今夫子庙历史街区东部的蔡宽夫侍郎家宅的基础上改建成贡院，与夫子庙隔街相望。后被毁，1236 年重建，是县、府的考试场所。

经过两宋建设者的多次兴建，到了南宋晚期，当时称为建康府学的夫子庙已颇具规模。根据《景定建康志》内的插图描绘，府学是前庙后学的基本格局，中轴线上依次分布有泮池、棂星大成殿和明德堂，整个建筑群看上去规模宏大，庄严肃穆。元代，夫子庙成为集庆路学所在地。

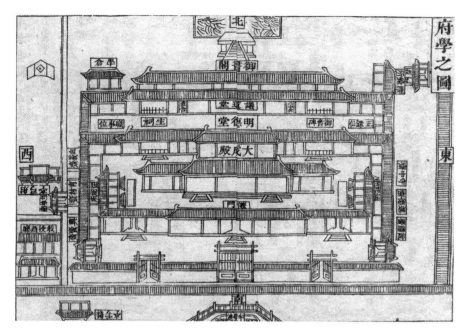

图 2—37 宋《府学之图》

图片来源：（宋）马光祖修、周应合纂：《景定建康志》卷五，载中华书局编辑部编《宋元方志丛刊》第 2 册，中华书局 1990 年版，第 1382 页。

5. 明清时期

明朝初年，朱元璋定鼎南京。为了强化明朝的正统地位和权力威严，在登上皇位第二年，便下令将元朝被改为集庆路学的夫子庙作为国子学。《明太祖实录》卷四〇载："洪武二年三月，诏增筑国子学舍，初即应天府学为国子学。"洪武元年（1368 年），朱元璋还曾亲自来到国子学内，以太牢祭祀先师孔子。[①] 洪武十五年（1382 年），朱元璋下令将国子学迁至城北，夫子庙降为应天府学。并在府学东侧另建考棚。明永乐十九年（1421 年），位于夫子庙东侧的贡院得到扩建，明中叶又有增扩。

---

① 《明太祖实录》载："（太祖）于洪武元年二月丁未，诏以大牢祀先师孔子于国学……三月，（又）命增修国学斋舍……仲秋八月则遣官释奠于先师孔子，并定制以仲春仲秋二上丁日降香遣官祀于国学。"

图 2—38　明代夫子庙和贡院位置示意图

图片来源：据《南京建置志》附图 1 "明应天府城图"改绘（马伯伦、刘晓梵：《南京建置志》，海天出版社 1994 年版）。

　　清代，今夫子庙历史街区主要分布了上元、江宁两县学。尽管地位有所下降，但夫子庙一直是明清两朝南京城内一处十分重要的文教机构；并在位于江宁、上元两县学内的尊经阁中设立了"尊经书院"，作为辅助县学等官学系统的教育机构，以适应科举进士进行初期教育的学校，教授内容是与科举考试相关的四书五经。至清光绪年间，位于夫子庙东侧的贡院建筑已十分庞大，东起姚家巷，北至奇望街（今建康路），西隔贡院西街与夫子庙毗邻。其间号舍两万零六百四十间，主考、典试、监临、监试及职事人等的官房数百间，规模之大，占地之广，除北京之外，为全国各省乡试考场之冠。

图2—39　清代夫子庙、贡院位置及周边街巷情况图

图片来源：据《南京建置志》附图2"清江宁省城图"改绘（马伯伦、刘晓梵：《南京建置志》，海天出版社1999年版）。

明清时期的夫子庙不仅是传授、研习儒学文化的教育场所，也是普通商贩、百姓们活跃的商贸、娱乐空间。夫子庙大成殿前的广场上设有"考市""书市"，摊贩云集，聚集了各式各样经营文房四宝、考试用具及特色食品的商铺。正统、严肃的儒学文化与轻松、活泼的工商贸易、民俗文化相得益彰，共同构成了今夫子庙历史街区雅俗并存的文化格局。

6. 民国时期

因废除科举制度，夫子庙、学宫等许多旧有建筑被拆除和改造利用，传统建筑的形态和功能发生转变，作为儒学文化传播、教育及孔子祭拜中心的夫子庙传统功能丧失。在抗日战争中，南京沦陷，夫子庙地区建筑被炮火摧毁。抗战胜利后未能得到修复，逐渐沦为城市中的危旧建筑。

图 2—40   晚清夫子庙掠影

先后设置学宫、贡院，又有教坊司、酒楼、妓院集中在这里，形成了"风华烟月之区、金粉荟萃之所"的畸形繁华。清光绪年间的照片可略见一斑。（1888 年摄）

同时，位于夫子庙东侧的江南贡院成为南京特别市政府办公地点，后在汪伪时期成为汪伪国民政府司法院和行政法院的办公地。

7. 1949 年后至今

"文革"期间，今夫子庙历史街区的大量古建筑群被拆除，夫子庙大成殿变为商店临时用房和返城居民的临时住所。直至 20 世纪 80 年代，南京开始对夫子庙地区进行全面修复和重建。1983 年对夫子庙主体建筑进行重建，并按历史上形成的庙会形制，复建了东市场和西市场。此后陆续对瞻园、白鹭洲公园展开了整修和加建。自 1986 年起，夫子庙恢复了一年一度的祭孔活动。2002 年又对秦淮河河道水质进行了治理，并整治滨河景观，全面提升了秦淮河两岸公共空间环境品质，使夫子庙历史街区逐渐恢复昔日风采，各类社会活动也再次向这一区域密集聚拢。2012 年 9 月 28 日是孔子诞辰 2563 周年纪念日，为了进一步彰显南京夫子庙"天下文枢、儒学重地"的历史地位，逐步将南京夫子庙打造成为"影响世界，国内最佳"的儒学文化传承基地和重要的文化交流窗口，秦淮区结合中秋、国庆双节，在 9 月 28 日—10 月 7 日举办 2012 年中国南京"孔子文化节"系列旅游文化活动。此次文化节以"天下文枢、儒学重地"为主题，不仅举行了盛大的祭孔仪式，同时在孔庙建筑明德堂和大观园内举办了民间艺人手工艺精品展览、华夏

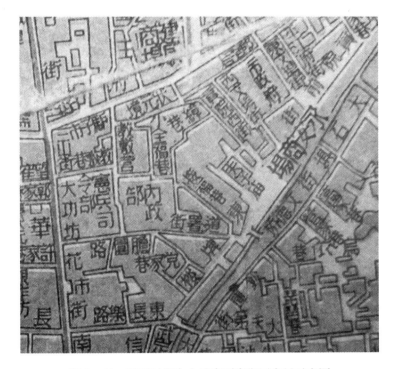

图 2—41　民国时期今夫子庙历史街区布局示意图

图片来源：据南京出版社编《南京旧影·老地图 1946》，南京全图改绘，南京出版社
2012 年版。

霓裳展览、金陵古曲等十余场丰富多彩的演出和展示活动，吸引了大量
的市民和游人前来参与。

目前，秦淮"孔子文化节"已成为秦淮重要的儒学文化品牌，希
望借助于"孔子文化节"进一步弘扬中华民族优秀传统文化和儒家文
化礼仪，恢复夫子庙的儒学传播、教育功能，使夫子庙历史街区成为今
天南京重要的儒学文化传承基地和重要的文化交流窗口。

二　历史街巷

1. 金陵路

位于夫子庙东，呈四环"口"字形，围绕今南京市中医院的环形
道路。原为贡园内道路的一部分。1919 年拆围墙建街，东称"文坊

街"，西称"文坊西街"，南称"明远楼街"，北称"衡堂街"。
1927年，南京市政府设此，将四街统称"市府路"。汪伪时期，汪
伪国民政府司法院和行政院以南京市政府作为办公场所。1952年更
为今名。

2. 贡院西街

位于夫子庙东侧，南起贡院街，北至建康路。清末有街。因处贡院
之西，故名。今为步行街之一。

3. 龙门街

位于夫子庙东侧，南起贡院街，北至金陵路，贡院明远楼前。明清
时为进出贡院大门的必经之地。龙门街之名取"跳龙门"之意。过去
文人把中举、中进士、中状元进入宦海，视作入龙门、跳龙门，因而称
此街为"龙门街"。

4. 贡院街

位于夫子庙东南侧，东北起桃叶渡，西南至瞻园路。明景泰间为应
天府贡院后成街，街以北侧"应天府贡院"名中"贡院"二字得名。
清同治十二年（1873年）曾国藩重修贡院，更名"江南贡院"，街名未
变。1969年曾更名"人民街"。1973年复称原名。明代，这里曾是锦
衣卫同知纪纲的私宅。《钟南淮北区域志》亦载："贡院为上下江试士
场，以明锦衣卫同知纪纲没入宅为之。其中飞虹桥至公堂明远楼，制同
各省，唯号舍四平江府，则割平江伯陈宣宅益之。"清代，此处仍为科
举考试的地方。现街侧仍保留有江南贡院、贡院碑刻等遗迹。

5. 大石坝街

位于白鹭洲公园西北（图2—42），因地势低洼，清康熙年间将此
处的长桥改筑成石坝，此街因此以石坝为名。《秣陵集》云："在旧院
和徐达东花园之间有一条水道，建长板桥其上以通行人。后长板桥废，
在两旁筑石堰，起名石坝园，亦名石坝街。"由于石坝街隔秦淮河与贡
院相对，每逢科举大比之年，便"设浮桥以通中路焉"。"秋风士子，
负笈观光，试馆如林，率筑台榭，傍南岸者，以合肥刘氏河厅为冠。"
古代小说家、戏剧家往往以此为背景，绘声绘色地描写出许多风流人物
和生动故事来，吴敬梓的《儒林外史》、孔尚任的《桃花扇》对此处的
风光也都有记述。

图 2—42　大石坝街现状

6. 状元境

位于夫子庙北侧，东起贡院西街，西至教敷营。1969 年改为"立新巷"。1981 年复称今名。南唐时，此处名"国子监"。相传南宋奸相秦桧家宅在此。元、明时期，此处曾名"状元坊"；清时，此处是书店、书摊集中地，并有一家书坊名为"状元阁"。此后，此街便被称为"状元境"。贡院的考生喜欢到这里住宿和买书，都是为了讨好彩头。

7. 乌衣巷

位于夫子庙文德桥东南侧，东起平江府路，西至大石坝街文德桥口，长 350 米，宽 2.5 米，沥青路面（图 2—43）。最早记"乌衣"之名的是晋山谦《丹阳记》云："乌衣之起，吴时乌衣营处所也。"三国时，这里是东吴禁军驻地，因官兵都穿黑衣，军队被称为乌衣营，驻地也被称为乌衣巷。另一说此巷是王导、谢安两个望族宅邸所在。东晋时最大豪族为王谢两家，王谢两家贵族子弟善著乌衣，当时人称"乌衣郎"，巷因以得名。入唐后，曾经豪华一时的王、谢贵族宅第成废墟，故唐刘禹锡有诗云："朱雀桥边野草花，乌衣巷口夕阳斜。旧时王谢堂前燕，飞入寻常百姓家。"乌衣巷由此为人们所熟知。① 今街西端有新建的王导谢安纪念馆。

图2—43　乌衣巷现状

三　历史建筑

详见附录二"夫子庙历史街区内历史建筑举要"。

四　其他相关遗迹

1. 封四氏碑

位于夫子庙大成门右侧，与封至圣夫人碑并列，青石质，通高2.36米，宽1.15米，厚0.24米，刻于元至顺二年（1331年）。碑额上

---

① 然明清以来，其位置众说纷纭，今之乌衣巷或为古之一部分。"乌衣晚照"和"来燕名堂"分别为明清金陵胜景之一。2004年被南京市民评为"南京十佳老地名"之首。

浅刻云龙，正书阴刻篆书"加封敕书"4 字，碑身四周亦浅刻云纹。碑文楷书 20 行，满行 44 字，分别记载加封颜回为兖国复圣公、曾参为郕国宗圣公、孔伋为沂国述圣公、孟轲为邹国亚圣公。① 现碑身有裂纹，碑文尚清晰可辨。

2. 封至圣夫人碑

位于夫子庙大成门内右侧，青石质地，刻于至顺二年（1331 年），通高 2.5 米，宽 1.15 米，厚 0.24 米。碑额上浅刻云龙，正中阴刻篆书"加封敕书"四字，碑身四周浅刻云纹，碑文楷书 2 段，16 行，满行 33 字，记载加封孔子父叔梁纥为启圣王、母颜氏为启圣夫人；特封孔子妻元官氏为至圣夫人。②

3. 贡院碑刻

原散落于贡院内，1989 年建江南贡院历史陈列馆时，加筑部分碑座，将之集中排列于明远楼内外及东西两侧，共 22 通，记载了江南贡院的历史、历代扩建、维修情况以及考官题名等，是研究明清贡院建制沿革和科举情况极为重要的实物资料。③

4. 文源桥

位于夫子庙泮池东面（图 2—44），原名"黄公桥""白鹭桥"，是

① 原立夫子庙戟门侧，1966 年曾迁往中华门瓮城内，现又迁回原址。

② 碑原立于夫子庙戟门侧，1966 年曾迁往中华门瓮城内，现又迁回原址。除有数条裂纹外，碑文尚清晰可读。该碑系南京仅存的三块元碑之一。

③ 其中明碑六通：《应天府新建贡院记》（明天顺元年，1457 年）、《秦春旨意剞付事理》（明天顺元年）、《增修应天府乡试院记》（明嘉靖十三年，1534 年）、《群公惠泽祠记》（明隆庆元年，1567 年）、《应天府重修贡院碑记》（明万历八年，1580 年）和《应天府修改贡院碑记》（明万历二十八年，1600 年）；清碑十五通：《壬午科两大主考公正廉明碑记》（清康熙四十一年，1702 年）、《江南贡院主考题名记》（清康熙四十四年，1705 年）、《万寿科题名碑记》（清康熙五十二年，1713 年）、《奉宪板行碑示》（清康熙五十四年，1715 年）、《御制宸翰》（清康熙年间）、《增修贡院碑记》（清雍正二年，1724 年）、《颂德碑》（清雍正四年，1726 年）、《铁保题记》（清嘉庆十二年，1807 年）、《乙卯贡院诗》（清嘉庆二十四年，1819 年）、《奉宪板行碑示》（清嘉庆二十四年）、《程祖洛讳刻》（清道光十一年，1831 年）、《江宁重修贡院记》（清道光二十五年，1845 年）、《重修江南贡院碑记》（清同治十年，1871 年）、《为优拔贡生筹措朝考盘费》（清光绪十二年，1886 年）和《光绪辛卯乡试监临钱桂森词碑》（清光绪十七年，1891 年）；民国碑一通，即《金陵贡院遗迹碑记》（1922 年）。

为纪念明代"三元及第"的名士、侍讲学士黄观①而兴建。1931 年重建，1949 年以后更名"白鹭桥"，因桥可通达白鹭洲而得名。1986 年再次整修时在桥上发现清同治八年（1869 年）中秋重刻"黄文贞公传"石碑一块，证实此桥确为古黄公桥。1997 年应学者建言，鉴于桥的北岸为入学科考文化重地，桥名应与文德桥相呼应，因而改名为"文源桥"。今桥尚保存较好。

图 2—44　文源桥现状

5. 文德桥

在夫子庙西，建于明万历年间（1573—1620 年），为三孔石梁桥，长 25 米，宽 6.7 米（图 2—45）。相传一位周姓太常侍少卿认为，科考中南京人很少中举，原因有二：一是明德堂后卫山旁建造尊经阁，破坏了风水；二是泮池河水西流不息，蓄不住"文气"，为此在泮池边秦淮河上建木桥减缓水流，蓄住"文气"，故名"文德桥"。后来，南京人焦竑中了状元。也有说文德桥名取自儒家"文章道德第一"之意。

---

①　黄观，字伯澜，安徽贵池人。由于他从秀才到状元（洪武二十四年），经过的六次考试（县考、府考、院考、乡试、会试、殿试）均获第一名，时人赞誉他"三元天下有，六首世间无"。后迁礼部右侍郎。在建文朝侍讲学士，住南京石坝街。他与方孝孺、齐泰等同为建文帝所亲信重用。燕王朱棣发动靖难之役攻下南京时，他反对燕王朱棣大行杀戮，逃往亲乡。朱棣对他的家属进行了令人发指的报复。他派人将黄观的妻子翁氏及女儿抓起来，将翁氏配给象奴。翁氏不甘受辱，乘机携二女及家人奔淮青桥投溪而死。黄观闻讯，痛不欲生，在贵池面向金陵而自尽。后人在其居处建黄公祠，又在此建木桥，名"黄公桥"，以表纪念。

据闻，每年农历十一月十五日夜，文德桥处出现皓月当空，"立桥俯视，桥下水中左右各映半边月亮"之奇观。值得一提的是，每逢秦淮灯节，文德桥畔观景犹胜，各种灯船争奇斗妍，桥上桥下游人如织，天长日久，桥梁不堪重负，多次坍塌。据传，我国著名的桥梁专家茅以升当时正值少年，目睹其同学在文德桥坍塌事故中落水遇难，心灵深受刺激，下定决心要造出坚固之桥，他刻苦攻读，终于成为桥梁工程的一代宗师。现文德桥经过多次翻建成花岗岩石桥，保存较好，是夫子庙秦淮河风光带上重要的景观之一。

图 2—45　文德桥现状

6. 乌衣巷井

东吴古井。位于乌衣巷东侧（图 2—46），是目前尚存的南京年代最古老的水井。传说东吴的乌衣营军士以此井为饮用水而得名。井栏似鸡笼、石质白色，造型奇特而珍贵，井口有 11 道绳拉凹槽。

五　非物质文化遗产

夫子庙历史街区非物质文化遗产较为丰富，主要包括中国古琴艺术·金陵琴派（人类代表作）、秦淮灯会（国家级）、秦淮灯彩（省级）、南京白局（国家级）、南京评话（省级）、南京白话（市级）、秦淮（夫子庙）风味小吃加工制作技艺（省级）等。

图 2—46　乌衣巷井现状

表 2—2　　　　　　　　夫子庙历史街区主要非物质文化遗产概述

名称	类型	保护单位	保护级别	简介
秦淮灯会	民俗	贡院西街、贡院街、秦淮河	国家级	又称"金陵灯会"，主要在每年的春节至元宵节期间举行。其历史可追溯到魏晋南北朝时期，唐代时期得到迅速发展，明代时达到鼎盛。1949 年后，特别是改革开放以来，夫子庙灯市灯会再度名扬天下。以灯彩为主的本土民间文艺贯穿于秦淮灯会，大大丰富了其中的文化艺术内涵
中国古琴艺术·金陵琴派	传统音乐	夫子庙民间艺术大观园	人类代表作	明末清初黄勉之创立金陵琴社，标志着金陵琴派形成。金陵琴派融南北琴派为一体，其节奏善以"顿挫"取胜，指法灵活细腻，演奏风格飘逸洒脱、跌宕起伏，主张琴歌与琴曲并存。代表性曲目有《蔡氏五曲》《秋塞》《梅花三弄》《醉渔唱晚》等
南京白局	曲艺	夫子庙民间艺术大观园	国家级	又称"新闻腔""数板""红局"，起源于明末清初织锦工人自娱自乐时唱的小曲、方言调子或段子，逐步发展成为曲艺曲种"白局"。后由于社会动荡，南京白局几乎绝响。中华人民共和国成立后，对其进行了挖掘整理和改革创新，并将南京方言演唱的其他曲艺形式融于白局之中，使其进入了发展新高峰

续表

名称	类型	保护单位	保护级别	简介
秦淮灯彩	传统美术	夫子庙民间艺术大观园	省级	即南京灯彩。相传在明代洪武年间，朱元璋下令闹花灯，以示与民同乐，共庆升平。南京灯彩的名目繁多，主要品种有宫灯、挂灯、壁灯、球灯、花灯、各种动物灯、转灯等
南京白话	曲艺	夫子庙民间艺术大观园	市级	又称"南京相声"，旧称"读善书"，就是用南京方言说书史。它最初形式是南宋时期出家人的"劝善"活动，曾一度照本宣读，所以被称作"读善书"。明朝末年，为"读善书"的兴盛时期，出现了以柳敬亭为代表的一批专业艺人。清康熙、雍正、乾隆时期，是南京白话逐渐发展成熟的时期，到了清道光、咸丰年间，南京白话开始广为流传。目前，南京白话的代表性曲目有《杂学唱》《老相识》《包您满意》等
南京评话	曲艺	夫子庙民间艺术大观园	省级	相传始于明末清初的"说善书"，于清乾隆年间正式形成，乾隆时评话艺人童万家被公认为"南京评话"的祖师，清末民初为鼎盛时期。目前，南京评话日渐衰落，但尚有专业演员坚持演出。"南京评话"以长篇讲史为主，表演上有文、武两派之分，文派又名"呆口"，讲究说工；武派重做工，讲究身段。主要剧目有《三国》《隋唐》《水浒》《岳飞传》等，"说""演"并重，常于书中穿插许多南京的风土人情、历史掌故、名胜古迹，富有浓厚的地方色彩
秦淮（夫子庙）风味小吃加工制作技艺	传统技艺	大石坝街	省级	自东吴建都南京以后，南京就有以炒米为点心的现象。西晋左思的《吴都赋》中也有"矜其宴居，则珠服玉馔"的记载。1949年后，人民政府十分注重发展秦淮饮食文化。随着改革开放后国民经济的发展，秦淮风味小吃迎来又一个发展高潮。1986年，秦淮风味小吃研究会研究开发出"秦淮八绝"风味小吃，受到社会各界的欢迎。如今秦淮风味小吃已跻身于中国"四大小吃"之列

名称	类型	保护单位	保护级别	简介
夫子庙花鸟鱼虫市	民俗		市级	明清时期，夫子庙西侧的中华路自许家巷至长乐路：一段，称花市大街，是当年的花卉市场。民国以后花市陆续向夫子庙转移，花农拎着花篮或挑着花担，在夫子庙一带串街走巷叫卖。常见的销售品种有白兰花、栀子花、茉莉花、代代花、珠兰花等。1927年花神庙的花农在大成门东侧开设尹记花店；随后在泮宫门口出现王顺兴鸟店，在文德桥畔有杨家鸟店，这两家鸟店都兼营花草。义顺茶馆附近还有卖鸟的闹市，茶客们拎着鸟笼、泡茶馆、进书场、逛夫子庙，成为民国时期"老南京"的一大乐事。自1978年以来，明远楼东南侧的金藏路渐成花鸟鱼虫摊点集中之地。20世纪80年代中期，秦淮区政府因势利导，辟此地为花鸟市场，设管理机构，市场规模不断扩大。场内有国营、集体商店和个体经营户一百多家，还有皖、浙、闽、粤和东北等地的小贩兜售花鸟鱼虫及猫狗等宠物。花鸟市场还销售假山石、雨花石、花盆、花肥、金鱼缸、鸟笼、鸟食和蟋蟀盒等，南京市民及外地游客多好来此观赏购买

六　遗产特色与价值

夫子庙历史街区虽已成为享誉海内外的旅游胜地、文化长廊、美食中心、购物乐园等，但仍是一个底蕴极其深厚的街区。其遗产特色与价值主要体现在以下几个方面。

1. 儒学文化厚重

夫子庙是古代江南一带儒学文化教育中心。其文化空间内儒学内涵丰富，教学传统悠久。悠久的办学传统，较高的历史地位，为夫子庙赢得了极高的历史声誉。今天，夫子庙作为秦淮儒学文化遗存中特色最鲜明、保存最好、开发最全面、品牌价值最高的文化资源，也应该利用入选历史街区的契机，复活其儒学宣传、教育的传统功能，成为今天南京重要的儒学文化传承基地、教育基地和重要的文化交流窗口。

2. 科举文化积淀，人才汇集

作为一个文化整体，科举文化在国家体系中占据极其重要的地位，对中国古代的政治经济制度、教育体系、社会及文化生活产生了巨大的影响。狭义的科举文化专指与科举选士相关的观念形态的文化，[①] 街区内的江南贡院就是典型代表。江南贡院作为我国古代最大的科举考场，从中走出来的历史名人和才子文人为数众多。据史料记载，清代科举共举行112科，其中在江南贡院乡试中举后经殿试考中状元的人，江苏籍的有49名，安徽籍的有9名，整个江南省共计58名，占全国状元总数的51.78%。可见江南贡院为我国的人才选拔做出了巨大贡献，是促成社会形成尚文之风的重要动力。

3. 商业文化较为显著

夫子庙地处秦淮河畔，交通便利，区位优越。早在六朝时期，今夫子庙历史街区就设置了不少水榭酒楼，明清时期更为繁华。今街区内的饭馆、茶社、借楼、小吃铺比比皆是，并已上升为小吃宴、小吃席，形成了著名的"秦淮八绝"小吃系列。以夫子庙为中心向周边已形成小商品、古玩字画、花鸟鱼虫等特色鲜明的市场群，成为南京商业中心之一。

4. 保留有一批较为完整的官方建筑和河厅河房式民居

夫子庙历史街区既有大成殿、江南贡院等官方建筑，也有石坝街、乌衣巷等寻常的秦淮人家，民居沿河兴建，成为街区最为显著的建筑特色。达官贵人、寒窗学子、船夫商贩、风尘女子等云集于此，使得夫子庙历史街区具有文化形态复杂多样并和谐共生的特点。

5. 多元文化形态共生，市民生活气息浓厚

夫子庙是普通民众休闲娱乐的好地方。南京的娱乐场所大抵集中在秦淮河畔。这里也是民间艺人的最好街头舞台，贡院前面的空场上，"有变戏者；有拉西洋景者；有舞刀弄棍卖艺者；有杂集穿山甲、豪猪、

---

① 张亚群：《科举学的文化视角》，《厦门大学学报》（哲学社会科学版），2002年6月。

大蛇之类，炫以为以奇观者；并有支木为小台，粉墨登场唱汉调者"。[1]最早一代美术电影人万籁鸣、万古蟾兄弟俩小时候经常溜到夫子庙看皮影戏，"皮影戏中的人物舞枪弄棒，腾云驾雾，能说会唱"，成为他们心中最原始的"动画"雏形，皮影戏和夫子庙贡院西街一带的画室里的穷画师们影响了他们今后走上了美术电影制作之路。[2] 同时，由于历史上的盛名，社会精英也是夫子庙、秦淮河上的常客，张恨水、张友鸾、张慧剑等著名的报人旅居南京时常光顾夫子庙，张恨长曾回忆他在南京的时候，十次出门有九次是奔城南的，尤其是秦淮河畔的夫子庙，他的朋友，几乎是"每日更须一至，夜深还自点灯来"，碰头的地点总是馆子里的河厅。

第四节　荷花塘历史街区

荷花塘历史街区位于南京城南门西地区，南邻明城墙和护城河，西侧临胡家花园（图2—47）。街区范围为北至殷高巷、荷花塘，南至城墙，西至鸣羊街，东至水斋庵、磨盘街、中山南路一线，总面积12.56公顷（图2—48）。

一　历史沿革与空间区位分析

1. 春秋至汉代时期

作为南京古老文化发源地之一的门西荷花塘区域，早在远古石器时代，就有人类活动踪迹。在春秋时期位于越城的西北面。据唐许嵩《建康实录》载："元王四年，即越王勾践四年，当春秋之末，越既灭吴，尽有江南之地。越王筑城江上镇，今淮水一里半废越城是也。案，越范蠡所筑城，东南角近故城望国门桥，西北即吴牙门陆机宅。"[3] 淮水流

---

① 马元烈：《首都名胜》，载蔡玉洗主编《南京情调》，江苏文艺出版社2000年版，第128页。

② 万籁鸣、万古塘：《怀念故乡南京》，载蔡玉洗主编《南京情调》，江苏文艺出版社2000年版，第416页。

③ （唐）许嵩撰，张忱石点校：《建康实录》卷一，中华书局1986年版，第1页。

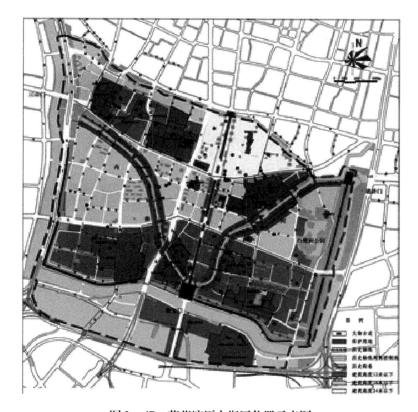

图2—47　荷花塘历史街区位置示意图

图片来源：南京市规划局、南京市规划设计研究院有限责任公司：《荷花塘历史街区保护规划》（公众意见征询稿），2012年8月。

域是南京古代文明的摇篮，同时也是重要的军事屏障，上面说的越城也是临淮水而建，这为秦淮河沿岸荷花塘一带日后的繁荣奠定了基础。

2. 六朝时期

六朝时期，荷花塘一带经历了一个繁华阶段，随着秦淮河两岸的繁荣，也逐渐发展成为茂盛的商业区和居民区。

东晋时期，都城建康人口激增，秦淮河畔工商业区和住宅区都较东吴时有所扩大，荷花塘一带成为典型的传统居民区。南朝时期，今荷花塘所在的门西地区称"凤台山"，据元代张铉的《至正金陵新志》载："刘宋元嘉十六年，有三只头小足高、五颜六色、叫声悦耳、状如孔雀

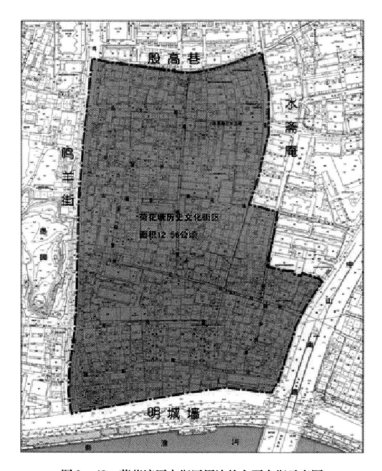

图 2—48　荷花塘历史街区周边的主要大街示意图

图片来源：南京市规划局、南京市规划设计研究院有限责任公司：《荷花塘历史街区保护规划》（公众意见征询稿），2012 年 8 月。

的大鸟，飞到秣陵永昌里花园中鸣叫不已，招来群鸟跟随比翼而飞，是象征盛世太平的百鸟朝凤。"① 因此，扬州刺史、彭城王义康便将百鸟

①　（元）张铉撰，田崇校点：《至正金陵新志》（第 2 版），南京出版社 1991 年版，第206 页。

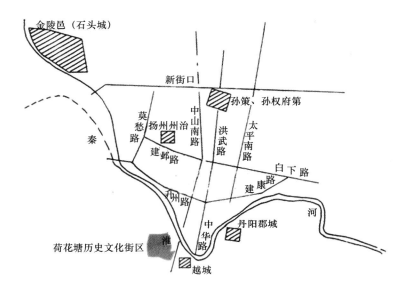

图 2—49　春秋战国及秦汉时期荷花塘历史街区空间位置示意图

图片来源：据《六朝瓦当与六朝都城》图四八改绘（贺云翱：《六朝瓦当与六朝都城》，文物出版社 2005 年版，第 89 页）。

翔集的永昌里改名为"凤凰里"。① 后来，又在保宁寺后的山上筑台建楼以示纪念，并名"凤凰台"，所在之山随之称为"凤台山"。这一凤凰意象对荷花塘一带的街道和建筑的命名也产生了很深影响，虽然有些建筑经年累月已经消失湮灭，但其中蕴含的历史文化资源却传承了下来，如街区内的高岗里街巷名，传说就与凤凰台有关，《凤麓小志》称"高岗里，盖取凤鸣之意"，即凤集高岗之意。

3. 隋唐五代时期

隋灭陈后，实施"平荡耕垦"政策，② 尽毁六朝故都建康的宫城胜迹。唐代以后，小长干西侧的江面洲渚渐生，江水西徙。由于长江水道

————————

　　① 《南史·宋本纪第二》："十四年春，正月……戊戌凤凰二见于都下，众鸟随之，改其地曰凤凰里。"参见（唐）李延寿《南史》卷二，中华书局 1975 年版，第 43 页。

　　② 《隋书·地理志》云："丹阳郡，自东晋已后，置郡曰扬。平陈，诏并平荡耕垦，更于石头城置蒋州。"参见（唐）魏征、令狐德棻《隋书》卷三一，中华书局 1973 年版，第 876 页。

图2—50 六朝都城与荷花塘历史街区空间位置所在示意图

图片来源：据《六朝瓦当与六朝都城》图五六改绘（贺云翱：《六朝瓦当与六朝都城》，文物出版社2005年版，第97页）。

的变迁，秦淮入江口也随之西移，小长干失去经贸口岸的特殊地位，其滨江游览区的特色景观也不复存在。隋平江南，六朝故都的军事设施被平毁。与长干相对应的秦淮河下游段（今"十里秦淮"）两岸的栅栏被拆除，民居河房逐渐涌现，其主要功能由军事防御区演变为滨河住宅区，河道逐渐淤积变窄，大型船只很难通过，导致其漕运功能逐渐衰退。隋唐以后，秦淮河下游区域的自然风光逐渐减退，城市化的风韵则日益浓郁。

唐继隋统，继续推行对金陵的抑制方针，一直到唐末，金陵才开始渐渐恢复往日的繁华。经过几百年的发展，至南唐末，秦淮河两岸渐成工商业繁华和居民稠密之地。杨吴、南唐偏安江南的七十多年间，金陵地区得到了极大的发展，南京地区由江南重镇昇州成了杨吴的西都金陵府，继而又成为南唐的国都江宁府，辖区有所扩大，将上元县及当涂县的部分乡划归江宁县，自此开始，江宁、上元两县同城而治。而县属所在昇州城南凤台山西南，正是今天荷花塘所在的区域之内。

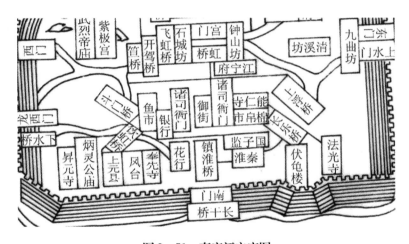

图2—51　南唐江宁府图

图片来源：截自朱炳贵编著《老地图·南京旧影》，南京出版社2014年版，第44页，"南唐江宁府图"。

4. 宋元时期

宋元两代沿用旧制，未作大的变动。据《乾道建康志》记载，至南宋乾道年间（1165—1173年），建康城内之坊数已达20处。[①] 随着城市工商贸易的繁荣，打破了以前封闭式的里坊结构。坊的数量急剧增

---

① 原书已佚，见（元）张铉《至正金陵新志》卷四下之"坊里"条转引，载《宋元方志丛刊》第6册，中华书局1990年版，第5517页。

图2—52　南唐都城与今荷花塘历史街区空间位置所在示意图

　　图片来源：据《南京建置志》"南唐江宁府城图"改绘（马伯伦、刘晓梵：《南京建置志》，海天出版社1994年版，第102页）。

加，到周应合撰写《景定建康志》的南宋末年，[①] 建康城内的坊数已经达到36处，其中位于荷花塘所在的门西地区有凤台坊等。

　　元代，由于南京纺织业的较大发展，"民间艺人"集中于此，使荷花塘具有了生产功能。

　　5. 明清时期

　　明太祖朱元璋定都南京后，强令迁徙全国各地能工巧匠、富户至

---

　　① 该书成文于景定二年（1261年）。（宋）马光祖修、周应合纂：《景定建康志》卷一，载中华书局编辑部编《宋元方志丛刊》第2册，中华书局1990年版，第1333页。

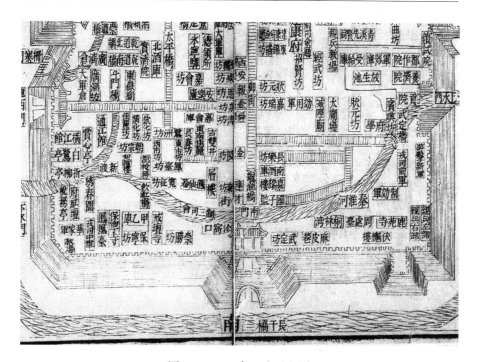

图 2—53　（宋）府城之图

图片来源：江苏通志编纂委员会：《江苏省通志稿》（方域志），江苏古籍出版社 1993
年版，第 58 页。

图 2—54　元集庆路

图片来源：江苏通志编纂委员会：《江苏省通志稿》（方域志），江苏古籍出版社 1993
年版，第 59 页。

南京，从而南京迅速繁荣。荷花塘一带在此时迎来了第二个繁荣时期，从明初一直到清中期，中国社会进入了封建社会的末期。无论是延续千年的传统，还是新生事物，都将这一时期的经济、文化推向了中国封建社会的巅峰。此时，荷花塘街区格局也逐渐清晰，饮马巷、陈家牌坊、殷高巷、五福里、水斋庵、谢公祠、孝顺里等街巷开始繁荣。

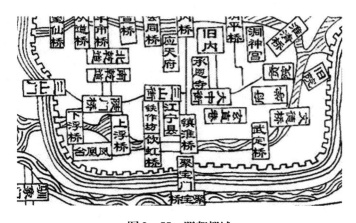

图 2—55　明朝都城

图片来源：（明）陈沂：《金陵古今图考》，南京出版社 2017 年版，第 26 页。

城市经济的发展促使了南京城规模扩大，荷花塘一带逐渐发展成民居、商业、手工业的集中区，坊厢、街巷、廊坊不断发展，奠定了荷花塘地区 600 年的街巷格局。

清代，荷花塘一带成为文人雅士、官员、富商的宅邸相望之处，学智坊、同乡共井、荷花塘、磨盘街等街巷也应运而生。清代的街巷地名是在明代的基础上不断发展起来的，如高岗里等离开秦淮向高处发展的街巷地名的出现，体现了荷花塘历史街区的逐步繁华。

图 2—56　明代今荷花塘历史街区及周边情况

图片来源：截自《南京建置志》附图 1（参见马伯伦、刘晓梵《南京建置志》，海天出版社 1999 年版，附图 1 "明应天府城图"）。

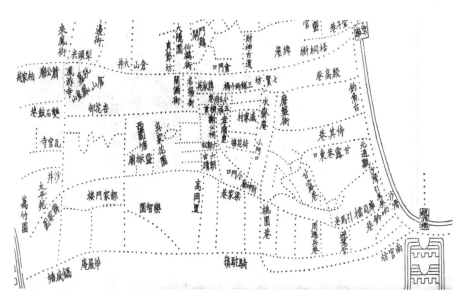

图 2—57　《金陵城西南隅街道图》中荷花塘及周边情况

图片来源：（清）陈作霖：《金陵琐志九种》（上），南京出版社 2008 年版，第 38 页。

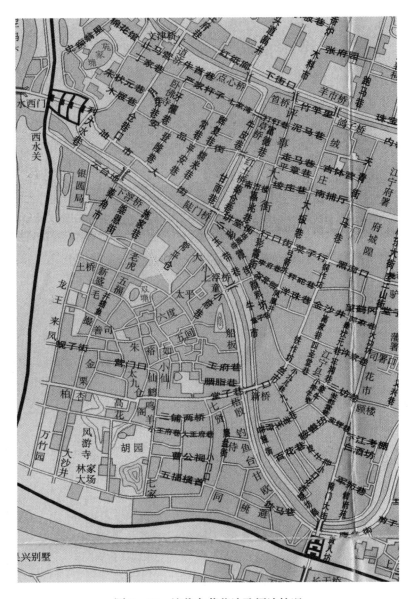

图 2—58　清代今荷花塘及周边情况

图片来源：截自《南京建置志》附图 2（参见马伯伦、刘晓梵《南京建置志》，海天出版社 1999 年版，附图 2 "清江宁省城图"）。

6. 民国时期

从清代早中期以来，城南地区一直是南京城市重要的商业区、居住区。清末，由于太平天国战争的破坏，许多历史建筑被毁，加之民国时期现代工商业及城市发展中心逐步从城南向城北新街口、鼓楼一带迁移，秦淮两岸的商业、手工业日渐衰退。再经侵华日军的烧杀抢掠，荷花塘等老城南地区的城市功能趋向单一，以居住功能为主并逐渐衰落。

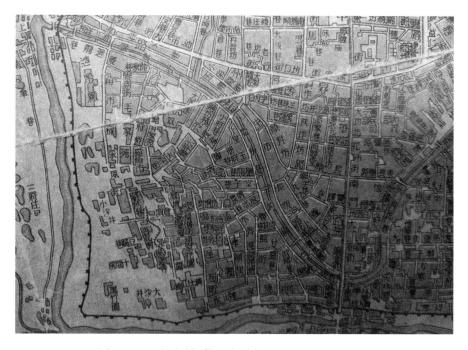

图 2—59　民国时期荷花塘历史街区及周边情况布局

图片来源：截自南京出版社编《南京旧影·老地图 1946》，南京出版社 2012 年版，南京全图。

7. 1949 年后至今

由于南京城市中心的位移，老居民经济状况一般，房舍逐渐破败，荷花塘一带仍然处于相对衰落的状态，随着人口的增长，荷花塘历史街区居民的居住条件越来越差，亟须改善。这里基础设施陈旧简陋，民宅破旧老化，道路狭窄拥挤，有许多"一人巷"或"断头巷"。尤其是荷花塘及周边一带，因街巷复杂似"八卦阵"，城南人编有如下民谣："门东、门西路不平，街巷狭窄车难行，白天难绕晚上迷，遇到火灾请来龙王也不行。"

改革开放以来，随着城市的发展和交通条件的改善，荷花塘历史街区的建设逐渐展开，特别是中山南路的拓宽以及地铁的建设，大大改善了其周边的交通条件。

二　历史街巷

荷花塘历史街区的街巷布局真正形成于明代，朱元璋定都南京后，该区处于老城南居民区部位，其东部的东西向街巷通内秦淮河岸，各地商旅在此云集，逐渐形成了今天的街巷格局。这一街巷格局由若干南北纵向、东西横向街道交错组成，纵向有鸣羊街、水斋庵、磨盘街等；横向有高岗里、饮马巷、谢公祠、陈家牌坊等。

1. 鸣羊街

在城南花露岗东侧，古名"鸣阳街"，长462米，宽12—13米（图2—60）。据说凤凰曾于此朝阳而鸣，但讹传为"鸣羊街"。与之相连的即是鸣羊里，也源于此。街沿线分布有清代金陵著名的私家花园——愚园（俗称胡家花园），这是南京最早开放的私家花园。《凤麓小志》说："自仓山东为阁漏街，直市为鸣阳街，亦以凤仪而锡嘉名。有胡氏愚园与何氏银杏园，中隔一巷（名白果树），花树交柯矣。"[1] 愚园在宋时名凤台园，明初为魏国公徐达的西花园。后来又为徐锦衣的西园和吴本如中丞的别园。该园是仿照苏州狮子林建造的。清代末期，愚园尚有葆光堂、南轩、木末亭、云深处、柳堤、梅岭、澄怀堂、飞虹阁等。辛亥革命后此园渐废，仅存轮廓。汪伪时期，大部分建筑为日军所毁。现愚园已得到较好的修复，原貌再现。

2. 水斋庵

南起谢公祠，北至殷高巷，此巷以庵得名，长420米，宽3—4米（图2—61）。1969年改名红旗巷。1982年复用现名。《金陵琐志九种·凤麓小志》："直东为水斋庵街，街尽为小门口。其南为库司坊，明阮

------

[1] （清）陈作霖：《凤麓小志》，载《金陵琐志九种》，南京出版社2008年版，第45页。

图 2—60　鸣羊街现状

图 2—61　水斋庵现状

大铖石巢园之所在也。"[1]　由水斋庵一直朝南走，到达城墙根，就是财神庙。清《同治上江两县志》载，此处曾有禹王庵。庵内有口水井，清澈，甘甜，终年不涸，后人又称"水斋庵"。

---

① （清）陈作霖：《凤麓小志》，载《金陵琐志九种》，南京出版社 2008 年版，第 46 页。

3. 孝顺里

位于集庆路中段南侧，南起谢公祠，北至殷高巷，长 310 米，宽 3—4 米。清末江宁太守李璋煜，使一老妇人的不孝之子转变为孝子，故名（图 2—62）。1969 年更名"葵花巷"。1982 年复原。巷子中段有一座外墙贴满瓷砖，墙上镶着各种"家庭收藏馆""古钟表收藏家"等称号青石碑的两层小楼。这座小楼是钟表收藏家陈仲仁的寓所，陈先生藏表两千多块，藏品来自世界各地，有六百多个品牌，最老藏品已 122 岁了。

图 2—62　孝顺里路牌

4. 磨盘街

位于集庆路新桥西南侧。南起饮马巷，北至殷高巷，长 385 米，宽 4—6 米（图 2—63）。清《同治上江两县志》载，清代此处有多家专售磨盘的店铺，故名。古时，人们食用的面粉、豆制品，全靠石磨加工制作。从大到作坊，小到每家每户都有石磨，市场需求量很大。磨盘街地处内秦淮河边，一年四季运输粮食和石料的船只往来不绝，日子久了，人们便称为"磨盘街"，沿用至今。

5. 同乡共井

位于中华门城堡西，南起陈家牌坊，北至饮马巷，长 119 米，宽

图 2—63　磨盘街现状

2—3 米（图 2—64）。清《同治上江两县志》即载有此名。传清代曾有几个安徽同乡迁此定居，共用一口水井，以"同乡共井"四字得名。

6. 殷高巷

在集庆路东段路南，东起钓鱼台，西至鸣羊街，长 390 米，宽 3—4 米（图 2—65）。民国时期，蒋家苑、三步两桥、饮高巷合并，统称饮高巷。后谐音殷高巷。《金陵琐志九种·凤麓小志》："出街为鹦哥巷，巷以鸟名，从凤皇之类也。"① 可见殷高巷，原名鹦哥巷，这是为了烘托凤凰台而起的名字。由此可见门西的街道命名，许多都是与凤凰有关的，是一个有关凤凰的整体构思，充满了吉祥的含意。殷高巷出过不少名人，从现存的多处古建筑中可见一斑。其殷高巷 14 号，就是清代光绪代理两淮盐运使、苏松太兵储道、驻英法意比四国大使、广东巡抚刘瑞芳府邸，人称"刘钦差故居"。此外还有吴廷燮，江宁（南京）人，

_____

① （清）陈作霖：《凤麓小志》，载《金陵琐志九种》，南京出版社 2008 年版，第 46 页。

图 2—64   同乡共井现状

清光绪年间举人，历任太原府理事通判、同知、知府、巡警部郎中、内阁法制院参议，民国时期任大总统府秘书、国务院统计局局长、清史馆总纂等。吴少承家学，博览群书，尤熟于历代掌故及西北、东北地理，著述宏富，晚年居住在殷高巷。清朝末年的南京籍官吏刘芝田故居位于南京老城南殷高巷 14 号和 14 号—1、14 号—2、14 号—3、14 号—4。原殷高巷 53 号，曾是清末民初南京籍名医戴春恒故居。近代著名作家周而复出生于殷高巷，生活到 1936 年离开南京。① 殷高巷清代民居建筑位于殷高巷 24 号、24 号—1。

---

① 1949 年以前，周而复家境殷实，父亲开了一家绸布商店。周而复从小就聪明过人，读小学时的习作《金陵赋》已颇具文学天才。抗战时期，他和同学们一起上街游行，总是冲在队伍前面。大学毕业后奔赴延安，任新华社特派员，写下大量反映军民抗战的通讯报道和优秀作品，以《白求恩大夫》和长篇小说《雁宿崖》最为著名。以后，他的全景式反映上海工商业改造的长篇小说《上海的早晨》，在社会上产生了很大影响。

图2—65　股高巷现状

7. 鸣羊里

位于集庆路与仙鹤街交会处南侧，东起孝顺里，西至鸣羊街，长132米，宽3—4米，沥青路面（图2—66）。系鸣羊街一支巷，故名。民国《首都志》载，旧称小王府巷。因重名改名王府里。1969年，与鸣羊街相连，为区别又更为今名。

8. 学智坊

位于中华门西，鸣羊街东侧，原名孝子坊，长138米，宽2—3米（图2—67）。明代，此处有万竹园，以有万竹苍翠之胜而得名。《遁园名园记》载："张太守孚之佚园，旧为徐公子万竹园，后为张孚之与王太守尔祝所共分。其地古树深篁，杳然异境。又邹允达创辟别墅于此，写《万竹苍烟卷》，后归国朝邓太史旭。"《凤麓小志》也载："西南近城根者为万竹园，邓太史旭之宅在焉。"万竹园先后为明中山王徐达后裔徐元超、张孚之和王尔祝、邓旭等所有。清同治年间，原苏州知府、胡家花园主人胡恩斋死后，其子立牌坊于园口，面对该巷，人称"孝子坊"，巷以牌坊名。1969年改为"学智坊"。

9. 谢公祠

位于中华门西，东起磨盘街，西至鸣羊街，长250米，宽3—4

图2—66　鸣羊里现状

（图2—68）。宋《建康志》载："在城西南隅戒坛院侧，祀晋康乐公谢玄。"宋乾道间建，明正德四年（1509年）重建，今已不存。谢玄墓在其附近，巷因以名，亦名"谢公祠巷"。

10. 高岗里

位于中华门瓮城西侧，东起饮马巷，西至绿竹园，长215米，宽3—4米（图2—69）。因地处岗坡，故名"高岗里"。《秦淮文物》："高岗里是中华门门西一条古老而僻静的巷道，沿巷道两侧，古老建筑毗邻相接，构成了一组对称式的清代古建筑院落中的各类雕饰，图案清晰，工艺精湛，比例适度，线条流畅，富有端庄而活泼的鲜明特色，凝聚着清代雕刻技师的无穷智慧，整个院落呈现一派丰美的艺术景象。"高岗里的名称来源有两种说法。民国《首都志》载，原为明代徐达五世孙的西园，曾名五府园。因地处上坡，故取名高缸里。另说与凤凰台有关，《凤麓小志》称："高岗里，盖取凤鸣之意。"① 即凤集高岗之意。高岗里旧时曾称"五福园"，又讹为"五府园"。

高岗里的名人有晚清的学者、慈善家、商人魏家骅，作为学者，魏

---

① （清）陈作霖：《凤麓小志》，载《金陵琐志九种》，南京出版社2008年版，第45页。

图2—67 学智坊现状

图2—68 谢公祠现状

家骅曾任翰林院编修；作为官员，魏家骅当过三品大员；作为慈善家，魏家骅曾在上新河办过孤儿院，并多次在灾年为饥民提供粮食；作为商人，魏家骅家族丝织企业魏广兴在南京首屈一指，他还担任了南京商会会长。魏家骅大院的门厅、大厅、花厅、正房、祠堂、花园、跑马厅等建筑组成部分，如今依稀可见。高岗里比较有名的文物和建筑有 17 号、19 号、21 号清建筑群，16 号、18 号、20 号、22 号为太平天国建筑群。另外新近发现中共南京市委苏北新四军联络站地址和曾国藩之子曾静毅的旧居也在高岗里。

图 2—69　高岗里现状

11. 陈家牌坊

　　东起六角井，西至绿竹园，长 1640 米，宽 4—5 米（图 2—70）。清代，因陈姓在此树贞节牌坊，故名。据《凤麓小志》载："又东为史巷，为同乡共井，为陈家牌坊。贯之者为饮马巷。"可知，现在陈家牌坊附近的街道格局与清末民初差异不大，基本上保持了原有布局。①

---

　　①（清）陈作霖：《凤麓小志》，载《金陵琐志九种》，南京出版社 2008 年版，第46 页。

图 2—70　陈家牌坊现状

12. 饮马巷

位于中华门西侧，东起钓鱼台东段，西至磨盘街，长 353 米，宽 4—5 米（图 2—71）。由原库司坊、小门口西段、饮马巷东段组成，1950 年后统称"饮马巷"。史籍记述，宋徽宗第九子赵构，初封广平郡王，后封康王。靖康二年（1127 年），金兵俘徽、钦二宗北去，残留官员拥立赵构于河南商丘即帝王，为高宗。起初，他任用抗金派李纲为相，宗泽为将；后改任投降派黄潜善、汪伯彦为相，由于畏惧金人，随即渡江南奔，志在苟安。他于南奔途中，相传在建康（今南京）期间，曾经此驻马小憩，并放马饮水，故有"饮马巷"之名。

13. 荷花塘

东起水斋庵，西至孝顺里，长 95 米，宽 3—4 米（图 2—72）。清代即沿用此名。《金陵琐志九种·凤麓小志》："荷花塘，无花而得塘名也。与荷花塘并者，为戚家村，即戚家山麓南唐韩仆射熙载养痾之所也。"[1] 荷花塘 12 号是曾国藩幼弟曾国葆的祠堂，即"曾靖毅公祠"，有韩熙载的别墅，历史遗存丰富。

---

[1]　（清）陈作霖：《凤麓小志》，载《金陵琐志九种》，南京出版社 2008 年版，第 46 页。

图 2—71   饮马巷现状

图 2—72   荷花塘现状

三　历史建筑

详见附录二"荷花塘历史街区内历史建筑举要"。

四　其他相关遗迹

荷花塘历史街区还有古井等遗迹，反映了南京城尤其是荷花塘一带的历史和深厚的人文底蕴，是荷花塘一带的文化遗产和物质财富。

1. 陈家牌坊 27 号井

此井保存完好，井栏无裂纹、无破损。井栏为青石质，圆形，外径 46 厘米，内径 34 厘米，高 35 厘米。井栏上有两个方形孔洞。井内壁为青砖所砌，直径 1 米左右，井口为青瓷罐塞住，已不可用（图 2—73）。

图 2—73　陈家牌坊 27 号井现状

2. 水斋庵 6 号井

井栏为青石质，圆形，外径 60 厘米，内径 30 厘米，高 35 厘米，保存完好，井被覆盖，已不可用（图 2—74）。

图 2—74　水斋庵 6 号井现状

3. 孝顺里 36 号井

此井井栏为青石质，圆形，内径 35 厘米，外径 60 厘米，高 45 厘米，井内壁为青砖所砌，直径为 1 米。现已被水泥砖块完全封闭，看不出原形。

4. 同乡共井 2 号井

相传民国时期曾有几个安徽同乡迁此定居，共用一口井，故名（图 2—75）。

5. 学智坊 26 号井

井栏为青石质地，正六角形，内径 50 厘米，外径 70 厘米，高 70 厘米。内壁为青砖所砌，直径 1 米。现保存较好（图 2—76）。

6. 高岗里 9 号井

原为一口古井，民国时期改建为消防取水设施，用于民房失火取水之用。井栏为民国时期所建，井栏上刻有"同人公井""绿竹园西首"

图2—75　同乡共井2号井现状

图2—76　学智坊26号井现状

"民国廿二年"等字，井深约 6.5 米。现井水仍可用（图 2—77）。

图 2—77　高岗里 9 号井现状

五　非物质文化遗产

该街区的非物质文化遗产同样值得关注、保护和传承。街区内流传着传统音乐古琴艺术，传统曲艺南京白局、南京评话、南京白话，民俗工艺南京剪纸、绳结、风筝、空竹、云锦，民俗文学南京市声以及东晋名将谢玄，明末政治人物、戏曲家阮大铖，清道光两广总督邓廷桢，清朝两淮盐运使刘芝田，民国时期南京城内"四大名家"之一的张栋梁，城市规划、建筑家及教育家吴良镛等重要人物的历史足迹。这些非物质文化遗产在社会发展过程中被世代传承下来。

六　遗产特色与价值

在历史发展的长河中，荷花塘历史街区仍然保留着清晰的历史格局，完整的传统风貌。

1. 老街巷格局保存完整

街区现存的老街巷格局保存完整，如鸣羊街、谢公祠、饮马巷、荷花塘、水斋庵、孝顺里、磨盘街、同乡共井、殷高巷、高岗里等。它们既体现了街区历史风貌的真实性，又承载了深厚的历史文化。街巷布局主要以明城墙及内秦淮河为主要参照物或主体，以水斋庵—高岗里为分界线形成的西半部分的东西向街巷与明城墙南段平行，南北向街巷与明城墙南段垂直。[①] 东半部分的街巷以内秦淮河为参照，受内秦淮河水上交通影响明显，总体上垂直于内秦淮河，以方便人们快速到达内秦淮河。

2. 传统民居建筑保留基本完整

街区有一批保留基本完整的传统民居，多是明清时期至新中国成立前建造的，多为多进院落，入口设在轴线处，沿纵轴线依次布置门厅、大厅、正房，再后为附属用房。院落常见的是三进至五进，每二进间设庭院或天井。这些建筑的布局、体量、结构等均保存着一定的历史原状。且布局整齐、规律、富有鲜明的层次性。

3. 具有浓厚的生活气息

据现场测量，荷花塘历史街区的老街巷宽度通常在3—5米，尺度亲切舒适，且直接沿巷的各家各户，易使得家庭活动外延到街巷场所，街巷活动融于家庭活动，形成适宜人交往沟通的尺度环境，使得街区居民传统、质朴的生活气息无处不在。

4. 院落单元的设置反映了传统的礼制文化

"荷花塘历史街区中多数建筑为明清时期所建，建筑空间的设置根据伦理礼制原则，按照空间使用者的身份、地位定位每一人，通过正落与边落、正院与偏院、正房与厢房、外院与内院等空间的主从、内外划分，充分适应了封建礼教严格区分尊卑、亲疏、长幼、嫡庶、贵贱等一整套伦理秩序"，[②] 如高岗里17号、19号古建筑群等。

---

① 吴超：《南京老城南门东历史街区空间结构分析》，硕士学位论文，西安建筑科技大学，2013年。

② 刘炜：《湖北古镇的历史、形态与保护研究》，硕士学位论文，湖北武汉理工大学，2006年。

第五节　三条营历史街区

三条营历史街区位于南京城南老门东地区，是南京市历史文化名城保护规划确定的三大历史城区之一——"城南历史城区"的重要组成部分（图2—78）。其范围为东至双塘园（路），西至上江考棚路，南至新民坊路，北至三条营及三条营古建筑（蒋寿山故居），总用地面积约4.84公顷（图2—79）。

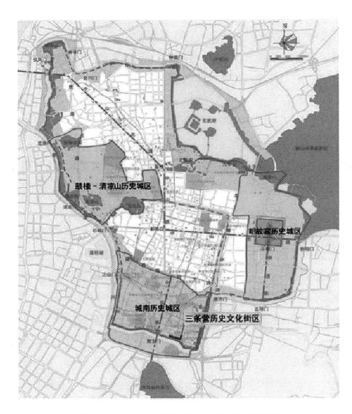

图2—78　三条营历史街区位置示意图

图片来源：南京市规划局、南京市城市规划编制研究中心：《三条营历史街区保护规划》（公众意见征询），2013年2月。

图 2—79　三条营历史街区周边的主要大街示意图

图片来源：南京市规划局、南京市城市规划编制研究中心：《三条营历史街区保护规划》（公众意见征询），2013 年 2 月。

一　历史沿革与空间区位分析

1. 春秋至汉代时期

春秋时期，三条营历史街区位于越城东北面，为工商业者和普通百姓集中之地。

东吴黄龙元年（229 年），孙策之弟孙权在武昌（今湖北鄂州市）称帝，于 9 月迁都于此，称作建业，为南京建都之始。汉献帝建安十六年（211 年），孙权以吕范为太守迁郡治于建业（今江苏省南京市）。建 223 年，孙权又于建业县设扬州治所，时任丹阳太守吕范为扬州牧，治所位于丹阳郡治"东南二里"的秦淮河南岸。当时扬州统 92 个县。①东汉末年，今三条营历史街区西南有越城，东北临丹阳郡城等重要的政治、军事城垒或建筑区，处于这些重要据点的空间节点，地位颇重要。

————————

①　贺云翱、蔡龙：《认知·保护·复兴——南京评事街历史城区文化遗产研究》，南京师范大学出版社 2012 年版，第 3 页。

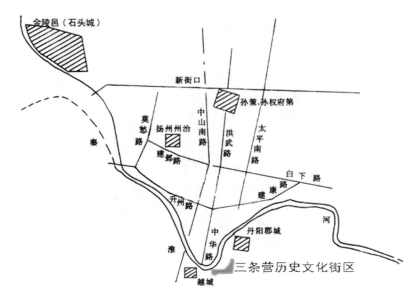

图 2—80 春秋战国及秦汉时期三条营历史街区空间位置示意图

图片来源：据贺云翱《六朝瓦当与六朝都城》图四八改绘，文物出版社 2005 年版，第 89 页。

2. 六朝时期

自东吴以来，今三条营历史街区所在的秦淮河沿岸一直是繁华的居民区。东晋时期，都城建康由于移民迁入使人口激增，原先的商业区不敷使用，开始向东面的秦淮河两岸发展，其周围成为豪门宅第所在。南北朝时，南朝的齐、梁、陈三朝的帝王，在今老虎头附近，或建花园别墅，或营宫室祭坛，使此地成为士大夫萃聚之所，同时两岸商市诸多。

3. 隋唐五代时期

隋灭陈后，"平荡耕垦"政策使南京历史上遭遇第一次浩劫，定居建康城的不足 1 万人。唐继隋统，继续推行对金陵的抑制方针，一直到唐末，金陵才开始渐渐恢复往日的繁华。唐朝中期，天宝十四年至宝应元年（755—762 年），安禄山和史思明发动叛乱，历时 8 年之久，中国北方地区遭遇了战乱的破坏，经济萧条，大批人口南下。正是在这种背

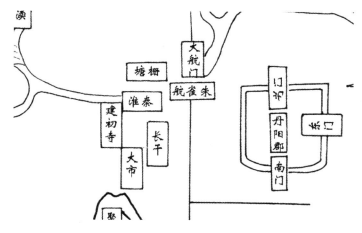

图 2—81　孙吴时今三条营地区情况

图片来源：截自朱炳贵编《老地图·南京旧影》（高清典藏本），南京出版社 2014 年版，第 32 页："孙吴都建业图"。

景下，南京开始复苏，今三条营一带也随着恢复发展。

公元 907 年，参加唐朝末年黄巢起义的将领朱温废唐哀帝李柷，自立为国，史称后梁，唐朝灭亡。从此，直到北宋建立前，中国一直处于分裂状态，南北同时出现了十几个小国，史称"五代十国"。国家的四分五裂并没有影响南京城的发展，相反它迎来了自六朝以后，又一次城市的兴盛。五代时期，南京称"金陵"，是南方割据政权杨吴和南唐的首都。杨吴、南唐政权共 50 多年，尽管时间不长，但由于对外战争较少，实行了"励精为理，修举礼法，亲附卿士，宽徭薄赋"的政策，相较于同时期中国其他地域的小国来说，国力最为强盛。在这样相对稳定的环境下，作为城市重要的文化生活区，秦淮河两岸的经济、文化获得了飞跃的发展。五代时期，徐知诰扩建金陵城，实施"断淮筑城"，把城墙跨修在秦淮河两岸，将秦淮河两岸经济繁盛地区都圈入城内。都城摆脱六朝建康都城格局，包含秦淮河两岸经济富庶的居民区。明《万历应天府志》称："贯秦淮于城中……有上下水门，以通淮水出入。"[①]

① （明）程三省修，李登等纂：《万历上元县志》卷六，南京出版社 2010 年版，第 79 页。

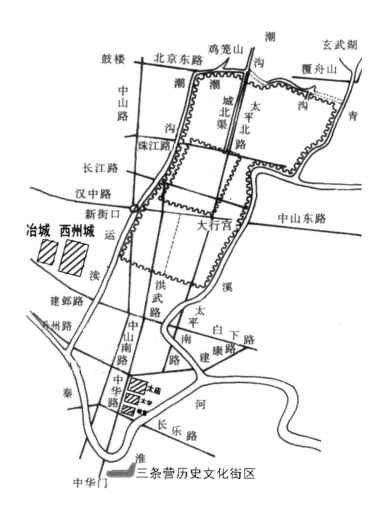

图 2—82　六朝都城与三条营历史街区空间位置所在示意图

图片来源：据《六朝瓦当与六朝都城》图五六改绘（贺云翱：《六朝瓦当与六朝都城》，文物出版社 2005 年版，第 97 页）。

南唐都城跨有秦淮，今三条营历史街区被围进城内，从此时起，三条营所在区域始终是南京人口最密集、工商业最繁华的地区。

4. 宋元时期

宋元两代沿用旧制，建康只是南宋的"行都"，未作大的变动。马

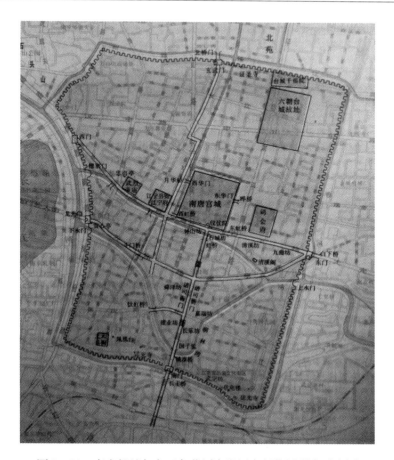

图2—83　南唐都城与今三条营历史街区空间位置所在示意图

图片来源：据《南京建置志》"南唐江宁府城图"改绘（马伯伦、刘晓梵：《南京建置志》，海天出版社1994年版，第102页）。

光祖（1200—1273年）任建康知府时，对建康城进行了不少建设和修葺。北宋初年，随着商业的发展，坊、市的围墙被冲破了，居民区与工商业区不再有区别。今三条营历史街区分布有多处坊。

元代起，南京丝织业得到较大发展，"匠户"都集中在现集庆路以内秦淮河沿岸，今三条营历史街区也得到了一定发展。

5. 明清时期

明初，南京城的建设汇聚了全国的力量，建成后的城市空前壮观，

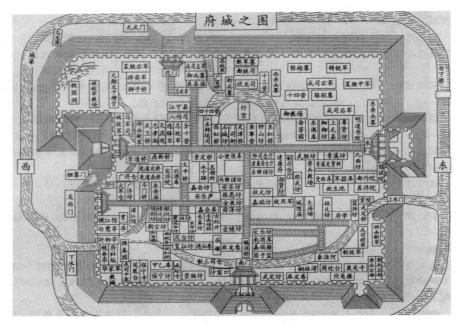

图 2—84　"宋建康府城之图"中今三条营历史街区布局

图片来源：据《宋建康府图》裁剪而成。参见（宋）周应合《景定建康志》（卷五），
南京出版社 2009 年版。

由三重瓮城构成的聚宝门（今中华门），更是雄伟。[①] 为了推动城南地
区的发展，完善都城的各项功能，朱元璋将原籍南京的军民大部迁出南
京，部分迁往云南，而取苏浙等处上户四万五千余家及手工业者填实京
师。这些由苏浙迁来的富户和官员的宅邸大多被安置在了秦淮河两岸，
临近秦淮河的三条营也成为集中分布地。为了统一编户管理，明洪武十
三年（1380 年），朱元璋下令"改作在京街衢及军民庐舍"，[②] 将居民

---

① 历来在老城南地区都流传有沈万三帮助朱元璋修建明城墙的故事，特别是在修建聚宝
门时因埋入了沈万三家的聚宝盆才堵住了海眼，使得工程得以按期完工的传说更是家喻户晓。
然而，据学者顾诚的研究，明朝没有沈万三，沈万三在朱元璋建立明王朝前即离世，两人未
能见到面，今天流传在门东地区关于沈万三的故事，是一种典型的非遗现象，体现了文化影
响力的持久性。（顾诚：《明朝没有沈万三》，光明日报出版社 2012 年版）。
② "中央研究院"语言研究所编：《明实录》卷 130《明太祖实录》洪武十三年条，台
北，"中央研究院"历史语言研究所影印北平国立图书馆，1967 年，第 2060 页。

按职业不同分类，承担不同差役。通过这次"改作"，居民按职业不同分类居住。"盖国初建立街巷，百工货物买卖各有区肆"。有十余万手工业工人聚居在城南 18 个坊内，手工业作坊多分布在内秦淮河两岸。据《客座赘语》中记载："帘箔则在武定桥之东；伞则在应天府之西；弓箭则在弓箭坊；木器南则钞库街，北则木匠营。"① 分布在三条营所在区域的有木匠营、豆腐坊、白酒坊等。城市经济的发展促使了南京城规模扩大，三条营一带逐渐发展成民居、商业、手工业的集中区，坊厢、街巷、廊坊不断发展，奠定了今三条营历史街区 600 年的街巷格局。

图 2—85　明代三条营及周边情况示意图

图片来源：据《南京建置志》附图 1 "明应天府城图" 修改（马伯伦、刘晓梵：《南京建置志》，海天出版社 1994 年版）。

同时，三条营及周边地区的水路建设在明代也有所发展。为了给驻军运输粮食，方便留守后卫仓的运输，特地开浚了小运河以输送物资，

---

① （明）顾起元：《客座赘语》（卷一·"市井"条），中华书局 1987 年版，第 23 页。

据《东城志略》："明留守后仓，在赤石矶下，俗呼'蟒蛇仓'。其转输之道，则引淮水以为渠，谓之小运河，自金陵闸东北傍白塔巷而流……运河水又南折至马家桥……运河水又南流，至麦子桥，娄湖水自五板桥、观音桥、藏金桥、采藻桥、星福桥、小心桥来会之，所历者为半边营。"①

清初，由于南京是明朝的开国都城，后来又是南明都城，"反清复明"的活动中心，因此，清廷在政治上对南京进行了严控和打压，将南京的政治权属由明代的留都和南直隶中心降为江南省中心。不仅如此，为了有效地控制言论，清政府还对民间采取了"禁书""禁戏"等限制性政策。秦淮空间内的经济、文化发展也受到了一定程度的压制。但两江总督的设置，使南京成为清政府统治东南地区的中心，秦淮空间内的经济、文化又很快地繁荣起来。

清朝以后，街巷得到进一步发展，许多明朝尚无或不知名的街巷，至清时开始在地志书上大量出现。据道光四年所编的《上元县志》② 记载，当时仅上元县就有大小街巷四十余条。据清《同治上江两县志》记载，同治时东南、西南所辖街巷名录中位于今三条营历史街区的街巷有：双塘、中营、边营、箍桶巷等。③ 此外，明清两代是中国科举制的顶峰时期，由于贡院设在秦淮河畔的贡院，每年有数万考生云集南京，于是沿着秦淮河畔形成了一大批书肆、客栈、茶楼甚至青楼等，三条营历史街区也出现了上江考棚这样带有鲜明科举文化印迹的地名。

太平天国时期，三条营一带成为军营所在地。1979 年 6 月，南京市中华路军师巷、白酒坊间的一处旧平房拆除时，曾发现两方太平军官印和官执照。④

6. 民国时期

民国时期，对首都南京的建设完全摆脱了我国古代都城建设的传统

---

① （清）陈作霖：《东城志略》，载陈作霖、陈诒绂撰《金陵琐志九种》，南京出版社2008 年版，第 115—116 页。

② （清）陈梽等纂：《道光上元县志》，成文出版社影印 1970 年版，第 195—300 页。

③ （清）莫祥芝、甘绍盘修：《同治上江两县志》（卷五·城厢），金陵全书甲编，南京出版社 2013 年版。

④ 姚迁、王少华：《南京新发现太平天国官印和官执照》，《文物》1980 年第 2 期。

图2—86　清陈作霖《东城志略》附《东城山水街道图》
中关于今三条营历史街区及周边情况示意图

图片来源：（清）陈作霖：《东城志略》，《金陵琐志九种》，南京出版社2008年版，第110页。

模式，走上了城市近代化的道路。此时秦淮河两岸的商业、手工业日渐衰退，再经侵华日军的烧杀抢掠，三条营及其周边地区城市功能逐渐退化，形成以居住功能为主，保留有不少明清风格的建筑。

7. 1949年后至今

由于南京城市中心的位移，老居民经济状况一般，房舍逐渐破败，三条营历史街区一带仍然处于相对衰落的状态，成为南京的棚户区。改革开放以来，随着城市的发展和交通条件的改善，三条营及周边的建设逐渐展开。1997年、1999年，先后对三条营历史街区内的箍桶巷实施了拓宽工程。箍桶巷拓宽后全长700米、宽24.7米，拓宽面积2万平方米。作为南京老城南的一部分，三条营历史街区虽然经过道路及住宅

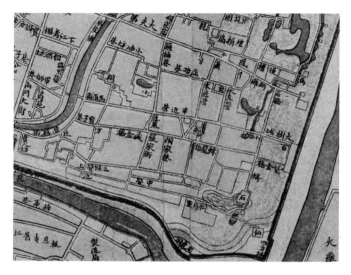

图 2—87　清代今三条营历史街区及周边情况示意图

图片来源：1903 年《陆师学堂新测金陵省城全图》，载南京出版社编《老地图·南京旧影》，南京出版社 2014 年版。

图 2—88　民国时期三条营及周边情况示意图

图片来源：据《南京建置志》附图《民国南京市街道详图》（1948 年 10 月）改绘（马伯伦、刘晓梵：《南京建置志》，海天出版社 1994 年版）。

改造以后有了较大改善。

二　历史街巷

三条营历史街区的街巷布局真正形成于明代。朱元璋定都南京后，本区处于老城南居民区，其东西向主街巷从北至南为三条营、中营、边营及新民坊路，南北向主街巷从西至东为上江考棚、箍桶巷、双塘园等，这些街巷承载着一定的历史信息，逐渐发展形成了今天的街巷格局。

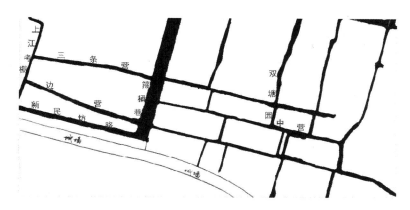

图2—89　三条营历史街区历史街巷分布图（自绘）

1. 三条营

三条营东起转龙巷，西至上江考棚，于中营与马道街之间（图2—90）。明代此地是朱元璋第三条营房，故名。旧时，这里住有达官贵人，其中尤以晚清时期蒋寿山故居占地面积最大，人称门东九十九间半。据说，蒋家老宅疑是在原清代初期大戏剧家李渔所建"芥子园"的基础上扩建。1950年，八间房、积善里并入。[①]据《东城志略》："转北为三条营，为阿弥陀佛庵，或曰即普照庵。道光时，饭僧以千计，蔡琳诗'腊终尚想儿时事，锦髻双丫看打斋'是也。"[②]

①　南京市秦淮区地方志办公室：《南京门东、门西地区历史文化资源梳理集粹》，秦淮区方志办，2013年，第63页。

②　（清）陈作霖：《东城志略》，载《金陵琐志九种》，南京出版社2008年版，第117页。

图2—90　三条营现状

1958 年在南京市三条营永坚幼儿园（三条营 64 号）的夹墙中发现了一枚印文为"天父天兄天王太平天国殿前忠诚伍佰伍拾捌天安左贰武军政司"的木印。意味着该处曾是太平天国的军营。①

2. 中营

中营，东起转龙巷，西至边营中段（图2—91）。明代陆军城防分边营、中营、三条营，此巷地处中间，故名。②《东城志略》："又东为中营，为仁厚里。"③

3. 上江考棚

明清时期，每三年各省都会举行一次"乡试"，称为"大比"之年。两江各县、州、府的秀才、廪生等云集至江南贡院应试，考中者即为举人。然而，并非省属各县所有的秀才都能在"大比"之年来省城

① 王国秀：《释"太平天国伍佰伍拾捌天安"木印》，《东南文化》1996 年第 3 期。

② 南京市秦淮区地方志办公室：《南京门东、门西地区历史文化资源梳理集粹》，秦淮区方志办 2013 年版，第 63 页。

③ （清）陈作霖：《东城志略》，载《金陵琐志九种》，南京出版社 2008 年版，第 117 页。

图 2—91　中营现状

贡院参加乡试。在此以前，报考人还必须参加预试。预试的场所，称为考棚。明代初年，南京作为都城，今安徽、江苏两省以位处京畿，其生员均来南京参加预试。清朝至民初称安徽为上江，江苏为下江，因而南京有上江考棚及下江考棚，即为安徽、江苏两省生员在乡试前举行预试的场所。① 据清《同治上江两县志》："同治四年（1865 年）重建下江考棚"，"同治六年增修，共屋百十七间"，该处靠夫子庙，每逢试期，文士如云，纷纷租赁房屋，进行复习、交际及游乐等活动。②

　　上江考棚的情况则比较复杂，为安徽学子待考之处（图 2—92）。清代前期位于朝天宫附近的皇甫巷，同治四年以后搬迁至三条营，该处至今仍称上江考棚。③《南京市地名录》有上江考棚地名："南起新民坊，北至剪子巷。清朝科举时，上江考生宿舍设此，故名。旧名方家巷。"④ 最后搬至今第六中学，位于白下路。

---

① 陈济民编著：《南京掌故》，南京出版社 2008 年版，第 94 页。
② 陈桥驿主编：《中国都城辞典》，江苏教育出版社 1999 年版，第 549 页。
③ 陈济民编著：《南京掌故》，南京出版社 2008 年版，第 95 页。
④ 南京市地名委员会：《江苏省南京市地名录》，南京市地名委员会 1984 年版，第 65 页。

图2—92 三条营的"上江考棚"界石①（高松 摄）

4. 双塘园

位于剪子巷南侧，陶家巷东边，转龙巷西边，南起三条营，北至剪子巷，呈 H 型，长 466 米，宽 3 米。自清代始有地名，据《东城志略》载："稍东为双塘，塘旁园户缚盆为船，冬月入夜取鱼，谓之湖鱼，味尤鲜美焉。"② 清《同治上江两县志》载有双塘名。民国《南京文献》称清朝此处有东、西两水塘，塘旁住有园户，故名双塘园。据《南京地名大全》："传清代，此地有东、西两个水塘，塘旁住有种菜的园户，名双塘园招贤馆，后成街巷，巷以为名。"③

---

① 据《中华门东发现"上江考棚"界石》。参见《扬子晚报》2009 年 6 月 2 日报道，这块界石位于上江考棚的东南方向，而其他方向的界石还没有发现。界石就是在两地分界的地方立一个石碑，以划清界限。这块表示上江考棚东南方向到此处为止，棚内是安徽考生住宿处。

② （清）陈作霖：《东城志略》，载《金陵琐志九种》，南京出版社 2008 年版，第117 页。

③ 南京市地名委员会：《南京地名大全》，南京出版社 2012 年版，第 245 页。

5. 箍桶巷

位于长乐路中段南侧，大油坊巷东边，南北走向，南起剪子巷，北至长乐路，长约 600 米，宽 26 米（图 2—93）。系明朝初期建造，相传许多江南富商于此聚集了许多手艺精湛的箍桶匠，制作各种盆桶，销往各地。[1] 1997 年，与张家衙合并成新道。进士蔡琳家祠曾设于此，已圮废。[2]

图 2—93　箍桶巷现状

三　历史建筑

详见附录二"三条营历史街区内历史建筑举要"。

四　其他相关遗迹

经现场踏勘及研究对象相关资料的搜集整理，发现三条营历史街区内还保存有古井多口，古树多棵，标识性较强，有易形成利于交流沟通

---

① 王付荣、阎文斌编：《古里秦淮地名源》，南京出版社 2010 年版，第 247 页。

② 叶楚伦、柳诒徵：《首都志》（卷 2），南京出版社 2013 年版，第 144 页。

的节点空间。

1. 三条营 81 号井

位于三条营 81 号。井栏高 45 厘米，外径 50 厘米，内径 30 厘米，为六角形。井内壁直径 1 米左右，为青砖所砌（图 2—94）。井水已不可用，为街区内景点之一。

图 2—94　三条营 81 号井现状

2. 三条营 74 号井

位于三条营 74 号（原上江考棚 22 号），是城南地区为数不多的古井，井栏为青石质，圆形，外径 57 厘米，内径 25 厘米，高 40 厘米。井内壁为青砖所砌。现井口被铁网封住，井水已不可用（图 2—95），为街区内景点之一，有一定的文物价值。

五　非物质文化遗产

三条营历史街区非物质文化遗产也较为丰富，主要有南京白局等传统曲艺，扎花灯、云锦等传统手工艺，芥子园、上江考棚等地名，充分反映了该地区的地域文化和民俗生活特色。

图 2—95　三条营 74 号井现状

六　遗产特色与价值

三条营历史街区是南京市内目前最重要且仅存不多的传统居民片区之一，曾是南京城南区域辉煌历史的见证，历史遗存丰富、空间格局完整、历史风貌保存较好。今穿过"老门东"牌坊，即走进了老城南传统民居生活，街区内老街巷重现老城南风貌，体现出浓郁的地域特征及文化价值。

1. 部分老街巷格局保存完整

现在的三条营历史街区的街巷布局，延续了历史的街巷布局关系，且完整度较高，如箍桶巷、上江考棚、双塘园等，为研究南京老城南地区城市格局提供了重要的历史依据，也可作为追忆南京古城的现实标尺。每条街巷的命名皆有历史文化渊源，体现了街区历史风貌的原真性。老地名本身也成为南京市民的文化记忆和重要的非物质文化遗产。为此，在本街区历史文化保护与利用中，首先就注意了街巷格局、街巷历史名称及整体风貌的保护传承。

值得一提的是，从现场调研发现，三条营历史街区街巷分布呈现两个主要特征：一是街区南半部分街巷布局以明城墙为主要参照物或主体，与明城墙或平行，或垂直；二是北半部分街巷布局以内秦淮河为主要参照物或主体，布局受秦淮河水路交通影响最为强烈，总体上以垂直内秦淮河河道走向为主要特征，以能够更加方便、快捷地到达秦淮河，满足其生活、生产的交通需求。

2. 少数历史建筑保存良好

街区建筑类型多样，既有私家园林、河厅河房和寺院等较为特殊的类型，又有大量的传统多进式民居和前铺后坊的形式，反映了南京老城南地区传统建筑群呈现多元文化交融的特点。

3. 蕴含着城市丰富的历史文化内涵

尽管城镇化建设不断地吞噬着宝贵的传统街区财富，但三条营历史街区在整个过程中仍然坚持着应有的生长之路，提及该街区，人们脑中仍能够浮现起外秦淮河、内秦淮河、中华门、箍桶巷、三条营、中营及边营等关键词，它们蕴含着老南京的文化生活、社会发展以及老南京人的衣食住行和日出日落。其完整保留下来的历史建筑更承载着厚重的历史信息，承载着相当多的历史影像、人物故事等信息，为南京老城文化补充了不可或缺的一部分，是老南京人生产生活的再现，散发着老南京人质朴的民俗风尚。

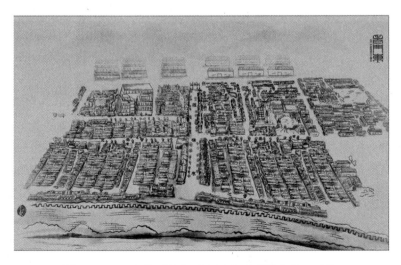

图2—96　三条营历史街区及周边区域设计稿（手绘）

图片来源：南京城南历史城区保护与复兴建设指挥部供图。

小　结

南京主城区内民国以前的历史街区，其街区格局多经过长期的历史沿革和积淀，部分甚至可追溯至六朝或南唐时期，街区内涵丰富，底蕴深厚。各历史街区内历史建筑遗存多为明清时期传统建筑，建筑类型丰富，有宫殿、行政、宗教、公共、纪念、民居、园林等。从各历史街区内历史建筑遗存来看，相较于民国历史街区，由于距今时间较久，且传统建筑材料易受自然侵蚀，加上部分建筑类型（民居、园林等）保护不善，其保存状况参差不齐。

就南京主城区内民国以前的历史街区而言，其域内的非物质文化遗产相对较为丰富。由于各历史街区多为传统建筑、习俗和文化集中的地区，因此在历史的发展中积淀形成了较多的非物质文化遗产，如南捕厅历史街区内保留的戏曲艺术（京昆艺术、南京白局）、传统技艺（制帽、制酱、绿柳居青菜）、传统手工艺（剪纸艺术）等，朝天宫历史街区的昆曲艺术，夫子庙历史街区的秦淮灯会、南京评话、金陵古琴艺术、金陵小吃和花鸟市场等及荷花塘历史街区的空竹、云锦等，均是闻名国内外的非物质文化遗产。

第三章

南京主城区内的民国历史街区

第一节　颐和路历史街区

颐和路历史街区为典型的民国建筑风貌区，位于清凉山至鼓楼岗一线山脉以北、古林岗以东的平地。北到江苏路、东至宁海路、南抵北京西路、西至西康路（图3—1）。

图3—1　颐和路历史街区范围示意图①

---

① 此类图为作者以 *Google Earth* 为底图改绘而成，下文中同类图不再标注。

一　历史沿革与空间区位分析

1. 六朝至明清时期

在明代以前，该区域一直处于南京城市发展空间之外，属西北郊野之地。1955 年，考古学者在宁海路附近的北阴阳营发现了新石器时代和商周时期的遗址，称"北阴阳营遗址"，[①] 可见这一区域很早就有人类居住。春秋时期，楚威王熊商在本片区西南的石头山建立金陵邑。公元 212 年，东吴孙权在石头山上建立了石头城，不仅成为军事重镇，也是南京都城发展的起点。

明洪武元年（1368 年），朱元璋在应天府称帝，国号大明，以应天府为南京，并拓建应天府城，将全城规划为宫城（城东今明故宫地区）、居民市肆（老城南）和军营（城西北）三大区域，今颐和路历史街区被纳入都城，位于城西北，附近开辟有定淮门，这里主要是驻扎皇家军队的场所，东西分别有明代军营水佐岗、水佑岗，从清凉山东侧虎踞关往北是顺着马鞍山东侧山谷的古道，这条道路被称为清凉古道，是西康路的前身，片区附近有古刹吉祥寺、[②] 古林寺，以及军仓、军营等机构。

综上所述，颐和路历史街区在民国以前是南京主城西北部的城郊地区，是金川河的发源地之一，明代时获得初步开发，主要是寺院建筑、军营和军仓等，有清凉古道联系虎踞关和仪凤门。

2. 民国时期的建设与开发

颐和路历史街区的开发集中在 20 世纪三四十年代，是国民政府定都南京后开启首都建设过程中规划的新式住宅区，基本保留了街巷格局和主要民国建筑群，是十分难得的民国建筑风貌区。

1928 年 2 月 1 日，国民政府定都南京，随后即成立首都建设委员会，由其负责首都建设计划的制定和实施。1929 年，中山大道修建完

---

① 南京博物院编：《北阴阳营——新石器时代及商周时期遗址发掘报告》，文物出版社 1993 年版。

② 修建于明永乐年间，郑和所建。万历年间重修，焦竑撰有《勒赐吉祥寺重修碑》，据《江宁府志》记载，清代吉祥寺后有数十亩梅园。

成，颐和路所在片区的开发成为可能。1929年，美国人墨菲完成了
《首都计划》编制，其中将城内的中山北路以西、清凉山以北大片地区
划为"第一住宅区"，并对第一住宅区内的住宅高度、形制进行了规
定。① 1930年10月3日，在国民政府通过《首都干道定名图》后，按
照新的道路系统，根据其分布地域功能不同，而作了排列和命名，其中
西北干道以全国18个省名并按照各省面积大小比照路线长短和上缴国
库额度顺序命名。颐和路片区的干道分别为宁夏路、江苏路、西康路、
北平路、湖南路、宁海路。1934—1936年，为了配合新住宅区建设，
逐步兴建了这几条主干路，并完成了片区路网建设，并修建了山西路连
接中山路和新住宅区。主干道形成的片区内还有"天竺""莫干""牯
岭""灵隐""普陀""琅琊""珞珈""赤壁"等富有文化气息名称的
支路，路网结构保留至今。

　　20世纪三四十年代，该片区作为新住宅区，陆续开始兴建房屋，
当时购地建房者多为官僚和上层高收入阶层人士，全部是独立花园洋
房，每户设有门房、车库，建筑形式、规模、风格均由业主自定。到了
抗日战争前，区域渐成规模。形成了建筑形式风格多样、功能设备齐
全、环境幽静舒适、建筑设施完善的新住宅区。1946年初，国民政府
由重庆迁回南京后，各国使公馆亦纷纷来到南京，许多使公馆在颐和路
住宅区租用房屋为使馆之用，形成了今天的颐和路使公馆历史街区。据
统计，片区内有马歇尔、汤恩伯、杭立武、邹鲁、薛岳、阎锡山、马鸿
逵、汪精卫、胡琏、周至柔、钮永建、蒋纬国、陈诚、顾祝同等名人公

---

　　① "（甲）在第一住宅区内，所有新建或改造之屋宇或地方，除作下列一种或数种使用
外，不得别种使用。1. 公园区内特准使用之一。2. 不相连住宅。3. 学校、庙宇、教堂。
4. 公园、游戏场、运动场、自来水塘、水井、水塔、滤水池。5. 火车搭客车站。6. 电话分所，
但须无公众办事室、修理室、储藏室或货仓在内者。7. 容载不过二辆汽车之车房，且系私人
所用者。（乙）在第一住宅区内，屋宇高度不得逾三层楼，或十一公尺，或所在街之宽度，就
中取其最低之一项以为限制。（丙）在第一住宅区内，每地段面积最少须有五百四十方公尺
（即五千八百一十二方英尺），其最窄之宽度须有十八公尺（即五十九英尺）。（丁）在第一住
宅区内，旁院宽度最少须有二公尺，两旁院宽度之和最少须有五公尺。（戊）在第一住宅区
内，后院之深度最少须有八公尺。（己）在第一住宅区内，前院之深度最少须有七公尺。（庚）
在第一住宅区内，屋宇及附屋之总面积不得超过该地段面积十分之四。"参见（民国）国都设
计技术专员办事处编《首都计划》，南京出版社2006年版，第241—242页。

馆 18 处；还有巴基斯坦、葡萄牙、加拿大、印度、菲律宾、墨西哥、巴西等使（领）馆 8 处。

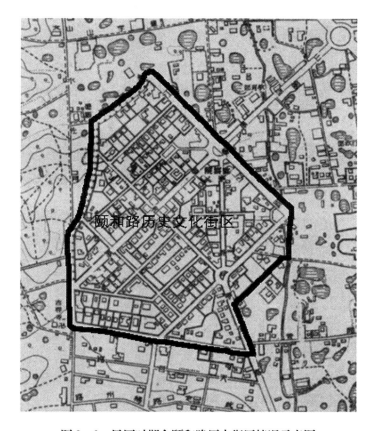

图 3—2 民国时期今颐和路历史街区情况示意图

据南京出版社编《老地图·南京旧影 1936 年》改绘，南京出版社 2012 年版。

目前，颐和路历史街区范围内保存完好的民国建筑有 200 多幢，区内道路格局、建筑风格较为完整地反映了民国时期高级住宅区的建筑特色和环境风貌。经过多年的建筑遗产保护和环境风貌整治，颐和路地区成为南京市内著名的旅游观光地。2014 年，颐和路公馆区荣获联合国教科文组织"亚太地区文化遗产保护奖"。

二　历史街巷

颐和路历史街区内包含历史街巷共 12 条，各街巷现状基本信息简要介绍如下：

1. 颐和路

位于宁海路街道东南部，江苏路中段西侧，东北起江苏路，西南至西康路，长 578 米，宽 10 米，沥青路面（图 3—3）。1931 年，以北京颐和园的"颐和"二字得路名，有保养、祥和之义。民国时期，这里曾是民国党政军要员、富豪、外国达官贵人的花园别墅集聚地。现路两侧为民国居住建筑遗存，多为西方风格的二层小洋楼，黛瓦黄墙，如 2 号、3 号、5 号、10 号、19 号、20 号、24 号、25 号、28 号、30 号、36 号等民国建筑。其中 36 号曾是汪精卫旧居。

图 3—3　颐和路现状①

2. 牯岭路

位于宁海路街道东部，宁海路北段西侧，东南起宁海路广场，西北

①　本书图片未标明来源出处者，均为笔者自己拍摄，以下不再注明。

至西康路（图3—4）。1931年建，以地处庐山风景区的中心——庐山著名的山峰（海拔1174米）"牯岭"二字得名。路长511米，宽5.7米，沥青混凝土路面。曾有安徽省舒城县旅京同乡会、中国职业妇女互助会南京分会、中国农业经济建设学会、中国农业建设协会、中国农业协会、中国教育社、中国农工生活改进会、安徽省石埭县旅京同乡会、中国农工银行、中国农业机械公司等设于此。现路两侧留有大量民国居住建筑遗存，多为二层小洋楼，如有2号、4号、6号、8号、11号、14号、15号、16号、18号、20号、21号、22号、23号、24号、28号等。

图3—4　牯岭路现状

3. 宁海路

宁海路北起江苏路，南至广州路，全长1566米，宽16米，一块板路型，路面为沥青表处（图3—5）。1934—1936年，为配合新住宅区，辟建此路，以浙江宁海命名。宁海路曾分布有大量民国建筑，具有浓厚的民国特色。现仍留有不少民国建筑如11号、17号、21号、25号、20号、30号、3号、13号、25—2号、27号、29号、33号、35号、6号等。其中14号为1932年武汉大学教授李儒勉购地建房，后于1948年6

月为巴西大使馆租用，巴西驻华首任特命全权大使黎奥白伦柯曾居住于此。

图3—5 宁海路现状

4. 西康路

西康路北起宁夏路，南至汉口西路，全长1218米，路面为灌入式沥青路面（图3—6）。1930年以后，建新住宅区时开辟此路，于1936年建成，是新住宅区的干道，以当时的西康省的"西康"二字命名。美驻华特命全权大使詹森、司徒雷登分别于1936年、1946年居住在此路18号。1952年11月1日，中共江苏省委正式开始在此处33号办公。现西康路沿线保留有1号、37号、39号、48号、54—2号、54—3号、56号、45—2号、18号、28号、50号、54—1号等民国建筑。

5. 江苏路

江苏路北起宁夏路，南至宁海路广场，全长814米，一块板路型（图3—7）。该路所在地区，原为耕地或水塘与河溪。1930年以后，该路一带筹建新住宅区，辟建此路，约在1934年完成。曾名湖南路，1949年，以江苏路命名。民国时期，新亚细亚学会、中国边疆学会、中国边政学会、新民启智会等曾设于此，以及坐落了大量民国建筑。现

图3—6　西康路现状

路沿线仍保留有 7 号、9 号、11 号、15 号、21 号、29 号、31 号、35 号、71 号、73 号、20 号、1 号、2 号等民国建筑。

图3—7　江苏路现状

6. 莫干路

位于宁海路街道东部，宁海路西南侧，西南起北京西路，东北至宁海路广场（图3—8）。1931年建，以浙江省莫干山的"莫干"二字命名。长235米，宽5米，沥青混凝土路面。现路侧有民国时期的居民遗存，多为两层西式别墅，如1号、3号、5号、7号、9号、11—1号、15号、17—19号、2号、4号、8号、10号、14号等。其中10号为日本法官高玉韩的旧居。11号曾为范旭东寓所，后成为卢作孚繁忙的前线指挥部。

图3—8　莫干路现状

7. 赤壁路

位于山西路广场西，东北起江苏路，西南至颐和路（图3—9）。1934年，以湖北省"赤壁"二字命名。1937年前，国民政府外交部常务次长刘锴在此购地建成西式二层楼房，位于赤壁路5号，后成为多米尼加公使馆、江苏省行政管理局宿舍。著名教育家、外交家朱家骅曾居住于赤壁路17号。现路两侧仍留有民国建筑如7号、14号、9号、11号、13号、15号等。

图 3—9　赤壁路现状

8. 珞珈路

位于宁海路街道东部，江苏路西侧，东起江苏路广场，西至琅琊路（图 3—10）。1931 年建，以浙江省珞珈山①命名。长 561 米，宽 5.3 米，沥青混凝土路面。竺可桢、汤恩伯等均曾居住在此，房屋建筑至今仍存。现路侧多为民国居住建筑遗存，一般为二层小洋楼，主要有 1 号、3 号、7 号、11 号、13 号、21 号、23 号、25 号、38 号、9 号、36 号、40 号、44 号、52 号等。

9. 琅琊路

位于宁海路街道东部，西康路北段东侧，东南起莫干路，西北至西康路（图 3—11）。1931 年建，以安徽省滁州市琅琊山的"琅琊"二字命名。长 586 米，宽 6.2 米，沥青混凝土路面。原国民党空军司令周至柔曾居住于此，其旧居位于琅琊路 9 号。还有琅琊路 13 号民国建筑，为两层小洋楼。

10. 普陀路

位于北京西路中段北侧，西起琅琊路，东至牯岭路（图 3—12）。

---

①　珞珈山，在普陀山东南的莲花峰上，为名胜之一。珞珈是梵语的译音。

图 3—10   珞珈路现状

图 3—11   琅琊路现状

1931 年建，以浙江普陀山的"普陀"二字命名。原汪伪政治保卫局设于普陀路 8 号。为解放战争胜利奔走的何遂也曾居住于此。1946 年，长城剧社设于普陀路 6 号。现普陀路仍留有民国建筑 11—13 号、4 号、

1 号、6 号、8 号、5 号、2 号等。

图 3—12　普陀路现状

11. 灵隐路

位于宁海路街道东部，宁海路西侧，北京西路中段北侧，东起牯岭路，西至天竺路（图 3—13）。1931 年，以杭州名胜灵隐寺"灵隐"二字命名。长 280.1 米，宽 6.6 米，沥青混凝土路面。1943 年 11 月由汪伪特工总部改组而成的政治保卫局设于此。原任国民政府国防部参谋总长等职的陈诚及其夫人谭祥和子女居住在灵隐路 11 号。现路侧仍分布有民国居住建筑遗存，一般为二层西式小洋楼，如 24 号、3 号、5 号、11 号、13 号、15 号、2 号、4 号、6 号、7 号、9 号、8 号、10 号、22 号、26 号等。

12. 天竺路

位于北宁海路街道东部，西康路东侧，东起琅琊路，西至西康路（图 3—14）。1931 年建，以浙江杭州西湖西天竺山①命名。路全长 281 米，宽 9 米，沥青混凝土路面。抗日战争胜利后，中国人事心理研究社

---

① 　该山旧为佛教名山，有上、中、下三天竺寺，山以寺名。"天竺"，指古代印度。

图 3—13　灵隐路现状

图 3—14　天竺路现状

设于此。现路两侧留有不少民国建筑，不少还曾作为外国使馆，如原国民政府行政院副秘书长梁颖文曾居住的天竺路 3 号，于民国三十五年四月至三十八年九月，为加拿大驻华大使馆租用；天竺路 15 号曾为国民政府外交部职员王昌炽化名王念祖曾居住地，于 1937 年所建，1946 年至解放初为墨西哥大使馆租用，等等。

三　历史建筑

颐和路历史街区内现存的历史建筑，主要为民国党政军要员、富豪、外侨的官邸别墅。现对重要的民国建筑作一介绍（详见附录二"颐和路历史街区内历史建筑举要"）。

四　遗产特色与价值

颐和路历史街区特色以民国官邸为显著特色，其形制各具情调，式样各异的建筑，也因此形成了颐和路历史街区的遗产特色与价值。

1. 老街巷格局保存完好，具有较高的研究价值

颐和路历史街区的街巷格局大体形成于民国并保存至今。现存颐和路、牯岭路、宁海路、西康路、赤壁路、珞珈路、普陀路、天竺路等，承载了诸多"历史记忆"，为街区积淀了丰富的非物质文化遗产。

同时，保存完整的颐和路历史街区反映了民国时期特有的规划思想和历史背景，不仅反映了近代中西建筑师运用现代设计手法创造出多种中西合璧的住宅形式，也丰富了中国近现代建筑的形式与内容，如在设计规划、城市建筑、市政建设等各方面都有较高的研究价值。

2. 民国建筑质量高、类型全、价值大、内涵丰富

街区内的民国建筑大多出自近代建筑名师，其设计水平、建筑质量等均为当时全国之最。

建筑原有性质可分为行政建筑、文教建筑、使馆建筑、公共建筑、官邸建筑等。其中，官邸建筑及外国驻华使馆建筑居多，曾有意大利、印度、埃及、澳大利亚、巴西、加拿大、墨西哥、希腊、美国、苏联、日本等国驻中华民国的大使馆及瑞士、巴基斯坦、葡萄牙、菲律宾、多米尼加、罗马教廷驻中华民国的公使馆，也曾居住过民国政府的达官显贵如李宗仁、于右任、陈布雷、顾祝同、韩文焕、邹鲁、王崇植等。

这些民国建筑既保留了很多中国传统文化的元素，又吸纳了西方优秀的建筑技术，是时代的见证，也是城市文脉的延续。

（3）拥有独具特色的院落风貌，具有较高的旅游文化价值

颐和路历史街区建筑的院落是组成颐和路历史街区的基本单元。院落内空间开敞，树木繁茂；院墙多采用实墙，入口常设门头雨篷，色调统一和谐，反映了民国时期住宅区的历史风貌，整个街区是南京保存最为完整的民国街区。颐和路历史街区已成为欣赏民国建筑和感受民国文化的不二选择，具有较高的旅游文化价值。

第二节　梅园新村历史街区

梅园新村历史街区位于江苏省南京市城东新街口长江路东侧，明故宫历史城区西侧，紧邻总统府历史街区，北边靠近珠江路，南边靠近中山路，东边为秦淮河和龙蟠中路。其范围北到竺桥，西到梅园新村纪念馆围墙一线，东到毗卢寺东围墙，南到钟岚里南侧围墙（图3—15）。

一　历史沿革与空间区位分析

1. 六朝至宋元时期

春秋战国时期，今梅园新村历史街区位于"金陵邑"（石头城）东面。六朝时期，今梅园新村历史街区一带在建康府城内，位于六朝"台城"东侧，[①]"台城北堑"[②]南侧，紧邻青溪。[③]附近分布有芳林苑、东掖门、胭脂井等。南唐时期，今梅园新村历史街区一带位于南唐金陵都城内的东北地区。东北侧有竺桥跨杨吴城濠，西侧、西南侧分布有台城千福院、六朝台城故址、司会府等。

宋元沿袭南唐宫制，与南唐时期相比，今梅园新村历史街区一带格

---

　　① 据考古发掘，南京图书馆一线是六朝台城的东线。参见贺云翱《近年来六朝都城考古的主要收获》，《东南文化》2016年第4期。

　　② 台城的北堑是东吴都俭开凿，沟通潮沟与青溪，是台城的北面护城壕。参见贺云翱《六朝瓦当与六朝都城》，2005年，第109页。

　　③ 吴大帝孙权赤乌四年（241年）"冬十一月，诏凿东渠，名青溪，通城北堑潮沟"。（唐）许嵩撰，张忱石点校：《建康实录》，中华书局1986年版，第49页。青溪北接玄武湖（后湖），向南流淌，达于秦淮，是都城东面的重要防线。

图3—15 梅园新村历史街区范围示意图

局没有发生大的变化,南面分布有东亲兵寨,西面、西南面分布有戎司
右军、戎司后军等。元代,今梅园新村历史街区附近分布有大帝庙、明
道书院、南轩书院等。

2. 明清时期

明初定鼎南京,朱元璋扩建南京城,今梅园新村所在区域位于明皇
城西侧,东侧主要为皇宫建筑所在,北端紧邻羽林右街,西侧分布有汉
府故地等。汉王陈理、明太祖养子沐英、明成祖子朱高煦等均曾在今梅
园新村历史街区西侧居住。明后期,在今梅园新村历史街区以北的竺桥

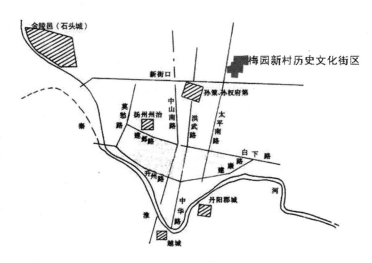

图 3—16　春秋战国及秦汉时期梅园新村历史街区空间位置示意图

据贺云翱《六朝瓦当与六朝都城》附图改绘（贺云翱：《六朝瓦当与六朝都城》，文物出版社 2005 年版，第 89 页，图四八）。

附近设有供应机房，生产专供皇家享用的丝织品。[1]

　　清初，今梅园新村东侧设有城守协署、营盘等；东侧紧邻庭市桥、西华门等；其东北角设有捷胜营等建筑。顺治二年（1645 年）清军南下时，明故宫部分被改建为八旗驻防城，俗称"满城"，今梅园新村所在区域就位于"满城"西侧。其西侧紧邻总督署，为清政府统治江南、江西的部院衙门及驻节重地。康熙皇帝下江南时，曾将行宫设于江宁织造府内，康熙皇帝曾五次居住于此。到乾隆皇帝下江南时，江宁织造府被正式改建为乾隆南京行宫，后人遂将此地称为"大行宫"。清光绪十年（1884 年），今梅园新村历史街区内东南面建有毗卢寺，本为一小庵，据《炳烛里谈》记载：光绪年间，湖南籍和尚海峰在此庵住持，他与湘军的许多将领是同乡，有旧交，于是以建寺起水陆道场，超度死难湘军之灵的名义，向湘军各路统领募捐，所得捐款用于建造毗卢寺。寺仿照镇江金山江天寺格局而建，至今仍存，其范围东至青溪河，西至

──────────

① 罗永平：《江苏丝绸史》，南京大学出版社 2015 年版，第 32 页。

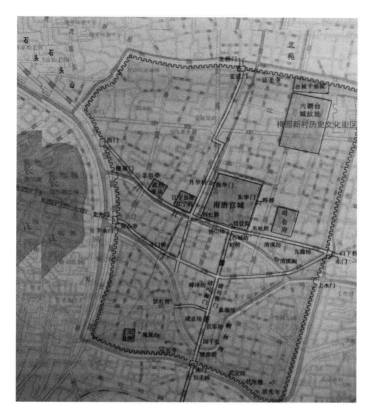

图 3—17 南唐都城与今梅园新村历史街区空间位置所在示意图

据《南京建置志》"南唐江宁府城图"改绘（马伯伦，刘晓梵：《南京建置志》，海天出版社 1999 年版，第 102 页）。

大悲巷，北至太平桥，南至汉府街，为当时南京的第一大寺。太平天国时期，今梅园新村历史街区西侧改设为天王府，太平天国失败后又改为两江总督衙门。

综上可见，明清时期，今梅园新村历史街区一带政治气息仍较为浓厚。东西两侧多是"政治中心"所在。

3. 民国时期

1927 年，国民党定都南京后，制订《首都计划》，将南京划分为六个功能区，住宅区分三个等级，今梅园新区历史街区一带被辟为西式高级住宅区，有梅园新区、钟岚里、雍园、桃园新村等。

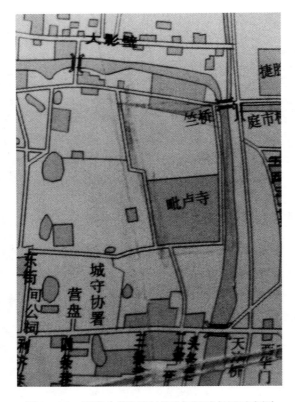

图 3—18　清代今梅园新村历史街区布局示意图

据《南京建置志》附图 2"清江宁省城图"修改（马伯伦，刘晓梵：《南京建置志》，海天出版社 1999 年版）。

　　其中，梅园新区是国共合作时期中共代表团的驻地。1946 年 5 月—1947 年 3 月，梅园新村 17 号、30 号、35 号别墅，曾是以周恩来、董必武同志为首的中共代表团从重庆迁此的办公地。董必武、李维汉、廖承志同志住 35 号；代表团其他同志和十八集团军驻京办事处住 17 号。30 号门口有代表团为躲避国民党反动派的监视而增盖的小楼。代表团在南京做了大量的社会工作，同社会各界取得了广泛的联系。保留至今的中共代表团梅园新村办公原址也成为我国重要的革命史迹之一。钟岚里建筑兴建于 20 世纪 30 年代，早期是中南银行的职工宿舍，后划归南京军区总医院作为家属住宅小区，占地共 4000 平方米。1953 年曾名汉府街 35 号。钟岚里以里弄式住宅为主，以石头做门框，房子并排而建。1946 年，国学巨匠张宗祥也居住在此，并将曾存于武汉和上海的书一同存放在此。雍园为民国建筑群区之一，建筑兴建于 20 世纪 30 年代，多为别墅，国民政府国防部部长白崇禧就曾居住于雍园 1 号。现旧居仍存。桃源新村为国民政府公务员住宅区，建于 20 世纪 30 年代，分布在今梅园新村历史街区北部。1934 年，首都护卫队队长桂永清曾居住在桃源新村，并在其住宅左邻的一幢洋楼内设队部，以便利其指挥掌握。1947 年，江西省东乡县旅京同乡会、关税互惠促进会设于桃源新村 61 号。

今梅园新村历史街区西邻民国时期临时政府大总统府，孙中山先生就任临时大总统后在此起居办公。后先后为冯国璋的副总统府、孙传芳的五省联军总司令部、中华民国国民政府、汪伪时的考试院等。街区南侧分布有医院、学校等建筑。1931 年 4 月，中国佛教会会址由上海迁往今梅园新村历史街区内的毗卢寺，太虚、仁山等住持会务。抗战胜利后，中国佛教会和中华佛教研究会，由重庆迁回今梅园新村历史街区内的毗卢寺，太虚法师驻会办公。

综上可见，今梅园新村历史街区在民国时期形成了规模较大、形式多样、格局清晰、传统风貌显著的住宅区。此外，于此同期，南京进行了以建干道、拓路面为中心的大规模城市建设，今梅园新村历史街区南面的中山东路得以建成。并在路两侧建了一批宫殿式或新民族形式的办公大楼和公共建筑，与梅园新村历史街区内的住宅建筑形成对比，丰富了南京城市建筑的多样性。

4. 1949 年后至今

1949 年后，今梅园新村历史街区西侧紧邻的总统府先后成为江苏省军管会驻地、江苏省人民政府和省政协驻地。同时十分重视对梅园新村历史街区内的革命旧址等民国建筑的修缮保护工作，并围绕中共代表团梅园新村办公原址征集了大量的实物、照片和有关资料，将房子按原貌整理恢复，开办成革命纪念馆对外开放。目前，梅园新村历史街区内文物保护单位有中国共产党代表团办事处旧址、毗卢寺、白崇禧公馆旧址、黄裳故居等；有周恩来图书馆，民国住宅、独栋、双联别墅、联排公寓及汉府街 37 号民国建筑群等历史建筑；近年来对街区又陆续做过

图 3—19　民国时期梅园新村历史街区布局示意图

图片来源：截自南京出版社编《南京旧影·老地图 1946》，南京出版社 2012 年版，南京全图。

出新，恢复了原先的院落、街巷格局，还原了当年的历史风貌。

二　历史街巷

梅园新村历史街区的街巷布局大致在杨吴南唐时期出现雏形，真正形成于明代。这一街巷结构由若干南北纵向、东西横向街道交错组成，纵向有大悲巷、雍园街、梅园新村等；横向有竺桥街、汉府街等。

1. 竺桥街

东起竺桥，西接太平桥南，因附近有竺桥得名。该街长 319 米，宽 5 米。六朝时期，今竺桥街所在区域北侧为台城北堑。南唐时期，其北侧分布有杨吴城濠北段，又名北门桥河（今内秦淮河北段）。明代，今竺桥街所在区域紧邻皇城，东北分布有羽林右街等；附近设有供应机房，承造派织任务；还流传着相关的历史故事：1365 年，朱元璋在苏州抓获张士诚，押解到南京后，将其在今竺桥街南端的竺桥上杖责而后勒死；燕王朱棣夺取皇位后，曾授意将辅佐建文皇帝的驸马梅殷杀于竺桥。清代，今竺桥街东一带分布有庭市桥（1937年后因近原西华巷，以巷更名"西华巷桥"）、捷胜营等。太平天国时期，附近分布有壁画等。民国时期，今竺桥街南侧有市立第二女子中学（现南京梅园中学）；西南侧分布有地质调查所等。中国著名气象学家、地理学家、教育家竺可桢也曾居住在今竺桥街附近，惜其故居已无迹可寻。

2. 汉府街

位于长江路东段，梅园新村以南。原分为三段：一为东西向，西起长江路，东至杨吴城濠；二为南北向，北起长江路，南至中山南路，1982年废入长白街；三为西北东南向，在梅园新村东，连接汉府街与中山东路，俗称"小汉府街"。据《钟南淮北区域志》记载："汉府者，洪武初封陈友谅子理为汉王，建府西华门外，后徙高丽。永乐中封子高煦为汉王，亦居之。旋以反诛。清初改为织局。"街以近明初汉王府而得名。清晚期，毗卢寺设于此，至今仍存。民国时期，蓝庐等设于此。

3. 大悲巷

位于龙蟠中路西，太平桥南（巷）中段南侧，南起梅园新村，北至竺桥街，长188米，宽4米。清代，此处原有"大悲禅林"。后成巷，以寺名前二字"大悲"得名。"文化大革命"中曾名"大公巷"。1981年复称原名。民国时期，大悲巷侧设有国立檀范中学（后改为第二女子中学）、测量处等。大悲巷北侧的梅园新村，现已成为梅园新村纪念馆。1947年，高举爱国主义旗帜的海王社，从重庆迁至南京大悲巷，此后一直在此办公，直到1949年南京解放，《海王》旬刊停刊为止。现巷侧的南京市逸仙小学，历史悠久，是国内仅有的以孙中山先生的号命名的两所小学之一，另一所是台北市逸仙国小。该小学源于幼幼蒙学，创办于清光绪三十年（1904年），校长季禹九，校徽上嵌有梅花，校歌中有"龙盘虎踞东南第一都，唯我幼幼宜读书"。还保留有具民国建筑风格的大悲巷7号民国住宅和大悲巷9号、11号民国住宅等。

4. 雍园街

位于梅园新村毗卢寺墙外，北起竺桥，向南再向西至梅园新村，为民国建筑群区之一，多为别墅。1933年后建，初名荣园，后更名雍园。

新中国成立后成巷，以雍园得名，民国高级将领白崇禧居雍园 1 号。街侧现存 3 号、5 号、6 号、7 号、9—19 号、21 号、23 号、25 号、29 号、33 号等民国建筑，多西式小洋楼，保存较为完整，民国特色显著。

5. 梅园新村

位于汉府街中段北侧，煦园东，南起汉府街，北接大悲巷。1937 年后，国民政府"乐居房产公司"陆续在此建有多幢独立别墅、联排别墅，名"梅园新村"。街侧 17、30、35 号别墅，自 1946 年 5 月—1947 年 3 月，曾是中共代表团从重庆迁此的办公地。现仍保留有民国建筑 1—4 号、9—12 号、22 号、28—29 号、31—33 号、34 号、36—37 号、38—39 号、40 号、42 号、43 号、44 号、45 号、48—51 号、52 号等，民国风情浓厚。

三 历史建筑

梅园新村历史街区中，以民国建筑居多，且多为二层，砖混结构，青砖墙面，多折屋顶，主要用于居住，如桃源新村民国建筑群（参见附录二"梅园新村历史街区内历史建筑举要"）。

四 遗产特色与价值

梅园新村历史街区是反映南京民国时期居住区的典型代表，具有自身的特色与价值。

1. 街区历史格局清晰

梅园新村历史街区的历史格局清晰，至今仍保留有南唐时期的竺桥、明代的汉府街、清代的大悲巷、民国时期的雍园街及梅园新村等老街巷。街巷的命名极具历史渊源，体现了历史街区的原真性，给人以怀旧、亲切之感。

（2）民国建筑组群基本保存完整，类型多样

梅园新村历史街区现有规模较大的民国住宅区，多数建于 1930—1936 年，基本保存较好。且各具特色，有以独院式别墅和钟岚里里弄式住宅为特色的；以无院式别墅为特色的；以联排式住宅为特色的，等等。其中，在现场调研时发现，最长的一幢主辅楼形式的联排住宅长度达 52 米，这在民国居住建筑中是少见的。

第三节 总统府历史街区

　　总统府历史街区位于南京主干道太平北路与中山东路交会处，北至长江后街，南至中山东路，东至东箭道、长江东街，西至大行宫军民共建广场、太平北路，总用地面积 15.097 公顷（图 3—20）。

图 3—20　总统府历史街区范围示意图

一　历史沿革与空间区位分析

1. 春秋至宋元时期

这一带在东汉时期位于孙权所设的扬州州治的东北面。其西南面紧靠当时孙权在其兄孙策府邸外所建的皇宫"太初宫"。①

图 3—21　春秋战国时期总统府历史街区所在位置示意图

图片来源：据《六朝瓦当与六朝都城》图四八改绘（贺云翱：《六朝瓦当与六朝都城》，文物出版社 2005 年版，第 89 页）。

六朝特别是东晋、南朝时期，南京作为中国南迁正统王朝的都城，经过持续建设，形成了宏大规模。当时的建康都城从外到内由郭城、都城、宫城和宫城内城（台城）组成。今总统府历史街区东面小块位于台城内，南部在都城以北与台城南垣之间，在六朝时期紧邻当时的政治中心，具有较高的政治地位。

北宋开宝八年（975 年）十一月，北宋军队攻克南唐国都金陵，消

---

① （唐）李嵩撰，张忱石点校：《建康实录》卷二，中华书局 1986 年版，第 38 页。

灭南唐。这一时期，原南唐宫城先后被作为昇州和江宁府的治所，① 到南宋时期，原南唐宫城又继续作为建康府治所，到建炎三年（1129年），原南唐宫城又进一步被改作宋高宗赵构的行宫，此后行宫的性质一直被保留到南宋灭亡。

2. 明清时期

今总统府历史街区在元末明初时位于明故宫西侧，并在该街区内设立汉王府。汉王府系朱元璋为元末起义军头领陈友谅之子陈理所建的府邸，后先后为沐英的西平侯府、西平王府、黔宁王府。永乐时为明成祖朱高煦的汉王府的一部分。

清顺治四年（1647 年）七月，清首任总督马国柱②在明汉王府后面、武定侯郭英的竹园内外修建总督衙署。③ 康熙二年（1663 年），曹玺（曹雪芹的曾祖）由京赴第一任江宁织造，④ 遂将明汉王朱高煦的旧府第改建为江宁织造衙署。⑤ 衙署大院西侧是花园，园内引青溪河道小溪流入，凿成一卧瓶状小湖。乾隆年间，湖中建有一座石舫，船牙底部用砖石雕刻，船舱为木结构，彩绘浮雕，具有传统工艺特色。乾隆二十二年（1757 年），高宗弘历二次南巡到南京时曾赐书"不系舟"。⑥

1853 年 3 月，太平军定都南京，易名天京。随后开始在总督衙署原址上加以改扩建，修造天王府。据《金陵杂记》载："东边由黄家塘以至利济巷，西首由箭道绕至北首外（今大行宫十字路口以北、太平北路东面一带），围墙民房全行拆毁，平地又挖成沟渠；南首民房由卫巷等处拆至大行宫长街（今大行宫十字路口一带）。"又据《贼情汇纂》载，天王府"曰宫禁。城周围十余里，墙高数丈，内外两重，外曰太阳

---

① （南宋）李焘：《续资治通鉴长编》卷九一，点校本，中华书局 2004 年版，第536 页。

② 赵尔巽等纂：《清史稿》卷一百九十七、表三十七、疆臣年表一，中华书局 1977 年版，第 7060 页。

③ 陈作霖编纂：《金陵琐志五种》，载冯煦《钟南淮北区域志》，清光绪二十六年（1900年）刊本，第 24 页。

④ 胡适：《〈红楼梦〉考证》（改定稿），《红楼梦研究参考资料选辑》第 1 辑，人民文学出版社 1973 年版，第 14 页。

⑤ 高丹予：《南京总统府的遗址沿革及其建筑遗存考》，《东南文化》1999 年第 5 期。

⑥ 吕燕昭修，姚鼐纂：《新修江宁府志》，清嘉庆十六年（1811 年）刻本，第 33 页。

城，内曰金龙城"。当时天王府的地盘几乎包括总督衙署、原江宁织造衙署、沐英王府旧址全部在内。①

同治三年（1864年）六月十六日，湘军统领曾国荃纵兵攻陷天京，放火烧数日，天王府焚毁殆尽。后于同治九年（1870年）重建总督衙署，并整修了西花园。新建的衙署正宅、门楼、穿堂、厅楼、亭阁等，共计1189间。重建后的西花园，又名"煦园"，光绪二十六年（1900年）再建。后经多次整修，至今保存完好。

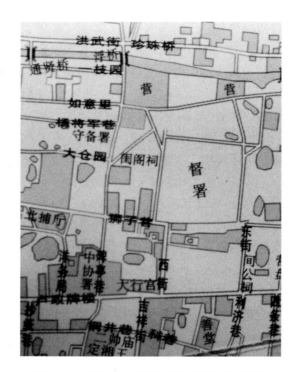

图3—22 清代今总统府历史街区布局示意图

图片来源：据《南京建置志》附图2"清江宁省城图"修改（马伯伦、刘晓梵：《南京建置志》，海天出版社1999年版）。

---

① 陈作霖编纂：《金陵琐志五种》，载叶楚伦、柳治徵主编，王焕镳编纂《首都志》卷二"街道"，正中书局1935年版，第96页。

3. 民国时期

临时大总统府沿用原总督衙署建筑，其中临时大总统办公处设在衙署大院西花园西侧，原清末总督张人骏的私家花厅内；孙中山先生的起居室在西花园东侧的中式二层楼房上，包括卧室、餐厅和浴室等房间。其中，原衙署内建筑因民国六年（1918 年）四月二日冯国璋任副总统期间发生大火，房屋 60 余间被烧毁，而于同年七月，在原地重建平房 40 余间。现总统府旧址穿堂后部西侧具有民初风格的房屋即当年所建。

1927 年 3 月，国民革命军光复南京，有"江苏省六十县公民代表会议"通电主张迁都南京："我总理在日指定南京为永久之国都，故身后陵基犹倦不忘斯土，良以南京接近上海，中外枢纽，南北交通，对于外交既然极形便利，关于财政尤于措施……"① 同时还成立了"迁都南京促进委员会"，呼吁遵从孙中山先生遗志，以南京为国都。4 月 17 日，国民政府仍设在原两江总督署内。1928 年，按建设计划改扩建国民政府所在地建筑，原总督衙署的围墙、园门、隔墙、二门、东西辕门等均被拆除，并扩大园门原址，重建门楼。门楼被改建为巴洛克式，建筑高大。

抗日战争期间，国民政府迁都重庆。国民政府原址建筑基本保持旧貌，但饱经战乱，年久失修，已破旧不堪。1946 年 5 月，国民政府自重庆"还都"南京，仍以此地为国民政府。政府机构基本未变，仅少数处、局的办公地点有所更动。进总统府大门，大院东西两侧各有一排厢房（原两江总督衙署的朝房），为卫兵和文职人员宿舍。沿中轴线穿过大堂，东西两侧各有一排平房，东为总务局会客室，西为交际科。向前东侧有一组平房，为总务局各科室办公处。② 沿府内中轴线两侧向东西延伸，各有一组建筑群。东建筑群均是中式平房，是总务局庶务科、出纳科的办公处，以及警卫队、军乐队、清洁队人员的宿舍；西建筑群位于大礼堂以北，是四个小四合院，为典礼局、印铸局的办公处。府内还有两个花园：东花园有西式的喷水池，池北是花园，池南有一幢二层西式楼房，是文官处职员宿舍；西花园（煦园）内的桐音馆，为军务

---

① 南京市玄武区人民政府编：《钟灵玄武》，南京出版社 2014 年版，第 49 页。

② 《申报》，中华民国六年（1917 年）四月四日，第 4 版。

局办公处。[①] 1948 年 5 月，蒋介石当选总统，李宗仁当选副总统，国民政府改称"总统府"。1949 年 4 月 23 日，人民解放军占领南京，将红旗插上了"总统府"的门楼。至今，建筑基本尚在。

图 3—23　民国时期总统府历史街区布局示意图

据南京出版社编：《南京旧影·老地图》，南京出版社 2012 年版，南京全图改绘。

4. 1949 年后至今

1949 年后，总统府旧址保存较好，一度被作为机关办公场所，并得到多次修缮与维护。1982 年 2 月，总统府以"太平天国天王府"名义列为全国重点文物保护单位。1998 年在总统府旧址之上，筹建中国

---

① 朱明镜：《我所知道的蒋介石总统府》，载中国人民政治协商会议江苏省委员会、文史资料研究委员会编《江苏文史资料选辑》第 9 辑，江苏人民出版社 1982 年版，第 35—37 页。

近代史博物馆。2002 年 9 月 3 日，南京市旧城改造过程中，总统府大照壁于零时 30 分遭到拆除，拆下来的部件加以保存，并承诺日后重建。2003 年 3 月，中国近代史博物馆建设工作完成，并正式对外开放。2013 年 1 月，南京总统府门楼保护性修缮初见成效，门楼以 1932 年的外观，进行了保护性修缮。现在以总统府为核心的历史街区已成为南京一张闪亮的名片。

二　历史街巷

1. 长江路

位于新街口东北，西起中山路，东至汉府街，长 340 米，宽 12 米，沥青混凝土路面（图 3—24）。明清时，原自西向东街巷有半边街（中山路至估衣廊）、骂驾桥（估衣廊至香铺营）、沐府西街（香铺营至网巾市）、大仓园（网巾市至碑亭巷）、大狮子巷（碑亭巷至长江东街街口）。民国十九年（1930 年）拓修为一条街，因专为国民政府及其所属军政机关而建，名"国府路"。后改名"林森路"。1950 年，以"长江"更今名，为市区次干道之一。位于总统府历史街区内的有 1912 街区、总统府旧址等。

图 3—24　长江路现状

2. 西箭道

位于长江路东段北侧，南起长江路，北至黄家塘，长 314 米，宽 5 米。清代，两江总督衙署设于此，有东、西两箭道。此处位于西面，称"西箭道"。成街巷后，以"西箭道"名称之。1950 年并入笼子巷，1963 年辟为太平北路。

3. 东箭道

位于长江路东段北侧，与太平北路平行，南起长江路，北至长江后街，长 453 米，宽 14 米（图 3—25）。清代，东箭道所在地紧邻 1909 年通车的京市铁路停靠站"督署站"。在西侧还曾有个宝华盦，是清两江总督招待外宾的宾馆。民国时期，东箭道两侧分布有社会部、总统府、军令部等，现存总统府遗址、国民政府行政院旧址、国民政府社会部旧址等。1912 年 1 月 1 日，孙中山先生曾在宝华盦发表就职宣言，并将其辟为"中华民国临时大总统办公室"。1913—1916 年，冯国璋入住在此，任江苏都督，又以中华民国副总统之职先后兼任江苏将军、江苏督军。1917 年 4 月 2 日，因火灾大院一些古建筑被毁，后冯国璋下令重建新屋 40 多间，现总统府中轴线上的内、外宾会客室均为其当年所建。东箭道一带也曾为国民党高级将领李弥住所。

4. 长江后街

位于梅园街道西南部，太平北路南段东侧，太平北路桥东南，长 147 米，宽 20 米（图 3—26）。东起太平桥南街，西至太平北路。明末清初的官吏宗敦一①曾居此地，故曾名"宗老爷巷"。民国时期，因在国府路之后，名"国府后街"。1950 年，因其处长江路东段之北更今名。1955 年，南京航务工程学校图书馆设于此。

---

① 宗敦一是明代四川宜宾富顺县进士，崇祯年间任监察御史等职。明崇祯十六年（1643 年），宗敦一出任江南督学，被尊称为"江右宗公"。明亡后，顺治三年至五年和顺治九年至十一年，宗敦一两次出任江南道监察御史，其间还出任直隶巡按御史、山东巡按御史，顺治九年至十年（1652—1653 年）在南京出任顺天学政。清代学政的地位较高，加提督衔，官阶与督抚平行，当时只有顺天、江南、浙江设学政，掌管各省学校生员考课升降之事。著名理学家、教育家朱柏庐先生就是宗敦一的门生，"黎明即起，洒扫庭除"的朱柏庐治家格言至今仍是脍炙人口的勤俭家训。

图 3—25　东箭道现状

图 3—26　长江后街现状

5. 长江东街

位于大行宫东北，南起中山东路，北至长江路，长267米，宽23米（图3—27）。清代，陶林二公祠设于此。曾名"督府东街"，民国更名"国府东街"。太平天国时期，街西面设有天王府隍城。1950年，因地处长江路东端，且与长江西街相对，复更今名。

图3—27　长江东街现状

三　历史建筑

详见附录二"总统府历史街区内历史建筑举要"。

四　非物质文化遗产

总统府历史街区非物质文化遗产主要体现有：云锦织造技艺；康熙、乾隆南巡驻于江宁行宫、孙中山就任临时大总统等历史事件的发生地；与其相关的重要历史人物如以江宁织造府为背景的《石头记》作者曹雪芹、清代林则徐、清道光两江总督陶澍、《南京条约》签订者牛鉴等。

五　遗产特色与价值

1. 早期具备较浓厚的政治气息

街区现存的建筑组群（总统府），因其历代的官衙、署等官式建筑用途，使街区在早期具备了凸显的特殊政治属性，是中国 17—20 世纪江南地区或国家的政治中心标志地。著名历史学家茅家琦曾指出："南京总统府象征着我国两千多年封建统治的终结。从这个角度来讲，南京总统府的社会价值和政治价值都不逊于故宫，而且南京总统府以前还曾经是清代两江总督署和太平天国政权的所在地，这种汇集交融的历史价值甚至是故宫也不具备的。"①

2. 有一批老建筑组群保存较完整

南京总统府历史街区现有一处以具有单体数量多、建筑类型广泛、文化底蕴及政治色彩浓重而为典型的古建筑群——南京总统府建筑群，此外还有散落在街区内的民国建筑，它们的建筑布局、结构等保存着一定的历史原状性。其中，总统府建筑群以其整体的完好性、组合性和时间上的连续性等实现了其自身价值。

3. 南京总统府建筑群单体数量较多、类型广泛

作为一座中国传统建筑群，南京总统府建筑群整体建筑层次前低后高，中密旁疏，建筑肌理较为丰富，层次深浅变化，单体建筑大多为规整的矩形分布并相互串联在一起，利用三条并列的线性轴线支撑整个组群，依次为东、中、西三路轴线。

小　结

南京主城区内民国历史街区，其街区格局和域内历史建筑遗存多形成于民国时期。就主城区内民国历史街区的物质文化遗产内涵来看，各历史街区域内历史建筑遗存内涵丰富，基本囊括了行政、军事机关，科

---

① 参见纪录片《风云际会——中华百年建筑经典》，南京总统府篇章解说词，中国录音音像出版社。

教文卫体机构，市政、交通、电信部门，工商、金融、服务与娱乐场所，驻华使领馆及涉外建筑，官邸，别墅，民居等建筑类型。而颐和路历史街区又以民国达官显贵官邸、别墅为主体和特色，总统府历史街区以民国行政建筑群为主体和特色，梅园新村历史街区虽包括部分民国以前历史建筑遗存，但主体仍反映的是民国的住区文化。主城区内民国历史街区内建筑遗存，由于始建时间距今较短，加之建筑材料的现代性以及部分仍在使用中，因此保存状况总体较好。

由于街区的形成历史较短，因此主城区内民国历史街区域内的非物质文化遗产，不如南京主城区内民国以前历史街区丰富。

第四章

南京主城区外的历史街区

第一节　金陵机器制造局历史街区

金陵机器制造局历史街区位于南京古城中华门外，金陵大报恩寺遗址旁，隔秦淮河与明城墙相望，占地面积 14.35 公顷（图 4—1、图 4—2）。该街区是我国现存的近现代工业遗存中最具代表性、传统风貌最完整、空间格局最清晰、历史遗存最丰富的地区之一，也是我国近现代工业化缩影。

一　历史沿革与空间区位分析

金陵机器制造局历史街区的发展自 1865 年金陵机器制造局开始，历经多次的厂址变迁和厂名变更，发展成如今的格局，主要经历了晚清、民国、1949 年后几个历史阶段。

1. 1865 年以前

春秋时期，今金陵机器制造局所在区域位于越城东南面。六朝时期，今街区一带为寺庙集中区，南朝的长干寺就分布在本区域，宋改为天禧寺，明永乐年间在此地建成大报恩寺。大报恩寺东侧还建有西天寺、德恩寺等。

明清时期，今金陵机器制造局历史街区一直属于南门外繁华区域的范围。今雨花路两侧主要为商业分布区，今雨花路明代称为"米行大街"，俗称"南门外大街"；南门外大街东侧建有专门招待外宾的"重译楼"。

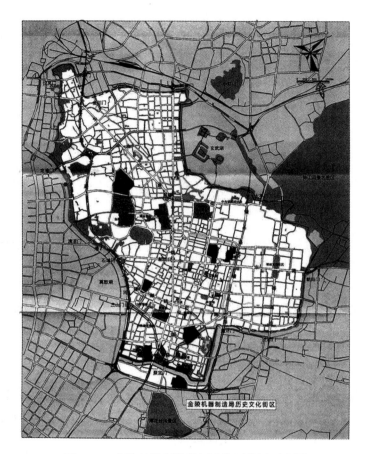

图4—1　金陵机器制造局历史街区位置示意图

图片来源：东南大学规划设计研究院：《金陵机器制造局历史街区保护规划》，2012 年
11 月。

2. 1865 年至清末

1865 年夏，李鸿章出任两江总督，他在兴办上海洋炮局及苏州炮
局的实践中，认识到发展机器生产枪炮业的重要意义。他说："鸿章以
为中国欲自强，则莫如学习外国利器；欲学习外国利器，则莫如觅制器
之器，师其法而不必尽用其人。欲觅制器之器与制器之人，则或专设一

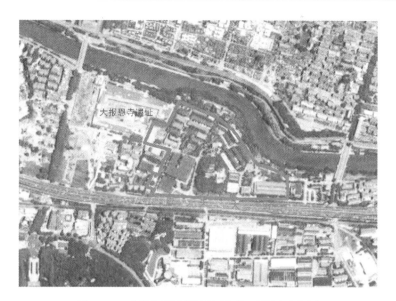

图4—2　金陵机器制造局历史街区范围示意图

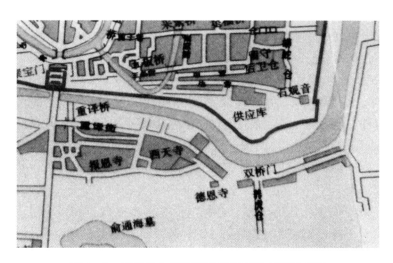

图4—3　明代今金陵制造局所在区域布局示意图

图片来源：据《南京建置志》附图1"明应天府城图"修改（马伯伦、刘晓梵：《南京建置志》，海天出版社1999年版）。

科取士，士终身悬以为富贵功名之鹄，则业可成，艺可精，而才亦可集。"① 决定将苏州炮局迁到南京。1865 年 9 月 19 日，在南京聚宝门（今中华门）外扫帚巷东首西天寺收买民墓，择地筑厂，创办了金陵机器制造局，简称"宁局"。李鸿章委派直隶州知州刘佐禹为总办，聘请英国退役军医马格里为督办。又把原设在安庆的"安庆内军械所"迁到南京并入金陵机器制造局。初时雇有一批外国工匠和 300 多名国内工人，后又增加到 800 多人，拥有化铁、铸造、金属切削加工等机械设备和 10—25 马力的动力机 4 部，蒸汽锅炉 6 台，抽水机 6 台，制造炮位、火门、车轮盘架、药弹箱具、铜帽等，主要产品供李鸿章的淮军使用。同年冬天，又在大报恩寺坡下续建分局。1870 年又在通济门外神木庵旧址兴建火箭分局。次年 9 月，在通济门外九龙桥兴建火药局，后于1875 年被焚毁。1872 年，李鸿章派马格里去欧洲购置设备，招募洋匠。马格里于 1874 年从英国、德国和瑞士购回一批机器，进行安装使用。这是宁局建成后进行的第一次扩充，第一次规模化的技术设备改造。同年，为筹设江防，设立乌龙山机器局，款项由江防炮台附销。1879 年将乌龙山机器局并入金陵机器局。这样，金陵机器局的规模包括有机器厂三家，火箭局、火箭分局、洋药局、水雷局四局及翻砂、熟铁、炎铜、卷铜、木作各厂。光绪七年（1881 年）十一月二日，时任两江总督刘坤一上奏章，建议在金陵设厂制造洋火药（黑火药）。厂址在南京通济门外七里街靠近九龙桥的地方，1884 年 5 月完工。光绪十一年（1885 年），两江总督曾国荃奏请自美国购进机器 50 多台，进行扩建。扩建工程于 1887 年竣工，共支银 10.046 万两，宁局又得到一次较大的扩充。中日甲午战争后，宁局在洋务派张之洞、刘坤一等支持下，进行了一些扩建，其生产能力也得到了进一步提高。1905 年 8 月，练兵处议奏金陵机器局不足之处。1908 年，金陵洋火药局由于生产减至5 成，重要性日减，南洋大臣端方奏准将其并入金陵机器局。宣统二年（1910 年），陆军部命金陵机器局归并江南制造局，并建议将其裁撤。第二年 4 月，陆军部令金陵机器局停办，由江南制造局接收，后于

---

① 南京晨光集团公司党委工作部：《晨光轶事》，南京晨光集团，2009 年，第 127 页。

10 月复工。①

　　晚清时期，今金陵机器制造局历史街区内的街巷格局已经形成，如扫帚巷、养虎巷、正学路等。包括街区外的宝塔根、宝塔山在当时也已经存在。雨花台的余脉马家山延伸入街区内，街区西部坑塘较多，其中最大的为老君塘，金陵机器制造局督办马格里的住宅就建在此处；街区内的建成区则集中在正学路北侧，工厂建筑分布在马家山的北部与南部。②

图4—4　金陵机器制造局生产的机器（1872 年）

3. 民国时期

　　民国建立后，《首都计划》将本地区列为机械工业区，成为仅次于城北及沿江一带的南京第二大工业区。

---

　　① 王伟、梅正亮：《跨越三个世纪的强国梦——档案史料中的金陵制造局》，《中国档案》2011 年 11 月，第 82—85 页。

　　② 蒋文君：《近代工业遗产的整体性保护再利用策略探讨——以金陵机器制造局为例》，硕士学位论文，东南大学，2013 年。

图4—5 金陵机器制造局生产车间（1872 年）

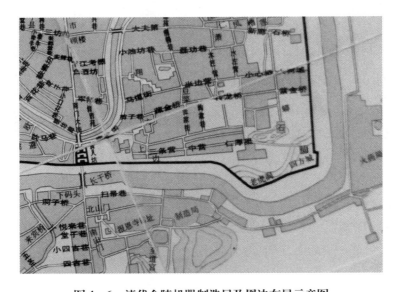

图4—6 清代金陵机器制造局及周边布局示意图

图片来源：据《南京建置志》附图 2 "清江宁省城图"修改（马伯伦、刘晓梵：《南京
建置志》，海天出版社 1999 年版）。

1912—1948 年，金陵制造局一直是民国政府的重要兵工厂，其间数易其名。此外，因日军占领南京，1937—1946 年工厂西迁重庆，遗留的厂房和部分机器则归日军所有。1912 年，金陵机器局归民国所有，更名为金陵制造局，隶属陆军部军械司，王金海为总办。1928 年，金陵制造局改辖于上海兵工厂，称"上海兵工厂南京分厂"。1929 年 6 月，更名为"金陵兵工厂"，直属军政部兵工署管辖，厂长为黄公柱。1931 年 7 月，由李承干担任厂长。1934 年，金陵兵工厂利用节余公款将厂房翻新，增购机器设备。日军占领南京后，在金陵兵工厂原址上建立"支那派遣军南京造兵厂"。日军将中国各地劫来的机器，于 1938 年初运到厂里安装，不久即开工生产。日本宣布无条件投降后，1946 年 9 月，改名为"第 60 兵工厂"，隶属兵工署管辖，孙学斌任厂长。因淮海战役战况不佳，60 厂的主要机器设备于 1948 年 11 月间从上海迁往台湾高雄市。[①]

图 4—7　民国时期金陵机器制造局及周边布局示意图

依据 1946 年"南京全图"修改，《南京旧影·老地图》，南京出版社 2012 年版。

民国时期，街区延续了清朝的街巷肌理，正学路南侧和养虎巷南侧建成区有所增加。新建的工业建筑分布在马家山的西面、北面。此外还兴建了京市铁路连接江南铁路，自街区东南面通过。

---

① 王伟、梅正亮：《跨越三个世纪的强国梦——档案史料中的金陵制造局》，载《中国档案》2011 年 11 月，第 82—85 页。

4. 1949 年后至今

1949 年后，南京城市规模虽不断扩张，但今金陵机器制造局历史街区的路网格局却基本延续，仍然扮演着重要机械工业区的角色。1958 年，京市铁路拆除，自此街区仅有南侧临铁路。随着建设量增加，水体和马家山山体的改变较大，池塘全部被填平，马家山成为孤立山丘。改革开放后，建成区基本覆盖了街区内所有土地。至 20 世纪末期，今金陵机器制造局历史街区南侧应天大街快速路开通，将南北厂区分隔。

1949 年 4 月 29 日，第二野战军接管工厂。1950 年 8 月，工厂改属华东军区后勤部军械部，简称"军械总厂"。1952 年 10 月，军械总厂改属地方，由原二机部领导，更名为"军械工厂"。1952 年年底，山西长治三〇七厂搬迁南京，与军械总厂合并，称"国营三〇七厂"，厂名不对外使用。两厂合并后，工厂以制造迫击炮为主，成为我国当时唯一的迫击炮研制基地。工厂成为全国首批 100 家现代企业制度改革试点单位。①

改革开放以后，南京城市空间快速拓展，今金陵制造局历史街区完全成为城市中心区的一部分，是城南地区工业和居住的混合区。1996 年 6 月，工厂改制为"南京晨光集团有限责任公司"。1999 年 9 月，整合民品资源，以车类、管类优质民品资产为主，组建航天晨光股份有限公司。2006 年，成立晨光投资有限公司和晨光 1865 置业投资管理有限公司，发展现代服务业。2007 年 5 月，晨光逐步搬迁至南京江宁开发区，原址转型为"南京晨光 1865 科技创意产业园"。如今的晨光，包括南京晨光集团有限责任公司和航天晨光股份有限公司两个平行公司，均系中国航天科工集团公司所属大型综合机械制造企业，其主要产品也由军事产品转向航天产品。

二　历史街巷

近年来，城市化建设的快速进行对传统路网格局造成了不同程度的

---

① 王伟、梅正亮：《跨越三个世纪的强国梦——档案史料中的金陵制造局》，载《中国档案》2011 年 11 月，第 82—85 页。

破坏。随着建筑的拆迁，不少老街巷消失，如街区外的宝塔根、宝塔山等，但街区内的扫帚巷、正学路、养虎巷仍然保留至今。

（1）扫帚巷

位于中华门外，东起养虎巷，西至雨花路（图4—8）。民间传明代富民沈万三充军云南时，钱也跟他飞了，人们便用扫帚把钱扫回来，故称扫帚巷。

图4—8　扫帚巷现状

（2）养虎巷

位于雨花门外双桥门西（图4—9）。明朱元璋在此附近圈养老虎，巷因以为名。曾名养虎仓、打虎巷。

（3）正学路

位于雨花路东侧晨光机器厂内。清同治间建厂，为厂前形成的一条新街。因近方正学祠（方正学墓），以"正学"二字得路名。方孝孺在燕王朱棣自立为帝时为侍读讲学士，被召草诏，"传说天下非先生不可"。方孝孺投笔于地，且哭且说："死即死耳，诏不可草。"燕王又说"诏不草，灭汝九族"。方孝孺回答说："莫说九族，十族何妨。"即在午门不屈被杀，被株连而死者870多人。后人以其曾被聘蜀献王世子谈

图4—9　养虎巷现状

书之庐"正学"，命此路为方正学路。1935 年，改称正学路。今路已圈入晨光厂内。

三　历史建筑

本历史街区内主要历史建筑为金陵机器制造局厂房和兵工专门学校旧址，前者坐落于秦淮河畔、中华门外扫帚巷东首西天寺故址上，主要分为晚清、民国、新中国成立后三个阶段，其中民国建筑较多，全部为多层和低层建筑。

现存的清代厂房共 7 栋，主要分两组：一组由建于同治五年（1866 年）的机器正厂、建于光绪四年（1878 年）的机器左厂、建于同治十二年（1873 年）的机器右厂 3 栋建筑组成。其中左厂中部结构为铸铁立柱，其余 2 厂为木柱。整组建筑外墙均用清式大青砖砌筑，门额上镌刻着建厂标牌，现用作办公楼。一组由建于光绪七年（1881 年）的炎铜厂和锑铜厂、建于光绪十一年的熔铜厂和熔铜房、建于光绪十二年的木厂大楼和机器大厂组成。

表 4—1 重要建筑物表①

建筑年代	层数	结构形式	建筑面积	现状功能
1882	2	砖混	918	厂史陈列馆
1866	1	砖混	912	厂史陈列馆
1873	1	砖混	912	厂史陈列馆
1882	1	砖木	524	施工
1882	2	砖木	367	施工
1887	2	砖混	1584	研发
1934	2	砖木	346	展览
1934	3	砖木	750	办公
1934	1	钢混	3310	展览
1932	5	砖混	1812	教育
1937	1	砖木	2364	居住
1887	2	砖木	847	闲置
1937	2	砖混	2807	研发
1937	2	砖混	2671	研发
1942	1	砖混	1319	研发
1937	2	砖混	1566	办公
1937	2	砖混	1566	办公
1937	2	砖混	1566	办公
1937	2	砖混	1566	办公
1937	2	砖混	853	餐饮
1937	3	砖混	2701	办公
1937	2	砖混	3652	办公
1937	2	砖混	3667	办公
1937	2	砖混	1590	办公
1937	2	砖木	813	办公
1937	2	砖木	1103	办公
1937	2	砖混	620	办公

① 蒋文君：《近代工业遗产的整体性保护再利用策略探讨——以金陵机器制造局为例》，硕士学位论文，东南大学，2013 年。

续表

建筑年代	层数	结构形式	建筑面积	现状功能
1937	4	砖混	5332	办公
1937	4	砖混	3584	办公
1937	2	砖混	980	餐饮

民国建筑可分为三组：一组是位于厂区西南部的两栋多跨连续车间，建于1936年，钢筋混凝土结构，其屋顶上开设有锯齿形天窗，天窗为进口钢窗，面北而开，避开了太阳光直射，有利于工人在适宜的光线下操作。厂房内部总高8.68米，钢架结构，工字钢支柱，厂房四角均开有大门。一组为7座两层厂房楼群，位于厂区西北面，建筑之间以过街楼连接。一组位于厂区东北面，由4栋二层厂房及2栋物料库组成，其中两栋带有气楼。这些建筑建于1934—1937年，质量较高，现在改造后，均做商务办公或餐饮娱乐使用。此外还包括3栋宿舍楼和兵工专门学校。在街区跨越3个世纪的发展中，建筑经历多次改扩建。

图4—10　金陵机器制造局厂房遗址现状

　　兵工专门学校为国民党军队于 1917 年创办，旧址位于晨光集团厂区西南部，为一幢西式二层楼建筑。多层砖混结构，占地面积 720 平方米，建筑面积 1491.35 平方米。[1] 本楼原为兵工专门学校的教学楼，一层为办公室，二层为教室，整座建筑坐西朝东，主体建筑呈凸字形，具有典型的民国早期建筑特色。建校之初只开设造兵系和炸药系，后来增设战车系和应用化学系。在 1949 年前的 30 余年中，共办学 10 期，累计招收学生 1600 余人。[2] 现大楼保持原样，墙面、门窗、屋顶、楼梯保存完好，地面为后期之物。现为南京晨光机器厂办公楼。

图 4—11　兵工专门学校旧址现状

① 　该学校最早设在武汉的汉阳兵工厂内，1932 年 7 月搬迁至南京中华门外的金陵制造局对面，即现在的晨光集团内，并更名为军政部兵工专门学校。抗日战争爆发后，兵工专门学校于 1937 年 11 月奉命西迁至重庆，抗日战争胜利后于 1947 年 12 月 18 日迁至上海，后于1949 年 2 月 17 日迁往台湾省。

② 　学校的校训为"忠、勇、勤、慎"，忠为忠于国家，忠于职守；勇即勇于作战，勇于服务；勤是勤于治学，勤于治军；慎为慎于言语，慎于行动。

四　其他相关遗迹

除了主体历史建筑外，还包括作为街区环境要素的构筑物，包括金陵制造局大门、喷水池、游泳池；作为工业遗产的构筑物，包括铁轨、升降梯等。

表4—2　　　金陵机器制造局历史街区内其他相关遗迹举要

名称	内涵
金陵制造局大门	20世纪80年代仿民国时原街区南门而重建，位于晨光大道最南端。砖混，白色，面宽25米，上书"金陵制造局"五个字
喷水池	建于新中国成立后，石质，长约10米，宽约7米。现闲置
游泳池	建于民国，长约28米，宽约14米。现闲置
铁轨	建于民国。现修路后，铣轨顶端平行于路面，不再具有轨道功能
升降梯	共三座，铁质，生锈发红锈色。现已废弃
防空洞	建于20世纪30年代，日据、民国和新中国成立后均有所扩建。防空洞有一通风口位于马家山上，为日据时期所建，上书"昭和十六年"

五　非物质文化遗产

金陵机器制造局历史街区的非物质文化遗产主要体现在历史街巷的路名传说、民间歇后语以及重大事件和重要人物上。

表4—3　　　金陵机器制造局历史街区内非物质文化遗产内涵（重大事件）

事件名	内涵
新式后膛抬枪	抬枪是中国所独创的武器，即为放大的单发步枪，是金陵机器制造局招牌产品之一
仿制成功马克沁单管机枪——中国第一代重机枪	1888年，金陵机器制造局仿制成功马克沁单管机枪（亦称赛电枪），这是中国制成的第一代重机枪。从此，中国开始进入重机枪的制造时期。经仿制后发觉不甚适用，于1893年停造，仅生产了30余挺

续表

事件名	内涵
1895 年工人罢工——我国最早的工人罢工之一	金陵机器制造局的工人劳动强度大，待遇低，工人们为改善自己的处境展开了斗争。据 1895 年 3 月 28 日上海《申报》记载："金陵机器制造局工匠向例二月十四日午后停工，以便十五日敬祀太上老君，盖俗传是日为老君诞辰也。今岁军务旁午，总办郭月楼方伯拟令十四日晚仍作夜工……不料是日竟有人在局前鼓噪……"
承制的香港天坛大佛——当今世界上最大露天青铜坐像	1986 年 5 月由中国航天科学技术咨询公司总承包这项工程。1986 年开始制造，1989 年 10 月 13 日安装完成。它是当今世界上最大露天青铜坐像。获国家质量金质奖章。大佛身高 26.4 米，加上大佛底座三层，总高度近 34 米，占地面积 6567 平方米，重量高达 250 吨，由 200 块青铜铸件砌成，占地面积 6567 平方米

表4—4　金陵机器制造局历史街区内非物质文化遗产内涵（重要人物）

人名	职位	任职时间	主要贡献
李鸿章	两江总督	1865—1866	在南京就任时，将其先前在苏州创办的西洋炮局也迁至南京。在聚宝门（今中华门）外兴建厂房，开办金陵机器制造局
马格里	督办	1863—1875	1863 年 4 月，在李鸿章的支持下，创建马格里局，即金陵机器制造局的前身。1865 年，李鸿章建立金陵机器制造局，马格里任督办。曾亲自组织试造鱼雷、火箭等新式武器。1873 年，马格里赴欧洲购买了大量的机器设备和原材料，扩大了金陵机器制造局的生产规模
刘坤一	两江总督	1881	1881 年，刘坤一奏请在金陵机器制造局内添设一个洋火药局
曾国荃	两江总督	1885	1885 年，两江总督曾国荃奏请扩充制造枪炮子弹所需的机器设备
徐建寅	会办	1886—1888	徐建寅主持技术工作，利用局中设备练成铸钢，并制出新式后膛抬枪。徐建寅也是晚清著名的科学家

续表

人名	职位	任职时间	主要贡献
李承干	厂长	1931—1937	招聘了一批留学日、法、英、德、美等国的工程技术人员。1934 年用节余公款 200 余万元将厂房翻新,增购机器设备。扩建工程包括添修旧有的枪厂、冲弹厂、器材厂,以及新建南弹厂、北弹厂、木厂、工具厂和职工住宅、浴室、物料库、实验室等,还购置了机器设备,以扩充生产能力
王川	厂长	1953—1960	国营三零七厂厂长。调离南京国营三零七厂后,任第五机械工业部副部长、党组成员

六　遗产特色与价值

金陵机器制造局历史街区是不同历史时期工业建筑遗存完美结合的典范,[①] 是近现代工业遗存中空间格局最清晰、传统风貌最完整、历史遗迹最丰富的地区之一。其遗产特色与价值主要体现在以下几个方面:

1. 清代、民国、新中国成立后建筑立面风格仍保留

街区内清代、民国、新中国成立后建筑,依然保留着当时的立面风格,内部经过微改造后承载了包括创作设计、技术研发、会议博览、娱购休闲等在内的多种功能,古为今用,较好地呈现了街区的遗产特色与价值。

2. 保留有较为完整的历史建筑群

现金陵机器制造局历史建筑群较为完整地保留在南京晨光 1865 创意园,且结构坚固,为近现代建筑风貌区的重要部分,在实物展示的同时可在使用中实现保护,具有重要的再利用价值,具有以"工业遗产"为特色的旅游价值。

3. 保留了以工业遗产为特色的整体空间格局

街区的总体布局和形态体现了典型的工业区建设与选址思想,境内建筑物代表了清末和民国"中西合璧"的工业建筑风格和形态,体现

---

① 张学研、崔志华:《资源整合视角下南京老字号复兴探究》,《建筑与文化》2016 年第 4 期。

了清末和民国时期最先进的工业建筑技术，为南京创意创新产业基地的
建设提供了理论与实践指引。

第二节　高淳老街历史街区

高淳老街位于高淳区淳溪街道西南部，范围为东至小河沿、仓巷一
线，西南至官溪路，北至通贤街、县府街，总面积9.36公顷（图4—
12）。

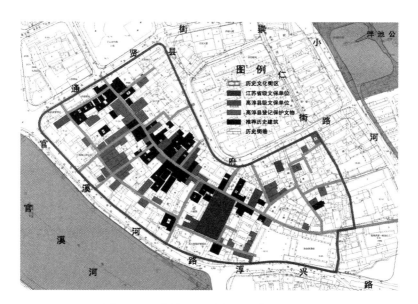

图4—12　高淳老街历史街区范围示意图

高淳县人民政府、南京市规划设计研究院有限责任公司：《高淳历史文化名城保护规划
（规划说明）》，2010年8月。

一　历史沿革与空间区位分析

1. 隋唐五代时期以前

这一带早在殷商时期就有人类活动，先人依地形、地势而定居，逐

步形成村落、集镇。春秋时期，这一带地属吴。① 周景王四年（前541年），吴王余祭为防御楚国的进攻，就在北以游山为靠，南以秀山、花山为屏的固城湖水道的咽喉处，建筑起了一座土城，高一丈五尺，周长七里三百步，因城坚固，故称"固城"。今高淳老街历史街区位于固城西面。② 秦统一六国后，置溧阳县，包括今高淳、溧水、溧阳三县的范围，今高淳老街历史街区隶属溧阳县，直到南北朝的宋、齐、梁、陈。当时溧阳县城位于春秋固城废墟之上，又名"汉城"。今高淳历史街区又位于汉城③东面。

唐代，今高淳老街历史街区一带已有商业萌芽，唐诗中曾有"天外贾客归，云间片帆起"的描述。

2. 宋元时期

宋时，今高淳镇已见于《石湖诗》。南宋著名诗人范成大路过此地便留下《高淳道中》的抒情诗篇，由此不难发现，南宋时今高淳老街历史街区已形成了正规的商贸集市。自这一时期起，高淳老街及附近相继建造了一些庙宇，如万寿观、东岳庙、杨泗庙、观音庙、城隍庙、东平殿、关王庙、土地庙等。④

元代，今高淳老街历史街区的商贸已形成规模。据元《至正金陵

---

① 吴之立国，据《史记》载当从泰伯"奔荆蛮"始，至"寿梦立而吴始大，称王"，开始"与中国时通朝令，而国斯霸焉"。寿梦元年（前585年）吴始伐楚，后爆发一连串的吴楚之战，互有胜负。双方作战地点，陆战一般在淮河两岸；水战则多数在今当涂的东西梁山、采石矶，小丹阳之望横（石臼湖北）一带。参见高淳县地方志编纂委员会《高淳县志》，方志出版社2010年版，第3—4页。

② 城分内外两层，内叫子城，外叫罗城，统称"子罗城"，并于此设县，叫"濑渚邑"。濑渚邑是南京地区长江以南最早的城邑（比越城早69年，比石头城早208年），"濑渚"也是高淳最古的名称。公元前535年，楚国攻占固城后在此大造宫殿以作行宫，所以古固城又称"楚王城"。参见高淳县地方志编纂委员会《高淳县志》，方志出版社2010年版，第4页。

③ 汉城分内外两城，略呈长方形。外城东西宽约800米，南北长约1000米，城墙高9米，城门用大型汉代青砖包土砌成。城四周有宽约15米的护城河。内城长和宽分别约150米，也有护城河。根据考古发现，汉城内设校场、鸡鸣议事堂和县衙。南宋绍兴年间发现的东汉"校官之碑"，证明城内已开办县学，校址在县衙南。

④ 每逢诸神生辰之日，即为群众迎神赛会之期，称"出菩萨"，由地方邀请戏班，连续三天唱戏，正日抬神像游行，旗锣华盖，其阵势规模盛大。每年会期，吸引郊县与四乡群众赶来观望，街头摆摊杂耍，人群摩肩接踵，热闹异常。

新志》载"高淳镇建有税务巡检司",可想见当年这里繁华的商业景象。

3. 明清时期

明弘治四年(1491年),高淳从溧水划出单独设县,县名"初拟淳化,钦定高淳",县以镇名。原高淳镇改名淳溪镇,建置以来一直是县治所在地。据明嘉靖《高淳县志》载:高淳自弘治四年建县以来,"县故无城"。嘉靖五年(1526年),由于库房被盗,知县刘启东提出筑城的建议。因为经济条件所限,最后决定依县治东北较高的丘陵地势筑土城,西南借官溪河为壕,"立关防门七座",以利治安。七门均为砖砌,在通衢要害处,即东①宾阳、南迎薰、西留晖、北拱极、东北通贤、东南望洋、西南襟湖。② 城内建筑有街坊、祠庙、商店、作坊和居民住宅。至明万历年间,今高淳老街历史街区一带已是"依湖通商,一市镇耳"。"买纱络绎向城来,千人坐待城门开。"③ 清乾隆皇帝三下江南,御封高淳为"江南圣地",至今仍存地名。清光绪年间,街区医药和商品类有所增加,仅药店就有王元昌、仁成堂、天兴祥等,经营各有擅长。今街区老街巷中山大街南北两侧仍保留有清代遗留的商业店铺。临街骑楼,两侧垛墙,平面形制,排水通畅,别具特色。④

4. 民国时期

1853年,太平天国定都南京,高淳为天京西南藩篱。太平天军曾驻守淳溪等地,今高淳老街历史街区至今仍存多处太平天军营垒遗址。太平天军与清军进行多次激烈交战,高淳县城街道大部分建筑毁于兵火

---

① 城门方位沿用史书记载描述。其余方位均为实际地理方位。

② 从城砖上的模印文看,城门的建造有赖各地的支援,才得以建成。砖呈青黑色,长42厘米、宽20厘米、厚12厘米左右。砖的侧面有阳文(少数为阴文)模印。文字一面为地名、提调官官衔及姓名;另一面为制砖人姓名、窑匠姓名及窑砖所在地的总甲、小甲的姓名。砖的出处大致涉及四省(江苏、安徽、江西、湖北)、七府(常州、镇江、池州、太平、九江、饶州、黄州)及武进、江阴、丹徒、青阳等数十个县。有关城砖的来历,有说出其他府县捐赠,亦说系筑南京城余砖,颇多争议,有待进一步考证。

③ 高淳县地方志编纂委员会:《高淳县志》,江苏古籍出版社1988年版,第299页。

④ 门厅一般采用木板拼块排门式,为营业性店房,少数石质门框,为各类作坊。店堂额枋悬挂各式匾额,颇有儒雅之风。街道中间选用硬度较高的火层岩条石横向铺墁,两旁用条石纵向镶砌,纵横有序,整齐美观。

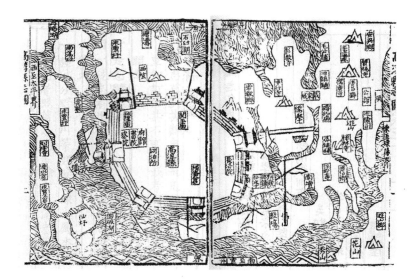

图 4—13　明代高淳古城

图片来源：据《明代高淳县治图》修改［参见（明）《嘉靖高淳县志》，宁波天一阁藏，刻本影印本，上海古籍书店 1963 年版，第 21 页］。

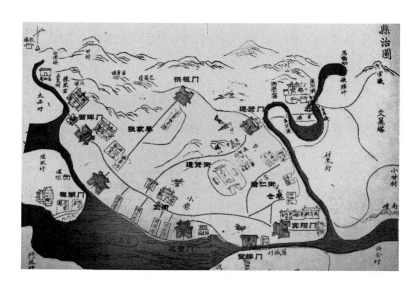

图 4—14　清代高淳古城

据《清代高淳县治图》修改［参见（清）李斯伫、叶楠等《康熙高淳县志》，南京出版社 2014 年版］。

图4—15　南迎薰门现状

与水灾。抗战时期，今高淳老街一带遭日军破坏严重。1938年6月，陈毅率新四军一支队到达高淳，司令部就驻在今高淳老街历史街区的吴家祠堂，7月在仓巷建立新四军驻高淳办事处，分别在溧水、溧阳、高淳和宣城、当涂、高淳边境开辟抗日根据地，建立民主政权。1945年8月日军投降，9月新四军北撤，国民政府进驻县城，1949年5月2日高淳全境解放，建立县人民政府，隶属镇江专区。至解放前夕，今高淳历史街区的老街巷"正仪街"已延长到1.2千米，县城横向最大宽度有400米，龙墩埂、陆家圩也建造大批房屋。

5. 1949年后至今

1949年后，今高淳老街历史街区面貌逐步改观。境内一条主要老街的一段——中山大街南段得到翻修拓宽，被浇灌成混凝土路面（为保存古迹，其中有一段路面未予变动）。后又将通贤街拓宽改路，也浇灌成混凝土路面，并延伸到官溪河沿，与中山大街交叉成"十"字形。

21世纪以来，高淳社会经济迅速发展，城市建设从老县城扩展到固城湖北岸的新区，淳溪镇、古柏镇、漆桥镇连成一体，中山大街北段逐步改造成为商业步行街，高淳老街作为文化名胜吸引越来越多的游

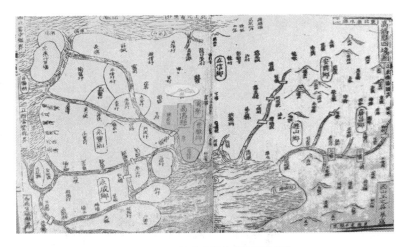

图4—16　民国时期高淳周边形势

据民国时期高淳县四境图改绘。参见刘春堂修，吴寿宽纂《民国高淳县志》（民国七年重修版，民国二十三年续印），南京出版社2015年版，第12页。

客。2002年，《高淳老街历史街区保护与整治规划》编制完成，对高淳老街历史街区的保护范围、空间高度、广场、建筑等做了专题研究与规划，有效指导了高淳老街的整治改造工作。经过规划整治改造后的高淳老街，已成为全国重点影视拍摄基地，多部影视作品均在此取景拍摄。① 老街现有关王庙、高淳民俗馆、杨厅、新四军一支队司令部、新四军驻高淳办事处旧址、侵华日军在淳溪暴行展示馆、高淳民俗表演馆、乾隆古井、泮池公园等景点。

二　历史街巷

高淳历史街区现仍保留有老街巷16条，分别是陈家巷、井巷、河滨街、付家巷、王家巷、徐家巷、小巷、迎熏门、蒋家巷、当铺巷、江南圣地、仓巷、小河沿、文储坊、大通闸、中山大街。

1. 陈家巷

位于高淳区西南部，东起中山大街，西至官溪路。民国七年《重修

① 王来美：《金陵第一古街——高淳老街》，《城建档案》2010年第11期。

图4—17　1988年高淳老街及周边情况

高淳县地方志编纂委员会：《高淳县志》，江苏古籍出版社1988年版，第71页。

高淳县志》中的县治图标有此巷。相传明代即有此巷，以姓氏得名。

2. 井巷

位于高淳区淳溪街道建成区西南部，西起中山大街，东至通贤街。因巷中有一口古水井而名。现存清代民居，位于井巷5号（图4—18）。

3. 河滨街

位于高淳区淳溪街道建成区西部，官溪河北岸，西起鲜鱼巷，东至迎薰门（图4—19）。相传清代即有此街，为与中山大街相平行的一条老街。因濒临官溪河，而以"河滨"二字得名。街沿线曾分布有明清至民国时期的住宅建筑，现仍留有清代至民国时期的民居建筑，如35号、44号、42号、40号、38号、34号、30号、32号、19号、25号、15号、12号、20号等。

4. 王家巷

位于高淳区淳溪街道建成区西南部，东起县府路，西至中山大街。民国七年《重修高淳县志》称"王家巷在中街"。相传明代王氏居住在此，而以王姓命名。

图4—18　井巷现状

图4—19　河滨街现状

5. 徐家巷

位于高淳区淳溪街道建成区西南部，西起官溪路，东至中山大街。民国七年《重修高淳县志》载有此巷，以徐氏最早居此而得名。现存民国时期的民居，如 8 号等。

6. 小巷

位于高淳区淳溪街道建成区西南部，南起中山大街，北至县府路。旧时因巷道狭窄，比周围巷小，故名。

7. 当铺巷

位于高淳区淳溪街道建成区西南部，东通官溪路，西至迎薰门（图 4—20）。清代即有此巷，传成巷时因一当铺的后门在此巷南侧，巷因以"当铺"二字为名。民国时期，救生局设于此，现旧址仍存。现街沿线保留有清至民国时期的民宅，如吴为娟民宅、唐开禄民居、唐顺林民宅、唐朝银民居、张腊美民居、王志斌民居等。

图 4—20　当铺巷现状

8. 江南圣地

位于高淳区淳溪街道建成区西南部，北起县府路，南至中山大街。相传清乾隆皇帝南巡曾经过此处，并题此名，巷因名"江南圣地"。现街北侧已建成居民小区，名"江南圣地苑"。街沿线仍保留有民国时期的民宅，如33号、35号、64号等。

图4—21　老街现状

9. 仓巷

位于高淳区淳溪街道西南部，南起中山大街，北至江南圣地。巷内曾分布有囤粮的粮仓，故名。新四军办事处旧址、耶稣教堂等曾设于此，现旧址仍存。

10. 小河沿

位于高淳区淳溪街道建成区西南部，北起宝塔路，南至中山大街原东门桥。1990年后拓宽，因路侧有小河沿居民区，以"小河"二字命名。小河沿居民区形成于清代，因东侧曾有一条小溪，居民沿河而居，故名。现存清代至民国时期的民居，6号、12号等。

11. 文储坊

位于高淳区淳溪街道建成区西南部，东起小河路，西街仓巷。巷形成于清代。因巷内最早有文储坊，故以坊得巷名。现巷西头北侧8号留有民国时期的民居等。

12. 傅家巷

位于高淳区淳溪街道建成区西南部，西起官溪路，东至中山大街（图4—22）。民国《重修高淳县志》载有此巷。巷以姓氏而得名。沿线曾分布有清代至民国时期的民居，现仍存民国时期的民居，如8号、9号等。

图4—22 傅家巷现状

13. 中山大街

位于高淳区淳溪街道的中部，东起东门桥，西至闸桥，是淳溪街的主要街道，与官溪河平行。初名"正仪街"，辛亥革命后改名"中山大街"，汪伪时期更名为"和平街"，"文革"期间又名"东方红大街"，"文革"后复名"中山大街"。

　　大街东西贯通全长800米，街道两端是居民住宅，中部为商行店铺（图4—23）。街面宽度为4.5—5.5米不等，中间以胭脂条石横向铺设，两旁用青条石纵向铺墁，商家门口做青条石台阶，色彩鲜明，整齐美观。其中南段在今高淳老街历史街区内，该段西侧的通贤街于1984年因街面狭窄而被拓建，为主要商业街之一；其东端南侧有清晚期建筑"吴氏宗祠"，1938年新四军一支队曾进驻此处。该段街沿线分布有一些店铺，现仍有清代遗留的店铺建筑，如张泰来碗店旧址、六朝居饭店旧址、振兴祥杂货店旧址、高淳工商联会所旧址、鼎昌恒盐店、东阳杂货店旧址、福和祥烟店旧址、唐氏民宅旧址、朱家纸坊旧址、苏春和茶叶店等。

图4—23　高淳老街历史街区内中山大街现状（部分）

三 历史建筑①

高淳老街历史街区被纳入保护规划的历史建筑约 56 处，其具体情况详见附录二"高淳老街历史街区内历史建筑举要"。

四 其他相关遗迹

1. 乾隆古井

原名"大成井"，后因清朝乾隆皇帝下江南时曾饮用过此井之水，而名"乾隆古井"。该井始建于明嘉靖四年（1525 年），其间由于井内被淤泥堵塞，曾先后于清道光十四年（1834 年）和清光绪元年（1875年）由当时的陈姓希彻公公堂出资，进行清淤掏挖。此后，井水始终保持清澈洁净，成为人们饮用的甜水。此井仍在使用。

2. 东门桥

位于高淳老街东侧，又称"万寿桥"，横架于小河之上，为当时由陆地进入高淳的主要通道，始建于明弘治九年（1496 年），后分别于万历九年（1581 年）和 1916 年作了重新维修。青石构筑，单孔，两侧有护栏，拱券顶，全长 14.6 米，桥面宽 6 米，高约 3 米，全用长方形条石纵向排列，桥面两侧铺楸石一层，紧贴桥身下游之南、近街一段留有石筑排污水泄口，并有石凿凹槽，为控汛期洪水倒灌，设闸板槽，这表明建桥时对城市排水也作了相应的安排。现桥保存较好，仍在使用。

五 非物质文化遗产

高淳老街非物质文化遗产资源也较丰富，涉及传统技艺、民俗文化等门类，如老棉布鞋、羽毛贡扇等。其中，以羽毛贡扇最负盛名。明嘉靖年间，高淳羽扇传进皇宫，深得皇室青睐，成为皇室贡品。老街内还保留着众多的传统民俗项目，在传统节日期间，老街内时常会出现跳五猖、打水浒、跳大马灯等民俗的集中展示。还有一些老地名和百年老字号，给人们留下了美好的记忆，勾起老一辈的乡愁。如老地名有鲜鱼

---

① 此处条目内容介绍中涉及的数据来源于高淳区淳溪街道不可移动文物普查资料。

巷、褒贬街、轿子巷等；老字号店铺有馥和祥、有政康、联陞园、六朝居、天兴祥、震阳等数百家之多。

老街内的"高淳民俗馆"展示了道教神画像，有三百多年历史却依然色彩绚丽丰富。馆内还有丰富的砖雕石（木）刻，全部刀法细致、线条流畅，惟妙惟肖，丰富了高淳老街历史街区的传统工艺。

六　遗产特色与价值

高淳老街历史街区基本保持了明清传统风貌、文物古迹丰富多彩、传统文化内涵深厚，加之其所处的独特自然地理区位，决定了其遗产独具特色。

1. 因水而兴

高淳老街的布局是依官溪河①东北而建，街区建筑面街北水，街区内的道路走向、建筑朝向平行或垂直于官溪河的走向。主要老街平行于官溪河，其余的老街均间隔较为均匀地垂直于官溪河，如陈家巷、傅家巷、徐家巷等。

2. 有一批保存较为完整的古建筑

街区拥有一批清代至民国时期的建筑，它们的体量、建筑布局、结构等保存着一定的历史原状。这批建筑物所占比例达64%，主要集中分布于中山大街（南段），应成为今后保护工作中的重点对象。

3. 拥有南北交融的乡土建筑

历史上，苏皖各地的商人汇聚在今高淳老街历史街区，建造了一大批乡土建筑建筑门类齐全，民居、寺庙、祠堂、码头、牌坊、戏台、书院、会馆、店铺、井栏、碑刻、桥梁、码头、渡口等名目繁多，异彩纷呈，兼具徽派民居建筑淡雅和苏式园林建筑的秀丽，建筑风格南北交融。

4. 吴风楚韵的地域文化

高淳老街历史街区所在区域地处"吴头楚尾"，是非物质文化遗产的"富矿区"，各类非遗资源具有重要的历史价值、人文价值和经济价

---

① 官溪河位于高淳区淳溪街道的西部，淳溪街道靠河由西向东发展。随着街区的进一步发展，城市逐渐向东推移。

值。如旧时高淳老街的街风行规、婚丧嫁娶、造房上梁等，不例外地尊奉地方风俗。传统舞蹈异彩纷呈，内容丰富、形式多样、文武兼备，如大马灯、抬龙等龙舞。在吴楚文化和中原文化的双重影响下，街区孕育了多姿多彩的民俗风情，延续至今。

第三节　高淳七家村历史街区

高淳七家村历史街区范围为东至城墙遗址、原县影剧院、城隍庙遗址一线，南至镇北路，西至中山大街、印染厂南侧小巷、印染厂东围墙一线，北至镇兴路，总面积2.15公顷（图4—24）。

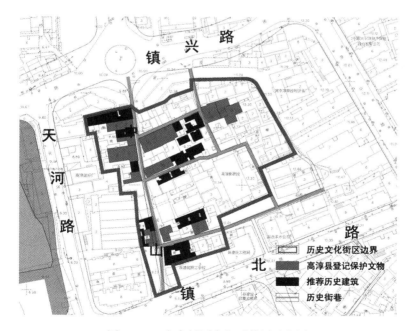

图4—24　七家村历史街区范围示意图

图片来源：高淳县人民政府、南京市规划设计研究院有限责任公司：《高淳历史文化名城保护规划（规划说明）》，2010年8月。

一　历史沿革与空间区位分析

1 春秋至隋唐五代时期

春秋至隋唐时期，这一带极有可能尚未形成村落。学者濮阳康京曾提出："考古发现，七家村附近有唐代墓葬，这说明当时还没有形成村落。"五代杨行密开漕河，筑吴漕坝（洪漕坝），从薛城经今七家村北入官溪河，位于河口的七家村地区可能成为首先的居民点。七家村原是七户人家的一个小渔村，是高淳最为原始古老的"村落"，至今有七家村地名存在，后来逐步有了"蒋氏""陆氏"的落户，形成了蒋家巷，筑起了陆家圩，逐步形成城镇。而据学者濮阳康京介绍，在七家村一名还没有出现时，今七家村一带有个陈家祠堂，为一位姓陈的大户所修。至于祠堂的具体位置，在高淳历史文化研究会关关雎鸠先生的《1970前后的一字街》中有详细描述，为今老影剧院所在地。

2. 宋元时期

北宋人口增长，张抗修筑永丰圩，西南接相国圩，东北接太安圩、陆家圩，为当时高淳境内最大的圩围。民国七年《重修高淳县志》载："宋溧水志：政和五年十月，上（徽宗）阅李白《游丹阳湖》诗，因询蔡京。京言：昇州溧水管，三湖相连，其中高阜处可围湖成田。上遂诏集建康、上元、江宁、句容、溧水五邑民夫，命将军张抗督筑。"[①]今七家村历史街区因临近永丰圩东侧，在当时很有可能为永丰圩开发的基地，且人口随之兴旺。学者李代明曾指出，北宋时七家村的"烟火最盛"。到南宋，人口骤增，修筑大量圩田，其中永康、大蔚（丰）依托永安圩拓展，进一步收窄了官溪水面，七家村聚落向东南毗连的山麓滩地上逐渐蔓延。

元代，高淳商贸业形成规模，随着商业发展的加快，高淳西南的徽商经由高淳往来于皖南和东部手工业兴盛的太湖流域之间，古中江上，贩送盐、茶、米、木材、手工业品的商船络绎不绝。永丰圩筑后，古中江折道往北，形成官溪河，成为商船避风停息的理想之所。商贾的云集，促进了固城湖北岸的发展，沿湖圩民聚居形成集镇，人们利用花山

---

① 　高淳县地方志编纂委员会：《高淳县志》，方志出版社 2010 年版，第 8 页。

开采的青灰条石沿湖岸铺成"一"字形街道，店铺林立，形成当时远近闻名的集市。今以"一"字形街道为前身的中山大街北段就位于七家村历史街区内。

3. 明清至民国时期

明代，继续圩垦，高淳县域内的人口日多，并形成七个乡的规模，至明弘治年间建县，以高淳镇为县治，得名高淳县，县衙利用了当时张家的住宅。据明嘉靖《高淳县志·建置》载："高淳本溧水乡镇，古禹贡扬州之域，弘治辛亥（1491 年）应天府丞冀绮以地远民难牵制，奏请割西南七乡即镇为县"，清光绪《续修高淳县志》载："初拟淳化，钦定高淳。"① 高淳置县后，为避免镇、县重名，改高淳镇为淳溪镇。今七家村历史街区就位于淳溪镇境内。

清顺治八年（1651 年），高淳田赋因"虚粮"而将本色漕粮改征折色银两，在一定程度上减轻了农民负担。② 同时，朝廷奖励开垦种植，康熙十二年（1673 年），诏令开荒 10 年起科，并发放开垦银每亩 3 钱，作为"农本银"，垦殖后三年内归还。至乾隆十五年（1750 年），全县荒地改熟田即达 980 公顷。随着农耕经济的逐步复苏，今七家村所在区域经济也有所发展。至晚清，所在的区域相继出现了粮食、茶叶、桐油、黄烟、纸张、竹木、丝绸、布匹、陶瓷等商市。

20 世纪 30 年代建成的具有国防战略意义的大通道——京建路，为包括今七家村在内的高淳带来新的发展契机。公路通南北，水运连东西，依托"七省通衢"的地理区位，传统商业得以进一步发展，今七家村所在的县城淳溪也逐渐兴起了以布、茶、烟等为代表的"八大行"，成为远近知名的货物集散地。位于今七家村历史街区内的城区主街道中山大街北段沿线兴起了不少商铺。

现七家村历史街区尚存一定量的明清民居宅院，仍基本保持居住功能，为高淳历史城区发展建设的源头。

---

① 高淳县地方志编纂委员会：《高淳县志》，方志出版社 2010 年版，第 75 页。
② 康熙五十一年（1712 年），朝廷决定"盛世滋生人丁永不加赋"，雍正年间（1723—1735 年）亦推行"摊丁入地"赋税改革，减轻了人民的负担，有利于人口的繁衍。至嘉庆十四年（1809 年），全县人口骤增至 156535 人，是建县初期的 2.32 倍。

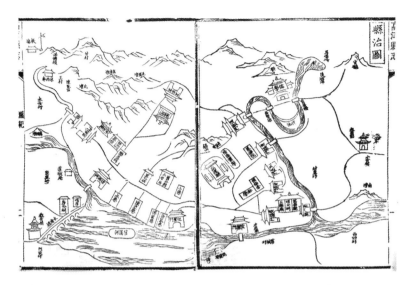

图 4—25　清乾隆时期七家村及周边情况示意图

图片来源：（清）朱绍文修，盛业撰：《乾隆高淳县志》（建置志疆域志），金陵全书甲编，南京出版社 2013 年版。

图 4—26　20 世纪 80 年代的七家村一带布局

图片来源：高淳县编纂委员会：《高淳县志》，江苏古籍出版社 1988 年版。

二 历史街巷

今七家村历史街区内还保存有风貌较好的历史街巷 6 条，分别是中山大街、蒋家巷、一条巷、二条巷、三条巷、四条巷。

1. 中山大街

位于高淳区淳溪街道的中部，东起东门桥，西至闸桥，是淳溪街道的主要街道，与官溪河平行（图 4—27）。宋代建镇时有街，名"正仪街"，亦名正街或"一"字街。辛亥革命后改名"中山大街"，汪伪时期更名为"和平街"，"文革"期间又名"东方红大街"，"文革"后复名"中山大街"。其中，中山大街北段在今七家村历史街区，沿线有部分商铺。

图 4—27 七家村历史街区内的中山大街现状

2. 蒋家巷

自中山大街至四条巷止。巷以姓氏得名，沿线曾分布有清代至民国时期民居，现存陈启泰民居，位于蒋家巷 8 号，为民国时期建筑。

三 历史建筑①

详见附录二"七家村历史街区内历史建筑举要"。

四 遗产特色与价值

1. 街巷格局清晰

七家村历史街区的街巷肌理大体形成于明代,并保存至今。现存的中山大街、蒋家巷等老街巷格局仍保留较好,街巷尺度没有发生大的变化。其中,中山大街沿线有部分商铺,仍具有一定的活力。

2. 传统风貌基本留存

经过长时间的现代化建设,七家村历史街区的传统风貌受到一定程度的影响,与南侧的高淳老街传统民居区相比,长期以来缺乏必要的保护和修缮,建筑质量相对较差,设施较为陈旧,但整体格局基本保持,传统风貌依然浓郁。建筑基本为低层,沿街的一般商住两用。今街区内保留下来的明清建筑有着明清最普通人家典型建筑风格,值得研究。

小 结

在调研南京主城区外三个历史街区的过程中,有两个问题值得探讨:

第一,金陵机器制造局作为清末创办的南京第一座近代机械化工厂,素有"中国民族军事工业摇篮"的美誉,在我国民族工业发展史上确有举足轻重的地位。但由于其工厂遗址,在功能上属工业建筑遗存,且建筑内涵较为单一。厂内建筑虽成群组,但无传统意义上的街巷,因此能否称为"历史街区"?作者认为,根据2008年颁布的《历史文化名城名镇名村保护条例》中的规定:"历史街区,是指经省、自治区、直辖市人民政府核定公布的保存文物特别丰富、历史建筑集中成片、能够较完整和真实地体现传统格局和历史风貌,并具有一定规模的

---

① 此处条目内容介绍中涉及的数据来源于高淳区淳溪街道不可移动文物普查资料。

区域。历史街区保护的具体实施办法，由国务院建设主管部门会同国务院文物主管部门制定。"① 一方面该条文并未明确历史街区必须具备传统街区属性，而金陵机器制造局遗址内的工业建筑遗存集中丰富，且真实体现其原有格局。其建筑内涵虽较单一，但历史地位显著；另一方面工业建筑遗存在南京历史建筑遗存中较为稀少，金陵机器制造局遗址的存在恰是南京近代工业发展的重要见证，因此有理由入选历史街区。

第二，在调研过程中，除上述三处已经江苏省人民政府批准的历史街区外，尚有几处历史地段，基本保存了较为完整的传统格局，区内保存文物亦较丰富集中，具备形成历史街区的条件。例如，南京六合区文庙街区，以文庙建筑群这一省级文物保护单位为核心，周围则有古城墙遗址和护城河以及县府街的老县衙等重要传统建筑节点，且在重要建筑节点间的还有一批传统民居，传统民居所形成的街巷格局基本尚存。重要建筑节点、传统街巷格局和传统民居的较为完整保存赋予了六合文庙街区较高的历史文化价值，亦基本符合《历史文化名城名镇名村保护条例》中对历史街区的定义，因此具备入选历史街区的条件。此外，由于城市化推进和现代化生活方式的影响，街区的生存环境面临着严重威胁。主要表现为文庙建筑群内夹杂有其他功能用地，如行政办公、商业服务、文化教育等，各类用地局促，相互干扰，不利于文庙建筑群的整体保护。部分传统民居经居民自行翻建，其形式、材料、色彩与传统风格相去甚远，对传统风貌形成了较大冲击。总之，六合文庙街区具备入选历史街区的条件，且有保护的必要性和急迫性，因此亟待纳入历史街区名单以加强保护。

除六合文庙街区外，南京浦口火车站风貌区也具有重要建筑遗存——浦口火车站，且建筑遗存集中成片，风貌真实统一，价值较高。该风貌区位于南京长江大桥北堡以南，凭借得天独厚的区位条件，1911年津浦铁路筑成后，该区域成为南北水陆交通的中转枢纽。据调研，浦口火车站风貌区"空间肌理较为均质，建筑为坡屋顶的建筑风格。这些由低层建筑组合而成的界面基本连续，形成统一而又多样的景观风貌……浦口火车站保存相对完整，建筑外立面没有经过翻修，保留了较

---

① 中华人民共和国国务院：《历史文化名城名镇名村保护条例》，2008年8月24日。

好的历史风貌。火车站附近的建筑也保持了较好的整体风貌，邻近居民区保留了老式的尺度格局，但多数建筑有所翻新"。① 浦口火车站风貌区内的历史街巷为大马路和金浦路，其兴建于 20 世纪初，且随着城市发展，部分街巷虽有拓宽，但基本保持了原有尺度和走向，因此具有相当的真实度。因此，综合来看，浦口火车站历史风貌区亦具备入选历史街区的条件。

---

① 宣婷、李晓倩、吴立伟：《浦口火车站历史风貌区保护规划研究》，《四川建筑》2012年第 1 期。

第五章

南京历史街区的现状分析与
保护再认识

第一节　南京历史街区的保护现状

一　南京历史街区保护历史概述

南京作为入选我国第一批历史文化名城的城市（1982 年），其历史街区的保护实践开展较早。1984 年，南京编制出台了《南京历史文化名城保护规划方案》。规划方案确定钟山风景区、雨花台纪念风景区、秦淮风光带、石城风景区、大江风貌区为市区内五片重点保护区；栖霞风景区、阳山碑材疗养游览区、江浦老山森林风景区、牛首祖堂风景区、汤山温泉为市区外围的四片重点保护区。① 虽然仅从总体上划定保护区，未有进一步的规划和保护实施细则，但可以看出南京历史文化名城保护的初始即有保护区的概念。

保护实践的推进需要基础的调研和相关的研究作为支撑，1991 年关于南京明清历史街区的调研工作启动。在调研的基础上，由南京建工学院、南京市文管会和南京古都学会提出南京古都风貌保护建议，其中划定城南 10 片历史街区：门西片区、门东片区、乌衣巷片区、金沙井片区、颜料坊片区、西街片区、南捕厅片区、安品街片区、施府桥片区和瞻园片区，并提出相关保护思路：（1）保护明清传统街坊；（2）保

---

① 南京市地方志编纂委员会、南京文物志编纂委员会编：《南京文物志》，方志出版社1997 年版，第 527 页。

护明清建筑形式和风格，严格控制街坊内建筑高度和建筑形式；
（3）民居做好各自房屋的维护工作，避免搭建、插建现象；（4）政府
做好环境整治工作和基础建设。①

　　1991年，在编制南京城市总体规划的背景下，在继承1984年编制
的名城保护规划的基础上，对原规划进行了完善和充实，于1992年出
台了《南京历史文化名城保护规划》，从名城风貌、古都格局、文物古
迹、建筑风格的保护及历史文化的再现和创新五个方面提出了保护规划
的主要内容。其中，对文物古迹集中分布的重要区域，或具有独特风貌
的历史地段，划为"历史文化保护地段"，并对区内的各文物古迹分别
划出保护范围，计有明故宫地区、朝天宫地区、夫子庙地区、天王府
梅园新村、传统民居保护区（门东片、门西片、大百花巷、金沙井、
南捕厅五片重点保护区）、中山东路近代建筑群、"公馆区"、杨柳村
古建筑群八片。这一版保护规划，较之1984年划出了保护地段内文
物古迹的保护范围和建设控制地带，使得保护实践具有了实际意义和
可操作性。

　　21世纪以前，由于南京历史街区的保护实践尚未真正付诸具体的
案例或项目中，因此关于历史街区的研究基本停留在总体规划编制和基
础资料调研阶段，尚难见到具体的案例分析和相关理论探索。

　　进入21世纪，由于国内历史街区保护实践和研究相继走热，加之
南京本地的城市更新中历史街区保护实践的兴起，南京历史街区的保护
工作逐渐落地。这一阶段，南京历史街区的保护工作主要可分为三个部
分：一是南京历史文化名城保护规划的制定与实施，如于2002年、
2009年和2012年相继出台了《南京历史文化名城保护规划》和《南京
历史文化名城保护规划（2010—2020）》，从名城保护的层次为南京历
史文化遗产保护确定总的方向与目标、原则与方法、内容与等级等。其
与历史街区保护最直接相关的是，划定了南京11个历史街区。二是11
个历史街区保护规划的制定与实施。截至目前，据笔者统计，南京11
个历史街区均进行了保护规划的制定，除荷花塘历史街区尚未实施外，
其他10个历史街区均已实施或正在实施中。三是关于南京历史街区保

---

① 汪永平：《南京城南民居的调查与保护》，第226页。

护与利用的研究，这部分内容本书绪论部分已有详细展开，此处不再赘言。

二　南京历史街区已有保护规划概述

截至目前，南京 11 个历史街区均已制定相关保护规划，是后续历史街区保护实践的指导和蓝图，直接影响了南京历史街区的功能定位、发展前景、保护与利用现状。通过对南京 11 个历史街区已有保护规划的梳理，笔者拟以颐和路街区、夫子庙街区、金陵机器制造局街区和高淳老街历史街区为例，重点分析其最新一轮的保护规划：

1. 颐和路历史街区

颐和路历史街区截至目前共经历了三轮保护规划，分别是：（1）《颐和路民国时期公馆区历史风貌保护规划（1999）》，规划范围东至江苏路、南至北京西路，西至西康路，北至宁夏路、江苏路，总用地为 37.78 公顷，提出街区保护、院落保护、建筑保护三个层次；（2）《颐和路民国时期公馆区风貌保护规划（2002）》，空间结构上，规划力求保护从大街—小巷—院落＋住宅、从公共空间—半公共空间—私密空间的完整的空间组织序列，就街区保护、院落保护、建筑保护三个层次，提出保护要求。同时对公馆区近代建筑的保护建立了二类六级保护体系。

最近一轮的保护规划是 2012 年由南京市城市规划编制研究中心制定的《颐和路历史街区保护规划（2012）》，该规划在对该历史街区进行历史研究（主要涉及区位历史沿革和形态演化、区内历史文化遗产的历史背景等）和现状调查与评估（主要涉及街区功能与人口、空间格局与肌理、文保单位与历史建筑、建筑物与构筑物及环境、非物质文化遗产、道路交通、公众意向等）的基础上，提出其域内历史文化遗存的保护与利用措施。

历史文化遗存的保护与利用是该规划的重点内容，主要包括功能发展定位（以居住功能为主的民国公馆类建筑的历史街区，是南京民国历史文化风貌的重要载体和集中展示地）、重要保护对象的确定、空间格局保护（重点在于路网骨架的梳理、规划和院落空间的营造）、环境风貌保护、建筑遗产的保护（针对文保单位、历史建筑、风貌建筑、一般建筑四类，提出"保护、保留、拆除"三种规划对策，具体又细分为"修缮、修复、整治、改建、拆除"等五种规划措施，见表5—1所示）、其他物质文化遗产的保护、非物质文化遗产的保护与利用。

表5—1　　　颐和路历史街区建筑遗产保护分类及相关措施①

建筑级别\要素	文物保护单位			历史建筑			风貌建筑		一般建筑			
	省级文保单位	市级文保单位	第四批市保	已公布（重要近现代）	拟推荐				按历史风貌新建的建筑			危棚简屋违章搭建
现状评价 年代	1930-1949年			1930-1949年	1930-1949年	1930-1949年	1930-1949年	不限	1990年至今	不限		
风貌	不做评判			不做评判	一类二类	二类	三类	三类	一类	四类		不限
质量	不做评判			不做评判	一类二类	三类	二类三类	二类三类	一类	一类二类	三类	四类
层数				三层半以下			三层半以下		不限			
其他	名人旧居/使领馆建筑			名人旧居/公使馆建筑			名人旧居/公使馆建筑					
规划对策 对策	保护			保护			保留		保留	近期保留，远期可视条件予以拆除，拆除后可按街区风貌重建		拆除（对有一定历史价值的，可视条件按街区风貌重建）
法律依据	《中华人民共和国文物法》《文物法实施条例》《文物保护工程管理办法》			《南京市历史文化名城保护条例》《南京市重要近现代建筑和近现代建筑风貌区保护条例》《南京历史建筑修缮管理技术（暂定名）》			-----		-----	-----		-----
措施	修缮			修缮		修复	修复	整治	整治	改建		拆除
数量、面积统计 数量（处）	2	21	18	13	142	25	8	----	----	----		----
（小计）	196					33						
基底面积（平方米）	1500	3200	5200	2700	27908	3592	968	24738	3194	26000	8200	9000
（小计）	40508					4560		53932			8200	9000
比例（%）	1	3	5	5	24	3	1	21	3	22	7	8
（小计）	35					4		46			7	8

此外，该规划还有街区内用地、人口与空间规划，交通与市政设施规划，相关技术指标的规定和经济测算等内容。其在最后的规划实施策略建议部分，提出加强法律保护、建立并提供有效的经济保障、创新保护方法和途径、建立合理的实施时序等建议，其中提倡以建筑、院落为单位的"微循环"式保护与更新，通过分步分期的更新逐步实现整个街区环境风貌、功能品质的提升，颇具新意，亦符合颐和路历史街区的现状特征。

梅园新村历史街区保护规划和总统府历史街区保护规划的主体内容与结构与颐和路历史街区保护规划内容相似，"具体详见《梅园新村历史街区保护规划》（2014）和《总统府历史街区保护规划》（2015）"。

---

① 南京市城市规划编制研究中心：《颐和路历史街区保护规划（2012）》。

2. 夫子庙历史街区

夫子庙历史街区最新一轮的保护规划是由南京市规划局和南京市规划设计研究院有限责任公司编制的《夫子庙历史街区保护规划（2012）》。该规划的规划范围是北至建康路，东至平江府路，南至琵琶街，西至四福巷——来燕路，总用地面积约20公顷。规划目标是保护夫子庙地区各类历史文化资源，传承历史文化传统，彰显科举、儒家、民俗等历史文化特色，协调保护与发展的关系，建立完善的保护控制体系，提升历史街区综合品质，促进地区社会经济可持续发展。规划原则主要有保护历史真实载体的原则、统筹保护历史环境的原则、合理利用、永续利用的原则。

该规划的主体内容亦是关于夫子庙历史街区内历史遗存的保护与利用。其中，对夫子庙历史街区的功能发展定位是以孔庙、贡院为核心，以明清建筑风貌为特色，历史文化积淀深厚的集文化休闲、体验旅游、特色商业为一体的传统文化休闲旅游区。域内历史文化遗存的保护主要包括空间格局保护（包括整体空间格局保护、街巷格局保护和空间界面塑造与整治）、环境风貌保护（包括整体环境风貌保护、建筑控制①）、建筑遗产保护（主要包括文物保护单位、历史建筑、风貌建筑和一般建筑的保护与整治策略及其他物质文化遗存，如古树名木、古井、桥梁的保护等）、物质文化遗产的合理利用和非物质文化遗产的保护与利用。

此外，该规划亦对夫子庙历史街区内的用地、人口和空间，交通与市政设施，进行规划，以形成"一片、三轴、多节点、网络化"②的功

---

①　建筑控制又包括建筑形式控制，即"粉墙、黛瓦、封火墙、花格窗"；建筑色彩与材质控制，即建筑色彩应以黑、白、灰为主色调，以红、褐为补充色调，严禁使用彩色防盗门、不锈钢、塑钢、铝合金等外装饰材料。现有建筑与传统材料与色彩相冲突的需要逐步整治；景观视廊控制，即对孔庙建筑轴线、江南贡院建筑轴线以及内秦淮河建筑轴线及其串联的景观节点予以严格保护，不得随意进行建设，维护其风貌特征在重要入口及道路交叉口，结合环境整治，强化绿化、小品以及建筑构件等环境要素的融入，使其成为重要的公共活动及文化展示场所。

②　一片，即以孔庙、贡院、内秦淮河为文化景观带为夫子庙核心片；三轴，即以孔庙中轴线、贡院中轴线、内秦淮河中心线的三条文化展示轴；多节点，即多个景观节点，包括历史街区主要出入口建筑、楼阁、牌坊、古桥等；网络化，即由多条历史街巷串联组织成历史文化保护网络。

能结构。

与夫子庙保护规划在结构与内容上相似的有《朝天宫历史街区保护规划（2012）》《南捕厅历史街区保护规划（2012）》《荷花塘历史街区保护规划（2013）》《三条营历史街区保护规划（2013）》《金陵机器制造局历史街区保护规划（2014）》和《七家村历史街区保护规划（2012年）》。

3. 高淳老街历史街区

2012 年 9 月，江苏省人民政府批复了《高淳历史文化名城保护规划》，同意划定高淳老街和七家村两个历史街区。但高淳老街历史街区在 21 世纪初即进行了历史街区的保护规划，① 并编制了《高淳老街历史街区保护与整治规划（2002）》。如果再往前追溯，1984 年高淳县人民政府即将淳溪镇老街公布为文物保护区；1993 年，南京规划设计研究院和东南大学建筑研究所编制了高淳县淳溪镇中山大街的保护性城市设计。② 其最新一轮的保护规划由国家历史文化名城研究中心和同济大学城市规划设计研究院共同编制的《高淳老街即筑城圩片区详细规划设计》。

最新一轮的保护规划。首先通过对高淳历史沿革与文化资源的梳理，确定其"吴风楚韵灵秀地，北雄南婉桃花源"的文化定位；其次通过对域内山水环境、生活习惯、社会风俗的分析，确定其"山环水绕藏家烟，湖光观影蕴一街"的地域特色；最后通过对老街商业业态、建筑与街巷空间格局、建筑形式与风格的分析，确定其"金陵古街儒商气，江南圩水人家烟"的街区内涵。三个方面的归纳、总结后，结合已有规划成果的解读、区位交通的分析和旅游现状分析，最终提出其复合的发展道路，即城市中享受生态文明的乐趣，"历史文化＋圩湖自然情趣＋休闲时尚风情"，并进一步指出其形象定位："吴风楚韵的荟萃地，山水古城的灵秀地，金陵老街的展示地。"

该保护规划指出的发展总体策略主要包括历史文化遗产保护（街巷

---

① 阮仪三、范利：《南京高淳淳溪镇老街历史街区的保护规划》，《现代城市研究》2002年第 3 期。

② 同上。

格局、建筑、文化)、可持续性(文脉的继承,环境的保护,水环境的整治和能源的利用等)、以设计提高环境品质,满足城市日常生活及空间场所的整合与超前服务。

三 南京历史街区保护效果评析

南京 11 个历史街区均已制定保护规划,有的历史街区甚至进行了多轮。其最新一轮保护规划实施至今少则两三年,多则六七年,其保护效果如何,分析如下:

1. 总体上看,南京历史街区对域内物质文化遗产的保护,效果良好,成绩显著。

首先,在规划编制层面,各历史街区在制定保护规划时,基本均将历史街区内物质文化遗产的保护与利用作为重要内容,并分门别类地进行调研、评估和制定保护措施,使得各历史街区的保护在实践之前即有了系统、全面且较为深入的指导。其次,在规划实施层面,在前期所编制规划的指导下,对历史街区域内的物质文化遗产,按照价值高低、保存状况优劣及保护时效性缓急等,进行了有计划、有步骤的分期保护实践。从本研究对南京 11 个历史街区的现场勘察与实地调研来看,已经实施保护规划的历史街区,其域内的物质文化遗产,尤其是文物保护单位,绝大部分得到了良好保护。这部分保护工作的良好落实,基本保证了各历史街区内物质文化遗产的生存发展的可持续性,稳定了各历史街区的内涵,夯实了各个历史街区进一步利用、复兴的基础。

2. 在保护的实践过程中,对具体的保护方法,有创新之处;但尚未探索出本地化的历史街区保护模式。

南京作为第一批入选国家历史文化名城的城市,其历史街区的保护实践开展较早,至今可谓浸淫多年。在长期的历史街区保护实践中,亦总结和探索出有关历史街区保护的具体创新方法,如颐和路历史街区的保护规划中,根据其域内各建筑多以院落单位的形态特征,提出以院落为单位的"微循环"保护方法;再如老城南内历史街区的保护实践中提出的"镶牙式"保护模式。但是,总的来说,南京历史街区的保护尚未探索一条本地化的保护模式。① 老城南内历史街区改造过程中提出的"镶牙式"保护模式，亦因为理论与实践的脱节，规划与落地的反差而"胎死腹中"。因此，南京历史街区的保护仍要加强理论与方法的探索，以寻求一条符合南京历史街区特征本地化保护模式。

3. 保护的过程中，有明显的重物质文化遗产，轻非物质文化遗产；重保护，轻利用的倾向。

与国内历史街区的保护实践基本相同，南京历史街区的保护过程中，具有明显的重物质文化遗产、轻非物质文化遗产；重保护、轻利用的倾向。这一特征不仅体现在上文分析的各历史街区的保护规划编制中，亦体现在现实的保护实践中。实地调研中，笔者发现，多个历史街区内丰富的非物质文化遗产未得到很好的发掘保护；或有保护利用的规划，但保护手法单一，利用活化不佳；如南捕厅历史街区、荷花塘历史街区、三条营历史街区，其位于老城南内，是南京明清历史文化资源的集中之地，其域内富含非物质文化遗产（如南京云锦，古琴艺术，传统曲艺如南京白局、南京评话、南京白话，民俗工艺如南京剪纸等），但在历史街区的保护过程中，因为历史建筑的拆毁和原住民的大量搬迁，导致原有的非物质文化遗产中断或失传。

4. 保护性破坏

规划的编制与实践有所脱节，规划落地效果不佳。例如，颐和路历史街区保护规划中提到的以院落为单位的微循环保护模式，本是符合颐和路历史街区内建筑现状特征的保护方法，亦是该规划的亮点之一。但在具体的保护实践中，并未完整地落实，其域内各建筑院落基本未处于良性循环状态，而一般是大门紧闭，封锁管理。再如南捕厅历史街区的保护过程中提出的"镶牙式"保护模式即是规划与落地脱节的典型。理论上，"镶牙式"保护模式并无根本的错误，其提出对不协调建筑进

---

① 吴良镛先生在北京菊儿胡同整治过程中，受生态学启发，提出对小规模、动态性的、过程性的"有机更新理论"。宋晓龙等应用于北京南北长街的保护规划中的"微循环式"保护与更新理论；王骏、王林等结合国外成功的保护案例中采用的小规模、持续整治的模式提出的"持续整治"思想；梁乔从人文精神、可持续发展观和交往实践观角度，提出的"双系统模式"；张鹰在福州三坊七巷历史街区保护实践中提出的"愈合理论"，等等。

行"镶牙"式更新，并保证镶牙的过程中对原有历史建筑和肌理不造成破坏，且注重"所镶之牙"与原有风貌统一协调，即真正的肌理织补。但在具体的实践中，内涵发生了质变，由原来的"镶牙"变成了"拔牙"后再"植新牙"，造成了保护性破坏。

第二节　南京历史街区现状特征归纳与问题分析

一　南京历史街区现状特征归纳

南京作为一座拥有 2500 多年城市史和 450 多年都城史的城市，其域内历史街区的时间跨度较大。这种时间跨度体现在两个方面：一是历史沿革上，南京大部分历史街区的区位历史和文化内涵可追溯至六朝甚至更久；二是历史街区内物质遗存的时代集中在明清与民国，其原因，既有明清与民国距离当代时代较近，保存的物质遗存较为丰富；亦有南京作为明初与民国首都及明清江南重镇的历史上重要政治、经济、文化地位相关。南京历史街区总体现状有如下特征：

1. 数量多、分布广、时间跨度大

2016 年 1 月 11 日，《省住房城乡建设厅、省文物局关于公布第一批江苏省历史街区的通知》（苏建规〔2016〕21 号）公布了第一批 58 个"江苏省历史街区"，南京 11 个街区入选，数量之多，名列江苏全省第一。

这 11 个历史街区并非全部位于老城（明城墙围合的区域）内，而是有着总体分散、局部集中的分布特征（图 5—1）。如高淳老街历史街区和七家村历史街区位于高淳，离南京主城区距离较远；金陵机器制造局历史街区则紧邻老城，位于中华门外。老城内的 8 个历史街区，有一半集中分布在老城南内。这种分布特征既与南京作为明初与民国首都及清代江南重镇的历史地位有关，又与老城南历史文化资源众多且分布密集，凝聚着各代历史痕迹和信息，是古都南京历史与文化缩影的区域特征相符。

2. 历史街区内文化遗产丰富，价值高

南京历史街区内文化遗产丰富，主要表现在：一是文物保护单位数

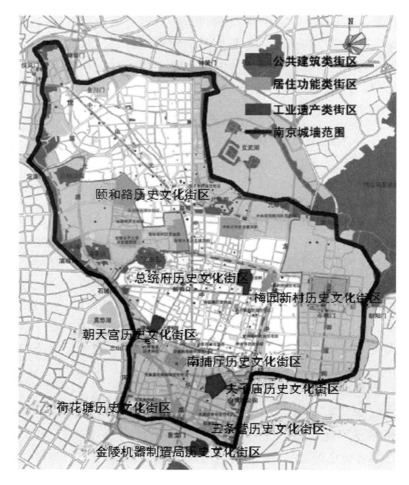

图5—1 南京主城区历史街区分布

图片来源：据《南京历史文化名称保护规划（2010—2020）》中"老城历史文化保护规划图"改绘。

量多（参见本书附录二）。南京历史街区内共有国家重点文物保护单位
6处，省级文物保护单位7处，市级文物保护单位51处，区级文物保护
单位74处。二是建筑遗存类型多样。南京历史街区内建筑遗存基本囊
括了所有建筑类型：宫殿与行政建筑（朝天宫、总统府等）、民居与园
林建筑（甘熙宅第与瞻园等）、教育与纪念建筑（江南贡院、陶澍林则
徐二公祠等）、工业与军事建筑（金陵机器制造局旧址、金陵兵工厂旧

址等）、商业建筑（中央饭店、高淳老街临街店铺等）、陵墓建筑（卞壶墓碣等）。三是物质文化遗产与非物质文化遗产并重。南京历史街区内不仅物质文化遗产丰富（上文所言文物保护单位数量众多即是证明），非物质文化遗产亦是多彩。总统府历史街区、南捕厅历史街区、朝天宫历史街区、夫子庙历史街区、荷花塘历史街区、三条营历史街区、金陵机器制造局历史街区和高淳老街历史街区内均有非物质文化遗产分布（详见第二章各历史街区"非物质文化遗产"），而南京云锦、南京白局、秦淮灯会、绿柳居、南京剪纸等更是蜚声中外。

3. 历史街区主体功能差异明显，各具特色

受历史和现实两方面条件的影响，南京历史街区的现状主体功能呈现明显的差异性，表现为：颐和路历史街区和梅园新村历史街区以民国高级住宅区为主；总统府历史街区以行政功能为主；夫子庙历史街区和高淳老街历史街区以商业为主；朝天宫历史街区以教育、纪念为主；荷花塘与三条营历史街区及七家村历史街区以明清民居住宅为主；金陵机器制造局历史街区以工业为主。不同的功能反映出不同的文化内涵及社会生活的不同侧面，从而构成南京历史街区文化的多样性，亦有助于丰富南京的城市文化内涵和保持城市发展的生命力。

4. 历史街区内建筑遗存保存状况参差不齐

从各历史街区的总体保存状况两极分化严重，如南捕厅历史街区、三条营历史街区与荷花塘历史街区的整体保存状况及街区肌理的完整性方面远低于其他历史街区；从各历史街区内的建筑遗存看，亦是保存好坏不一，一般文物保护单位保存状况良好，非文物保护单位保存状况较差。究其原因：一是与建筑价值及相关保护措施有关。有重要价值（表现为文保单位）的建筑遗存有相关保护法规、条例的保护，制度与法律上有保障。此外，有的或已实施详细的保护规划，划定保护范围，并且营造出良好的保护环境。二是与建筑年代及建筑材料相关。总体来看，历史街区内的民国建筑较之明清建筑的保存状况更好。因为民国建筑一方面距离当代较近，自然侵蚀的时间较短；另一方面多为现代结构和现代材料，耐自然侵蚀程度较高。三是与建筑的使用现状有关。历史街区内的建筑类型中，不少民居建筑目前仍在居住，受使用者保护意识及保护条件限制，保存状况较差。

历史街区内建筑的产权关系多样、复杂。历史街区内建筑的产权关系对历史街区的保存现状、保护与利用等方面均有重要影响。（详见本书附录二）。

二 南京历史街区现状问题分析

1. 历史街区功能衰退、特色衰减

虽然南京历史街区主体功能差异明显，各具特色，但具体到每个历史街区，功能衰退、特色衰减是普遍问题。例如，老城南的南捕厅历史街区、荷花塘历史街区原是明清时期重要的商业中心，但由于城市发展和旧城改造，原有街巷肌理或被破坏，转变成高密度、低容积率的居住区；或有所保留并经规划为新的商业街，但面临经营不佳、门可罗雀的窘境。总体而言，原有商业功能衰退明显。再如颐和路历史街区，原为民国时期高官显贵的官邸住宅，反映的是民国高级住宅区文化，但其现状仅存一栋栋民国建筑，且大门紧闭，开放性和可达性均较差，仅留给游人民国建筑的外观风格与特色，住宅功能与住宅文化衰减明显。

2. 基础设施不完善部分地区严重匮乏

历史街区内的建筑遗存受其原有建设条件限制，多缺乏现代供水、供电、管道排污等基础设施，造成生活其中的居民生活环境不佳，生活不便。其进一步后果是原住民对其生活其中的历史建筑和历史环境缺乏好感和良好体验度，因此搬离至城市其他地区。原住民的搬离，一方面带走了相关的居住文化和非物质文化遗产；另一方面造成历史建筑缺乏日常维护，双重影响之下，最终导致整个历史街区的衰败。在南京的历史街区中，以梅园新村历史街区内部分街巷（竺桥街、汉府街及大悲巷），南捕厅历史街区部分街巷（绒庄街、大板巷、平章巷）、荷花塘历史街区（水斋庵、孝顺里、磨盘街、同乡共井、鸣羊里、学智坊、高岗里、陈家牌坊、饮马巷、荷花塘等）、三条营历史街区部分街巷（双塘园）、高淳老街历史街区与七家村历史街区部分街巷较甚。尤以荷花塘历史街区最为严重，其域内各历史街巷，历史建筑老化破败、道路设施陈旧不堪、电线网线杂乱架设、生活污水随意排放、生活垃圾随意丢弃、违章搭建比比皆是（图5—2）。上述各种造成了该历史街区内生活环境恶化，难以吸引原住民继续居住其中进行现代生活。

图5—2　荷花塘街区

3. 历史街区内历史建筑老化严重

建筑作为使用物，存在老化问题，中国古代建筑常有岁修情况，目的即是保证建筑在使用过程中保持结构、机能的正常化和延续性。但由于现代社会条件下，历史街区内的原住民缺乏保护意识，且缺乏历史建筑的修缮方法、技术和相应的资金（历史建筑因其材料、结构、形制的特殊性，常常修缮成本较高），导致其所使用的历史建筑常年处于失修的状态，任由风雨侵蚀和自然老化。在南京各历史街区内，从历史建筑的保存状况来看，亦是普通居民仍在使用或遗弃的居住建筑老化最为严重。

4. 历史街区现状保护与利用重物质文化遗产轻非物质文化遗产

物质文化遗产和非物质文化遗产作为两种形态的遗产，共同构成了文化遗产的完整性，均是文化遗产不可或缺的组成部分。但相较于物质文化遗产有形、可见、易识别并进行保护传承不同，非物质文化遗产在现实的保护传承中面临的困境较大，历史街区现状保护与利用呈现重物质文化遗产轻非物质文化遗产的倾向。其原因不仅与二者的保护难易程度及保护效果的可完成性有关，还与诸多隐形因素相关：如历史街区内生活基础设施不完善、生活环境恶化导致的原住民搬离，亦会导致其所掌握的非物质文化遗产的流失；再如现代社会对非物质文化遗产的重视程度较弱以及非物质文化遗产自身的活化应用困难等。

第三节　南京历史街区保护的必要性与迫切性

一　必要性

1. 南京历史街区是宝贵的历史文化遗产

南京历史街区承载着六朝、南唐、明清乃至民国各历史时期的历史痕迹和历史信息，历史文化资源分布密集，是古都南京历史文化的精华之处，记载了老南京的城市历史和南京人的生活记忆，孕育了现代南京的生活精神，体现和延续了南京人的生活态度。近代以来，南京虽经太平天国运动、抗日战争等多次动荡，但门东历史街区、门西历史街区、南捕厅历史街区等均为历代以来保存完好的历史街巷，弥足珍贵。尽管这些街区的人口及职业多有变化，但仍有相当数量的老南京人在此世代繁衍，坚守祖业，与历史街区同生共长，衍生出独特的老南京人文景观，在全国独树一帜，是非常宝贵的文化遗产。[1]

2. 南京历史街区是城市特色的凝聚

南京历史街区是最能体现南京城市特色的载体之一。街区的建筑主要建设时期是明代、清代、民国时期，现存文物保护建筑众多，建筑风格多样而统一，集中体现了南京传统建筑艺术以及东西方建筑艺术的流变轨迹，由此而形成的文化景观可谓盛大，透现了建筑史、园林史、文化史、艺术史、科技史、城市规划史与城市生活史等的多重内涵，成为一个历史标本。[2]尤其是颐和路历史街区、梅园新村历史街区、总统府历史街区，集中了大量民国建筑，风格多样，有巴洛克、罗马风、古希腊式等。加之中国建筑元素和营造法式的不时闪现，有形与无形之间，无不在进行着东西方文化理念的交会与对话，已成为南京最具艺术价值

---

①　周学鹰、张伟：《最后的南京老城南》，《中国文化遗产》2010 年第 1 期。

②　裴根：《青岛八大关历史街区研究》，中国海洋大学出版社 2012 年版，第 31 页。

和历史价值的文化遗产之一。

3. 南京历史街区是科学与艺术的精美结合

南京历史街区是南京城市在特定历史环境下的特有产物，街区的整体规划布局及风格形成同样具有独特的性格，在整体性的景观风貌上，铺陈着宏阔的山水一体化气象，规划尽量追求区域与山水相结合，寻求大环境上的融洽与涵纳。南京各个历史街区从规划到建设均体现了科学性与艺术性的结合，"尊重自然，契合地景"等基本法则，进而形成了一种不可复制的艺术美感。

4. 南京历史街区是南京开展深度旅游的重要文化资源

至今，南京历史街区仍发挥着重要的使用价值。它们是南京市民生活、娱乐的场所。比如夫子庙历史街区为旅游、购物之地，总统府历史街区承担着旅游等城市功能，三条营历史街区、荷花塘历史街区、颐和路历史街区为居住区，少部分用于行政办公，南捕厅历史街区承担着居住、民俗博物馆的功能、朝天宫历史街区为博物馆区、高淳老街为商贸区等。生活在这些历史街区的南京市民大多乐在其中。长期以来，南京旅游的主要卖点是名胜古迹旅游，其实在发展这类旅游的同时，可开展与历史街区相关的文化旅游。比如到颐和路历史街区可参观各国大使馆旧址等历史建筑，到金陵机器制造局可参观工业遗迹等。

5. 南京历史街区是南京与国际间文化交流与合作的动力支撑

南京历史街区保存的非物质文化遗产的内涵也是十分丰富多彩的，昆曲、秦淮灯会、南京白局、南京剪纸等，承载着深厚的中华传统文化，享誉海内外。如今，随着全球化进行的不断加快，文化交流的进程不断加快，积极发掘文化遗产的国际性意义，有利于区域及城市文化品牌的塑造，有利于文化软实力的增强。南京提出建设"具有国际影响力的历史文化名城"目标、明城墙和海上丝绸之路申报世界遗产工作、申报世界人类非物质文化遗产工作等，实际都是在积极寻找文化遗产的国际意义和价值。

二　迫切性

留存至今的南京历史街区历经岁月的洗礼，物质性老化、功能性衰退和结构性衰退等问题正随着城市更新而日益突出，历史街区面临生存危机。具体体现在以下几个方面：

1. 保护与开发建设冲突加剧

当前，城市建设和历史街区保护的矛盾日益突出，如因现代城市理念陈旧，城市美学品位低下等，导致简单地把城市建设视为建高楼、修大道，许多历史文化底蕴深厚的传统街区和建筑在旧城大拆建中遭到严重破坏，而新建筑的体量、造型同周边整体环境、历史建筑很不协调等。

2. 历史空间和现代生活需求的矛盾

历史建筑虽有着深厚的文化内涵，但由于其诞生的社会背景、位置条件与现在不同，反映出与现代生活的隔阂，使得有些街区被南京现代都市边缘化。如南捕厅历史街区、荷花塘历史街区内生在的业态主要是规模不大并直接服务于居民日常工作和生活的小五金业、修车业、杂货业、餐饮业、食品业等。随着人口增多，建筑密度升高，街巷尺度变小，配套设施滞后，防火安全意识不足，总体上处于南京现代都市生活的"边缘"状态。

3. 功能多元化且混合使用

多元化功能的混合是当前历史街区的一个突出特点。因地理位置优越，各种小商业、办公、娱乐餐饮等功能自发地融入历史街区，这种居住与商业自然混杂的城市结构不仅可激发居民的各种活动，也蕴含着无限的商机，有利于形成功能混杂的工作与居住平衡体。客观而言，这种混合有其存在的合理性，是历史街区保持活力的重要因素，如夫子庙历史街区等。然而，带有纯粹经济利益的自发性，又缺少引导和必要的设计，在一定程度上会破坏历史街区的风貌。

4. 大多呈现衰退迹象亟待整修

现场调研时发现，不少历史街区存在严重的居住拥挤、乱搭乱建等现象，如南捕厅历史街区、荷花塘历史街区等，正面临超负荷使用，致使房屋破败，基础设施落后、老化等，整体呈现出衰落、消极的特征。

因此，做好南京历史街区保护，提高城市空间环境质量，维护城市历史文化和环境特色，在城市建设发展中显得至关重要，也是南京文化强市建设的重要内容之一。

第四节　南京历史街区保护的误区与经验
——老城南历史街区改造

一　"镶牙"与"拔牙"

在南京老城南改造过程中，"镶牙式"保护模式经历了一个吸引广泛关注，到引起热烈讨论，再到招致各界质疑的过程，现就其过程作简要介绍，并就其内涵与落地实施及效果进行反思。

自 2006 年 6 月开始，老城南内历史街区在南京市"建设新城南"的大规模旧城改造中，遭到毁灭性破坏。后经专家、学者呼吁并得到国务院总理批示"调查处理"。其后，由南京市规划局编纂的《南京门东南门老街复兴规划研究》对该模式解释为："突出街巷格局、空间尺度和城市肌理的保护，在保护、修缮部分有保留价值的历史建筑的同时，对其余搭建棚屋及不协调的建筑进行'镶牙'式更新。"[①] 2007 年 4 月，南捕厅街区改造作为反思后的第一个重点项目开始进行，其《南京南捕厅街区历史风貌保护与更新详细规划》将该片区分成三个层次保护："一是以甘家大院为核心的历史街区，确保历史的原汁原味、风貌的完整统一。二是周边环绕的呈'凸'字形的历史风貌区，保留其中所有一类、二类历史建筑，其他部分，以传统风貌'镶牙'的新建筑，用插建方法有机更新。三是绒庄街一带为环境整治区，主要对过去已建的多层建筑的立面屋顶进行'穿衣戴帽'，以使之和历史风貌基本协调。"[②] 2009 年，作为老城南拆迁反思后造就的"镶牙样板工程"，熙南里规划设计正在落地实施，同年 5 月，时任国家文物局局长单霁翔走访老城南安品街，参观熙南里时，坦言其并非"镶牙"，而是"满口假牙"。记者通过现场调查，发现"除了甘熙故居大院的文物本体是原物

---

① 王路：《历史街区保护误区之："镶牙式改造"——南京老城南历史街区保护困境》，《中华建设》2011 年第 5 期。

② 东南大学城市规划设计研究院：《南京南捕厅街区历史风貌保护与更新详细规划》，南京，2007 年。

保留外，院外呈'L'形的一片建筑包括文物的建设控制地带内，虽然建筑是古典式样，但却明显是推了原来的旧建筑新建的……目前完成改造的部分都属于保护规划中的四号地块，是历史文化保护区，应当原汁原味保留的部分；而后面正在拆迁的一、二、三号地块是历史风貌区，应当镶牙式改造……但绝大部分房屋都被拆毁"①。一时间，舆论哗然，"镶牙"式保护模式受到质疑。

客观分析，"镶牙"式保护模式若在具体的保护与更新实践中，严格按照南京市规划局编纂的《南京门东南门老街复兴规划研究》中所言对不协调建筑进行"镶牙"式更新，并保证"镶牙"的过程中对原有历史建筑和肌理不造成破坏，且注重所镶之牙与原有风貌统一协调，即真正的肌理织补，则这一模式值得采取。关键在于，"镶牙"模式在具体的实施过程中内涵发生了质变，由原来的"镶牙"变成了"拔牙"后再植新牙，这其中有三个方面存在严重误区：一是对所拔之牙的认定，《南京南捕厅街区历史风貌保护与更新详细规划》认定为"没有保留价值"的房屋。然而，价值的认定与评估是建立在充分研究的基础上的，而且受利益的驱使和条件限制，价值的衡量容易在各方博弈中迷失。例如，熙南里四号地块，是历史文化保护区，是原始真牙，需要原汁原味保留，却被镶牙改造。二是拔牙模式，并非单独拔牙，而是连牙床一起铲除，其本质反映的是对保护范围和保护性质的随意更改，如在原先的规划中，"南捕厅历史街区"的范围不仅包括一号至四号地块，还包括北侧的绒庄街，但《南京南捕厅街区历史风貌保护与更新详细规划》实施过程中，其范围仅缩小至甘熙故居一块，保护范围的变化引起保护性质的改变，原本为历史街区的一、二、三号地块变成了历史文化风貌区。保护性质的降级导致了保护模式的改变，于是，一、二、三号地块被拆毁。三是所镶之牙与原有肌理是否吻合，熙南里改造后，"除甘熙故居大院的文物本体是原物保留外，院外呈'L'形的一片建筑包括文物的建设控制地带内，虽然建筑是古典式样，却明显是推了原来的旧建筑新建的"，单霁翔先生更是直言其"满口假牙"。

概言之，"镶牙"式保护模式，由于价值的认识偏差，导致所拔之

---

①　孙洁：《熙南里：一个街区的文化抗争》，《现代快报》2009 年 6 月 14 日。

牙包含大量具有重要价值的历史建筑；又因保护范围与保护性质的变动带来的保护模式变化，导致原有格局与肌理破坏严重，危害范围进一步扩大；且所镶之牙为"假牙"，与原有肌理不相吻合，导致整个历史街区"脱胎换骨"，面目全非，并由于过程与步骤的不可逆，造成无法挽回的损失。

二　净地出让

净地出让是土地开发、交易和房地产开发的一种方式，"净地"的概念有两层含义：一是从表现形态上看，净地指完成拆迁平整，不存在需要拆除的建筑物、构筑物及其他需要拆迁的地上、地下附着设施的土地。二是从内在经济、法律关系上看，净地指完成征地拆迁等手续，理清土地权属，不存在土地的产权、补偿安置及其他任何经济、法律纠纷的土地。换言之，净地出让指政府通过土地储备机构等土地前期开发机构对土地进行征收、拆迁、整理，处理好土地的产权、补偿安置等经济法律关系，完成必要的通水、通电、通路、土地平整等前期开发条件后，根据土地出让计划，通过公开交易形式将国有建设用地出让给土地使用者的行为。①

单纯从土地和房地产开发与交易、政府宏观调控等方面而言，净地出让有显著的积极效果，表现为三方面：一是政府以净地出让方式出让土地后，可规定每宗土地开发建设时间，确保大部分土地资源掌握在政府手中，且政府可根据市场供求相机决定土地供应的时间与规模，利于宏观调控。并且供应的土地及时形成功能性产品，利于社会稳定。二是对土地开发商而言，获得净地后，缩短了建设周期，可根据开发计划，合理制定发展战略与销售策略，一定程度上规避了潜在的滞缓交地风险。三是净地出让中对土地权属关系及拆迁补偿价格集中、充分协商，利于对被征地、拆迁群众和开发企业合法权益的保护，利于社会和谐

---

① 邬明德：《国有建设用地使用权净地出让的实践与思考》，《浙江国土资源》2008 年第 3 期。

稳定。①

但对保存有历史建筑等物质文化遗产和非物质文化遗产的地块而言，净地出让并非可取的方式，净地意味着对地上与地下构筑物、设施的完全拆除、平整，即是对历史建筑的破坏和损毁。

三　保护与利用

历史街区的保护与利用一直是建筑史与建筑设计、文物保护及城市发展研究领域的热点课题。南京老城南的更新改造中，大拆大建造成的毁灭性破坏和"镶牙"式改造带来的无法挽回的损失，提醒我们重新审视南京历史街区的更新策略，继续探索历史街区及其域内历史建筑的保护与利用问题。

"镶牙"式改造模式采取局部嵌入式更新的方法对历史街区的保护，其局限性显著。早在 2008 年 7 月 1 日开始实施的国家《历史文化名城名镇名村保护条例》中，即规定"历史文化名城、名镇、名村应当整体保护"，建设部《历史文化名城保护规划规范》同样规定：对"文化遗产丰富且传统文化生态保持较完整的区域，要有计划地进行动态的整体性保护"。整体性保护已纳入历史文化名城保护的条例与规范，具有法律法规的约束力。若分析整体性原则，其内涵不仅包括房屋、道路、桥梁、林木环境、基础设施等物质层面，还包括风土习俗、工艺技术、宗教文化、社会礼仪等非物质层面。而物质层面与非物质层面的结合点是人，即原住民。原住民是历史街区的核心要素，是物的使用者，是非物的创造者，因此亦应纳入整体性保护的范畴。当然，对人的保护方式与对物、非物的保护不同，其含义为在改造与更新中留住原住民，保证其生活质量和舒适性，关注其物质与精神层面的诉求，使其在改造更新后的环境中得以继续发展。

我国历史街区和历史建筑的保护，经历了一个从静态到动态的认识过程，通过比较（表5—2）可见，动态保护强调规划的可持续性、控制性和过程的循序渐进，强调近期发展建设和远期目标的同时兼顾，并

---

① 邬明德：《国有建设用地使用权净地出让的实践与思考》，《浙江国土资源》2008 年第 3 期。

在方案的具体实施过程中不断修正与补充，以实现一种动态的平衡。动态保护的目的是既保持历史街区的真实性，又能使其不断适应实际需要。即对历史街区和历史建筑的保护不是为其养老，而是更新和年轻化。① 建设部《历史文化名城保护规划规范》中，亦规定"动态的"整体性保护。

此外，就南京多元历史街区的实际，在应用整体性和动态性原则时，还需注意：整体性还应包括时间上整体历史的保护，南京多元历史街区在时间的纵轴上既有明清历史建筑遗存，还有民国历史建筑遗存，一片历史街区甚至一座历史建筑内，常常包含这两种形态，因此在具体的保护与利用过程中，二者不可割裂，亦不应有取舍，应整体保护。

表5—2　　　　　　　　　　静态保护与动态保护对比②

序号	类别	静态保护	动态保护
1	保护目的	通过保护使历史街区严格反映出旧有城市面貌，并恢复原生环境与生活形态	通过新旧元素重组与弥合，为历史街区注入新的活力和提供发展的可能性与自由度
2	保护的思维模式	以控制性措施为主，着重于保护过去	将历史街区的保护纳入与城市总体环境同步发展的范畴，将历史—现状—未来联系起来统筹考察
3	保护方式	大拆大建，在废墟上重建，或将历史街区凝固为一件供人观赏的"博物馆"	持续规划、滚动开发、循序渐进式改造
4	保护结果	历史街区在严格保护中衰亡	历史街区在动态保护与统筹规划利用中新生

① 郑利军：《历史街区的动态保护研究》，博士学位论文，天津大学，2004 年。
② 表格内容依《历史街区的动态保护研究》一文整理，载郑利军《历史街区的动态保护研究》，博士学位论文，天津大学，2004 年。

保护的动态性原则，其目的是既保持历史街区的真实性，又能使其不断适应实际需要，即对历史街区和历史建筑的保护不是为其养老，而是更新和年轻化。这就涉及历史街区和历史建筑保护与利用中传统与现代的衔接问题。同时需要指出的是，南京历史建筑遗存的多元形态中，民国建筑遗存多为近代建筑，在结构、空间布置、结构和功能利用等方面与现代建筑接近，因此在再利用过程中较容易与现代需求进行衔接，有相当一部分现今仍在使用，基本可以满足现代功能需求；再如南京1912历史街区即在原有5座民国建筑的基础上扩建而成。因此，此处讨论的传统与现代的衔接主要指明清传统建筑和历史街区与现代的衔接问题。

有学者指出，中国传统建筑再利用的问题，涉及三个方面，一为不适用或闲置（状态），二为建筑或空间（对象），三为再利用（手段）。① 换言之，传统建筑再利用的重点是发掘不适用现代需求的传统建筑的潜力，同时维持其传统的主要特征，彰显其历史价值，并适应现代功能需求。传统建筑不适用现代需求主要表现在空间和室内环境两方面，由于前者可通过现代空间重塑和相容空间用途的选择来规避，相比之下，室内环境的不适用（包括保温、采光、照明及现代设施应用）更为棘手。② 在这一方面，首先需拓宽传统建筑再利用的功能思路。当下传统建筑再利用的用途集中在酒店、茶楼、展览、艺术工作室等方面，商业、住宿、教育、公共空间等可能性考虑较少，可供选择的室内环境和利用机能可能性较窄。其次，应加强传统建筑再利用的技术探索和革新。例如，传统建筑格子门因纹饰精美、做工考究、利于采光等优点具有很高的历史、文化、艺术价值，但在保温上效果较差，如何解决其保温问题同时不对格子门本体有损，值得研究；又如，传统建筑其内部空间多高敞，梁架亦裸露，室内温度控制与调节亦是重要课题。

---

① 傅朝卿：《国立成功大学建筑研究所92学年度第二学期"建筑再利用专题讨论"课程讲义》，http://www.fuchaoqing.idv。
② 王嵩：《浅议中国传统建筑再利用面临的问题》，《华中建筑》2008年第10期。

第六章

南京历史建筑遗存与历史
街区再构建

第一节　南京历史建筑遗存现状
特征及形成原因

一　现状特征

1. 类型齐全，内涵丰富

南京域内，无论是明清建筑遗存，还是民国建筑遗存，都有类型齐全，内涵丰富的特征（见表6—1）。南京明清建筑遗存囊括了宫殿、行政、宗教、公共、纪念、民居、园林、军事和陵寝九大类，基本涵盖了我国古代建筑类型的全部；而民国建筑遗存又可分为行政、军事机关，科教文卫体机构，市政、交通、电信部门，工商、金融、服务与娱乐场所，宗教建筑，驻华使领馆及涉外建筑，官邸、别墅、民居和陵墓等纪念性建筑，亦基本包括近代建筑的全部类型。由于此处的分类主要以建筑功能与性质为标准进行划分，而一种建筑功能与性质又可代表社会生活的某一方面和一种建筑文化，因此类型的齐全标志着功能的完善和内涵的丰富。

表6—1　　南京明清建筑和民国建筑类型及代表建筑对照

序号	类型		代表建筑
1	南京明清建筑遗存	宫殿建筑	明故宫遗址
2		行政建筑	户部衙门旧址、两江总督衙署等
3		宗教建筑	鸡鸣寺、清凉寺、栖霞寺和大报恩寺遗址等

序号	类型		代表建筑
4	南京明清建筑遗存	公共建筑	朝天宫、夫子庙、鼓楼、江南贡院等
5		纪念建筑	颜鲁公祠、李鸿章祠堂等
6		民居建筑	杨柳村古建筑群、甘熙故居等
7		园林建筑	瞻园、煦园、愚园等
8		军事建筑	明城墙、天堡城、地堡城等
9		陵寝建筑	明孝陵、阳山碑材等
1	南京民国建筑遗存	行政、军事机关	总统府、国民政府外交部、海军司令部等
2		科教文卫体机构	国立中央研究院、国立中央大学、中央体育场、中央医院等
3		市政、交通、电信	中山大道、新街口广场、明故宫机场、下关火车站，南京电信局等
4		工商、金融、娱乐	中央商场、中央银行南京分行、中央饭店、大华戏院等
5		宗教建筑	基督教圣保罗堂、太平路清真寺等
6		使馆与涉外建筑	美国大使馆、苏联大使馆、日本总领事馆等
7		官邸、民居	憩庐、小红山官邸、孙科公馆等
8		陵墓与纪念建筑	中山陵等

2. 组群布局集中分布

受政治和历史因素影响，南京明清和民国时期的城市建设与规划具有明显的组群布局和功能集聚的特征，表现在建筑遗存的分布上，即南京明清建筑遗存存在明显的相同或相似功能建筑集中分布的特征。如明代南京城可分为都城内及都城外两个部分，六大功能区。都城以内主要分为三大功能区：城东为政治文化区，是按帝都规制新建置的综合分区，宫殿园囿、官舍衙门、国子监等建筑鳞次栉比，辉煌壮丽，"达官健吏日夜于其间"；[①] 城南为居民与商业区，"市魁驵侩，千百嘈杂其

---

① （明）顾起元：《客座赘语》卷一《风俗》，吴福林点校，南京出版社 2009 年版，第 23 页。

中"①；城西北为军事区，"民什三三而军什七"，"武弁中涓之所群萃，太学生徒之所州处也"。② 都城以外，也有三个功能区：东部为以明孝陵为核心的陵墓区；南部为厩牧区，驯养大象虎豹等大型外来动物；西部为城市外延区，前临长江后街秦淮，自江东门至水西门多商市密布、商贾云集的水陆码头。明清变革之际，南京的建筑与城市布局并未受到战争的严重破坏。至康乾时期，南京在原有明代布局与建设基础上，随着内部社会经济的逐渐恢复与振兴，城市的发展走向了鼎盛。

民国时期，《首都计划》中明确将南京城分为中央政治区、市行政区、工业区、商业区、文教区及住宅区，其中以中央政治区为重点。并指出市行政区的位置选择，拟设于今鼓楼附近傅厚岗一带，商业区拟设在明故宫旧址，工业区拟设在江北及燕子矶一带，住宅区则散布旧城各处，分为四等级。③ 虽然《首都计划》的具体规划内容在后来并未有多少实践，但其功能分区，集中分布的思想见于后期城市建设。从现存的民国建筑遗存分布看，中山路两侧的行政机关建筑、颐和路公馆区、新街口周边商业建筑等均是证明。

3. 文脉承续风格相融

南京的明清建筑遗存中绝大多数仍属于中国传统建筑体系：木构梁架作为建筑筋骨，起主要承重作用，砖、土等作围合、隔挡空间之用，其立面造型则有明显的台基、屋身和屋顶三段式特征，且屋顶形象突出。南京民国建筑则多属于近现代建筑范畴，其形制、结构与材料应用法则主要来源西方。因此南京明清建筑遗存和民国建筑遗存本质上属于不同的建筑体系，但是由于国民政府定都南京后，实施文化本位主义，加之民族危机的高涨和建筑师的教育背景影响，在社会上掀起一股传统复兴思潮。这一思潮一方面促进了对传统建筑的关注与保护，另一方面则体现在对建筑设计实践的影响。因此，涌现了一批以南京中央博物院、谭延闿墓祭堂（图6—1）、国民党党史史料陈列馆（图6—2）、中山陵藏经楼（图6—3）等为代表的"宫殿式"建筑，这些建筑既有传

---

① （明）顾起元：《客座赘语》卷一《风俗》，第24页。
② 同上。
③ 国都设计技术专员办事处编：《首都计划》，第51页。

统建筑台基、屋身、屋顶的三段式构成，又在建筑体量和轮廓比例上符合传统建筑的权衡尺度，同时屋身梁柱额枋的开间形象和比例关系均有保留，且屋顶采用中国传统的"大屋顶"样式。其总体没有超越传统建筑的基本体形，亦保持着传统造型构件和细部特征，从建筑文脉上体现了对传统建筑的继承和发展，风格上二者亦并不突兀。再者，从现存的民国建筑遗存看，这些体现和继承传统建筑文脉的建筑并不在少数，因此使得南京的民国建筑遗存和明清建筑遗存之间存在文脉的承续关系，亦有风格相融的特点。

图6—1　谭延闿墓祭堂外观

图片来源：卢海鸣、杨新华：《南京民国建筑》，南京大学出版社2001年版，第504页。

图 6—2　国民党党史史料陈列馆

图片来源：卢海鸣、杨新华：《南京民国建筑》，南京大学出版社 2001 年版，第 111 页。

图 6—3　中山陵藏经楼

图片来源：卢海鸣、杨新华：《南京民国建筑》，南京大学出版社 2001 年版，第 456 页。

二　形成原因

1. 历史因素

南京有着近 2500 年的城市史和 450 多年的都城史，历史上多次毁城造成城市物质文明的毁灭。据相关研究，南京历史上共经历了六次毁城：① 第一次为 328—329 年，苏峻之乱，宫室焚毁，都城满目疮痍。第二次为 548—552 年，侯景之乱，由于台城坚固，侯景久攻不下，遂"引玄武湖水灌台城，城外水起数尺，阙前御街并为洪波矣。又烧南岸民居营寺，莫不咸尽"②，繁华梁都被糟蹋至一片狼藉，梁军收复建康时所见的是："都下户口百遗一二，大航南岸极目无烟"③；"千里绝烟，人迹罕见，白骨成聚如丘陇焉"④。百济使臣来到建康，"见城邑丘墟，于端门外号泣，行路见者莫不洒泪"⑤。第三次毁城更是致命，589 年，隋军攻入建康，陈朝灭亡，为防止建康成为反隋中心，隋将建康夷为平地："平陈，诏并平荡耕垦"⑥，六朝名都化为一片丘墟，三百余年繁华灰飞烟灭。此次毁城十分彻底，从现存遗存看，除郊外零星几处石刻外，难觅六朝地面旧迹。第四次为 1130 年，女真金军占领南京后撤离时，掳掠大批居民与大量财富，并纵火烧城，五代至宋代的城市建设与发展成果付之一炬。第五次为近代太平天国时期，如前文所言，其王府建设和诸王内讧及曾国荃攻入南京等事件中，均对南京的建筑遗存造成了重大损毁。第六次毁城，则是 1937—1938 年，侵华日军侵占南京，烧杀抢掠。"城中被灾之区极广，繁盛地方较重，除划难民区之区域外，无不受劫火之洗礼，其中幸免者，则中华门以西之门西区域，近鼓楼之北门桥大街一带，受灾最重者，则由太平路经朱雀路，至夫子庙一带，中华门以东之门东地方，以日寇之先锋队系由通小火车之雨花门攻入，受灾亦巨。"⑦ 经历多次毁城，加之自然因素和其他人为因素的影响，保留至今的历史建筑遗存已可尽数。

南京遗留至今的历史建筑遗存，明清占有重要分量。原因有二：一

① 胡阿祥：《南京历史文化概说及其研究回顾》（上），《南京晓庄学院学报》2008 年第 2 期。

② （唐）姚思廉：《梁书》卷五六《侯景传》，中华书局 1973 年版，第 844 页。

③ （唐）李延寿：《南史》卷八〇《贼臣传》，中华书局 1975 年版，第 2014 页。

④ 同上书，第 2009 页。

⑤ （唐）姚思廉：《梁书》卷五六《侯景传》，第 853 页。

⑥ （唐）魏征等：《隋书》卷三一《地理志》，中华书局 1973 年版，第 876 页。

⑦ 陆咏黄：《丁丑劫后里门闻见录》，载张宪文主编、张连红编《南京大屠杀史料集》第 3 册《幸存者的日记与回忆》，江苏人民出版社 2005 年版，第 519—520 页。

是南京为明初洪武、建文、永乐三朝首都，其后南京虽降为陪都，但仍保留故宫与六部衙署，且为明代南方政治、经济和文化中心，清军入关后又为南明首都，城垣、宫殿、衙署、府邸、园林、街道、坊廊、桥梁、坛庙、寺观和陵墓等，均有建设，虽在近代遭受两次毁城，但仍有部分幸免。二是明清之际的变革时期，南京的建筑受战争破坏者较少，清政府又设两江总督衙门、江宁将军府以及管理南京丝织业的江宁织造府等重要政治、军事和经济方面的机构，使南京依然保持了东南重镇的地位。"从清代初年康熙和乾隆二帝南巡江宁期间的诗文看，当时南京建于明代的建筑物除自然损坏者外，大部分还存在，而在官署和民居方面尚续有少量的增建。在太平天国时期，可能是南京的明代和清代前期建筑受到严重破坏的时期……至同治、光绪年间，虽然亦曾修复或兴建若干官私建筑物，但其规模和质量均已不能与明代和清代前期相比。此外，在这一时期还新增了一些在洋务运动中兴建的具有西方风格的工厂、学校、车站、码头、医院和教堂等建筑物，但仍属少数。"①

南京明清建筑保存至今还与民国时期的文化政策有关，国民政府定都南京后，实施文化本位主义。1930 年发表的《民族主义文艺运动宣言》和 1935 年发表的《中国本位的文化建设宣言》，均极力提倡"中国本位"和"民族本位"文化。1929 年的《首都计划》中"所谓采用中国款式，并非尽将旧法一概移用，应采用其中最优之点，而一一加以改良。外国建筑物之优点，亦应多所参入，大抵以中国式为主，而以外国式副之。中国式多用于外部，外国式多用于内部"，② 即"中体西用"思想。文化本位主义政策的实施，加之民族危机的高涨和建筑师的教育背景影响，在社会上掀起一股传统复兴思潮。这一思潮一方面促进了对传统建筑的关注与保护，另一方面则体现在对建筑设计实践的影响。以南京中央博物院、谭延闿墓祭堂、国民党党史史料陈列馆、中山陵藏经楼等为代表的"宫殿式"建筑，既有传统建筑台基、屋身、屋顶的三段式构成，又在建筑体量和轮廓比例上符合传统建筑的权衡尺度，同时屋身梁柱额枋的开间形象和比例关系均有保留，且屋顶采用中国传统的

① 杨新华、卢海鸣主编：《南京明清建筑》，序二，第 1—2 页。
② （民国）国都设计技术专员办事处编：《首都计划》，南京出版社 2006 年版，第 35 页。

"大屋顶"样式。如南京中央博物院,为钢筋混凝土结构的单檐庑殿建筑,无论是建筑的整体造型和轮廓比例,还是微曲的正脊、梭形的列柱以及侧脚、升起等结构做法,甚至是瓦当、鸱尾等细部装饰,均是其设计参与者——梁思成先生所认为的辽宋建筑的典型风格。这类建筑总体而言是用近现代的建筑材料和施工法,兴建的具有传统建筑体形和部分局部特征的建筑。

南京民国建筑保存至今者数量较多,种类全面,其原因自然与南京作为民国首都有关。而保存至今的历史建筑多以成片的街区形态存在,又与民国时期的南京规划有关,《首都计划》中将南京城分为中央政治区、市行政区、工业区、商业区、文教区及住宅区,其中以中央政治区"实以紫金山之南麓最为适用"。① 市行政区的位置选择,拟设于今鼓楼附近傅厚岗一带,商业区拟设在明故宫旧址,工业区拟设在江北及燕子矶一带,住宅区则散布旧城各处。虽然这些规划在后期的城市建设实践中并未严格执行,但其成片规划和功能分区的理念十分明显。

2. 城市发展

经过早期城市化进程中的粗放式更新和大拆大建式的旧城改造,城市历史文化遗产的严重损失给城市的发展敲响警钟(此种模式并非我国独有,第二次世界大战后某些西方国家城市化进程中,实施大规模"英雄式"的"推倒重建"的更新方式,以隔断城市文脉为代价换取城市的新秩序,最终亦被证明得不偿失),亦促进人们重新审视城市历史街区的作用和价值。现如今,"历史街区是某个时期社会风俗和生活方式的缩影,承载着城市的历史印记与信息代码,其深厚的文化底蕴构成了城市个性面貌的活力源泉,蕴含的精神意义及人文关怀更增添了城市的温情与气质。城市历史文化遗产的保护,尤其是重点保护富有传统文化内涵的历史街区已成为城市发展研究与有识之士的共识"②。城市历史街区的作用与价值在观念上得到重视与正视,进一步促进了城市更新实践中的保护策略、路径与具体方法的改善和优化。早在1986年,国务

① (民国)国都设计技术专员办事处编:《首都计划》,第41页。
② 左辅强:《论城市中心历史街区的柔性发展与适时更新》,《城市发展研究》2004年第5期。

院就正式提出历史街区保护的概念，并在实践中形成以历史街区保护为主导的多层次保护体系。

同时，历史街区保护中对整体性的强调（不仅重视物质遗存，而且关注历史环境的延续性）和"有机更新"理念（最重原生环境和保护地域文化）的倡导，以及保护实践中多方面、宽领域的合作，使得历史街区的保护与利用成为丰富和深化城市内涵，挖掘和发扬城市特色的重要方式，亦是城市文化战略的重要内容。

第二节　南京历史街区中的仿古建筑问题探讨

一　历史建筑、仿古建筑、古式古风建筑及三者关系

历史建筑，顾名思义，指历史时期遗留下来的反映古代物质文明与精神文明的建筑遗存，其形制、技艺凝聚了丰富的历史、科学、艺术、文化、审美及情感等价值，是历史与文化的载体。从城市的角度，历史建筑是城市发展的历史见证，体现了城市不同发展阶段的社会习俗、风貌与内涵。"历史建筑是城市文化底蕴的集中体现……无论是建筑本身还是其内部所包括的生活方式，均记录着社会变迁下的生活价值与物用功能。"[1]

仿古建筑则指建筑形式上模仿历史建筑，并使建筑外观基本反映传统建筑主要特征，其结构、材料及施工技术均反映近现代建筑的主要特征，是近现代建筑作品。[2] 但有研究指出，仿古建筑的形式有广义和狭义之分，广义的仿古建筑形式指利用现代建筑材料或传统建筑材料，对古建筑形式进行符合传统文化特征的再创造；狭义的仿古建筑则指利用传统建筑材料，在特点范围内对古建筑的复原，严格讲属于文物修复范畴。[3] 综合来看，本书讨论的仿古建筑属于广义范畴，指外观、造型、

---

[1]　王怀宇：《历史建筑的再生空间》，山西人民出版社 2011 年版，第 3 页。

[2]　程建军：《文物古建筑的概念与价值评定》，载华南理工大学建筑学院编《华南理工大学建筑学院建筑学系教师论文集 1995—2000》（上册），华南理工大学出版社 2000 年版，第 185—186 页。

[3]　赵侃：《仿古建筑兴起的文化因素》，《艺术评论》2009 年第 3 期。

形制与营造思维上忠实模仿传统建筑，材料、施工技术上符合传统或近现代特征的建筑实体。有学者指出，仿古建筑需具备三个条件，其一，建筑单体须具备台基、屋身、屋顶三段式构成，且主体建筑屋顶为传统形式；其二，三段式立面比例须接近或符合传统建筑比例；其三，立面外观上不同程度地体现传统建筑结构与装饰风格，且三者缺一不可。[①]

"古式古风建筑"中的"式"，指形式，"风"，即风格。所以古式古风建筑指具有传统建筑形式或风格的近现代建筑。此处的形式与风格无完整度与真实性的严格限制，即在模仿历史建筑形式与风格时，是全部还是局部，是严格忠实地模仿还是大体相似或相近，并无具体的规定。

三者的关系，从产生与参照的对象上分析，历史建筑是仿古建筑与古式古风建筑的根。这层关系来自仿古建筑与古式古风建筑定义本身，无论是仿古建筑，还是古式古风建筑，其参照的对象都是历史建筑。例如，评判一座仿古建筑的优劣，是否忠实反映相对应的历史建筑的结构、造型、比例与细节特征是重要标准。而对于一座古式古风建筑，即使屋顶反映的是唐代举折坡度，斗拱体现的是清式做法，门窗表现的是近现代材料与技艺，仍然可从中看出历史建筑在其营造思维与具体施工中的影响。

从仿古建筑与古式古风建筑所反映的历史建筑真实度方面考虑，前者大于后者。正如定义所言，仿古建筑须较真实地模仿传统建筑，而古式古风建筑则无真实度的严格要求。举例来说，一座仿唐建筑，如果其立面比例，包括屋顶举折、台基与屋身比例、铺作层与檐柱比例等，与现存唐代建筑实例的立面比例有较大出入，则难以称为仿唐建筑。如果其立面比例不符合唐代特征，其他如斗拱做法、细部装饰风格均模仿唐代，也仅可称古式古风建筑。

从三者反映的历史价值来看，也是历史建筑最高，仿古建筑其次，古式古风价值最小。这是由三者反映的历史真实度所决定的。

---

①　姜磊、陈方慧、舒畅：《仿古建筑的真实性探讨》，《华中建筑》2008 年第 6 期。

二　优秀仿古建筑在历史街区再构建中的作用和意义

虽然社会与学界中有部分群体对仿古建筑的历史文化价值持有疑义，[①] 但诚如有些学者所言："仿古建筑的价值，在于截取一定历史时期的建筑特征，表现传统文化风貌，使人感知古代文化气息，与非传统建筑共同营造'立体'文化氛围，'仿'古而不是复古。"[②] 本书拟从城市文脉的保留、场所精神的重建与城市色彩的统一三个方面，阐述优秀仿古建筑在历史街区再构建中的作用和意义。

1. 城市文脉的保留

从城市文脉的构成要素方面看，优秀的仿古建筑对于城市文脉的充实与深化作用明显。据相关研究，城市文脉的构成要素可分显性与隐性两部分，显性要素主要指自然环境和建成环境，建成环境主要指业已形成的城市、建筑物及周围人工环境以及由他们共同构成的各类城市空间。而空间的意义就是对其中特定的使用者所具有的环境效应，即人处在一定的空间中，通过环境信息的解读，从而引发相应的空间感受，并做出恰当的环境行为。[③] 优秀的仿古建筑所表现的历史特征，营造的历史氛围，对身处其中的使用者带来的空间感受，明显与现代建筑形式不同，因而在城市历史建筑缺乏的今天，优秀仿古建筑所引发的环境效应不可替代。隐性要素主要指社会文化和社会心理，城市的发展、建筑形式的表现及建成环境的形态，受到多方面要素的制约，但最终的决定性力量来自社会文化的宏观控制，而在相应的历史时期保持有序的演变也都是由于存在着社会文化的深层控制的原因，"文化是历史的沉淀，存

---

① "对于已经损毁，或者早已不存在的古建筑、古遗址，根本没有必要进行重建或新建。"参见《仿古建筑之风不可长》，《中国建设报》2010 年 8 月 2 日第 4 版。亦有学者指出"仿古建筑"的"仿"，意在表明："是对古代建筑的简单模仿，并无发展创新而言；这类建筑仅仅是为满足社会上那些遗老遗少们的怀旧情绪而做，并无太大的社会价值；跟在古人的后面亦步亦趋地仿，是没有出息的表现，因此不值得提倡。"（《古建园林技术》2016 年第 1 期）

② 李剑平：《关于仿古建筑形式的思考》，《文物世界》2001 年第 3 期；贾鸿儒：《论仿古建筑的文化价值》，《中国建材科技》2014 年第 4 期。

③ 苗阳：《我国传统城市文脉构成要素的价值评判及传承方法框架的建立》，《城市规划学刊》2005 年第 4 期。

留于城市和建筑中，融会在人们的生活中，对城市的建造、市民的观念和行为起着无形的影响，是城市和建筑之魂"①。城市文脉与社会文化的关系折射到个体的人身上，则体现在社会心理与城市文脉的互动关系。换言之，城市需要怎样的建成环境，需要怎样的文脉，与城市中人的需求关系密切；而城市环境、城市文脉对人的观念与行为均有深刻影响。诚如 A. 拉普卜特所言："人们会说它们（居住形式）是出于呼吸、吃饭、睡觉、起坐和爱的需要，但这无关紧要。重要的是文化以什么方式决定住屋的形式使哲学需求得到满足。问题不在于这里是否有个窗或门，而是它们是怎样的，怎么安置；也不在于人们是否举饮或进餐，而是在哪里和怎样进行。"② 优秀的仿古建筑在城市历史街区再构建中，显然无法替代历史建筑所具有的唯一性和原真性，但根据城市历史、环境和社会面貌所营建的优秀仿古建筑与城市内核相契合，作为历史上存在但消亡在历史演进中的历史建筑的补充，并与之和谐共存，显然是在社会文化和社会心理的共同作用下产生，并反作用于社会文化和社会心理。

2. 场所精神的重建

"场所精神"源自罗马，根据罗马人的信仰，每一种"独立的"本体都有自己的灵魂，这种灵魂赋予人的场所生命，同时决定他们的特性和本质。挪威建筑学家与历史学家诺伯·舒兹（又译诺伯特·舒尔茨）延伸至建筑领域并深化和系统化，形成场所精神理论。③ 诺氏认为，场所是由具体现象组成的具有清晰特性的空间。城市的每一处场所均有背后的故事和内涵，并与历史、文化、传统、民族等相关联，因此城市的形式蕴含着某种深刻的含义。概述之，场所由自然环境和人造环境结合而成，并反映该空间中人们的生活方式及其环境特征。④

据相关研究，场所精神的产生可分成三个层面：场地的自然生态层

① 国际建协：《北京宪章》，1999 年。

② ［美］A. 拉普卜特：《住屋形式与文化》，张玫玫译，境与象出版社 1979 年版，第61 页。

③ ［挪］诺伯·舒兹：《场所精神 迈向建筑现象学》，施植明译，华中科技大学出版社2010 年版，第18 页。

④ 徐雷主编：《城市设计》，华中科技大学出版社 2008 年版，第 106 页。

面（自身属性）；场地的历史文化层面（纵向联系）；场地的区域定位层面（横向联系）。人们对场所精神的体验主要来自感知和认同。感知，即人们在空间环境中确定自己的位置，建立自身与周围环境的相互位置关系；认同是在明确认识和理解空间环境特征和气氛的基础上，确定自己的空间归属。通过感知和认同体验场所精神，其外在表现形式主要指空间、尺度与节奏、色彩、质感塑造、光影等。①

　　历史建筑的场所精神体验亦是通过对历史建筑空间、尺度、结构、色彩、质感等方面的感知和认同而获得。"当人们置身于具有一定特色的历史城市或传统街区中（历史建筑亦是如此），总会被那些亲切、温暖、充满生机和情趣的生活场景所吸引、所打动，总会被某种强烈的场所感——某种个体和背景不可分割的整体意向——所笼罩。"② 同样，人们对城市历史的体验，其重要方面即在对历史建筑场所精神的感知和认同中获得，因此历史建筑的场所精神的延续对城市发展的意义、市民归属感和认同感的凝聚意义重大。关于这方面的分析，案例不胜枚举，尤其是历史文化名城的场所精神分析，如有研究在分析场所精神对城市设计指导意义的基础上，以西安为例，对城市设计细节提出相关建议；③ 亦有学者以苏州为例，从城市特色角度出发，通过对场所精神和城市特色内涵的阐述，分析了中国城市在现代化进程中普遍存在的"特色危机"问题，并提出相应的应对策略。④

　　仿古建筑，其对于城市场所精神的延续，作用显而易见。优秀的仿古建筑是对历史建筑忠实的模仿，其作用或不如历史建筑真实、明显，但其携带或折射的历史信息（通过对历史建筑空间、结构、造型、形制、尺度、色彩等方面的模仿）同样可唤醒人们对历史的共鸣，从而形成感知和认同，触发场所精神的体验。

　　3. 城市色彩的统一

　　城市色彩是一个广泛而综合的概念，泛指城市外部空间中各种视觉

①　罗珂：《场所精神》，硕士学位论文，重庆大学，2006 年。

②　徐千里：《创造与评价的人文尺度》，中国建筑工业出版社 2000 年版，第 66 页。

③　乔怡青：《城市设计中的场所精神》，《城市问题》2011 年第 9 期。

④　杨建军：《场所精神与城市特色初探——以苏州为例》，《华东交通大学学报》2006 年第 5 期。

事物所具有的色彩，有人工色彩和自然色彩之分。① "城市色彩也是构成城市建筑美学的主要因素。一座城市如果没有成功的景观色彩设计，纵然建筑形式千变万化，规划布局严谨合理，也难体现出具有浓郁感情色彩的城市美来。"② 就前文所述的场所精神而言，色彩亦是人们体验场所精神的重要维度。

城市色彩的表现力主要体现在其对城市特性和人文内涵的反映上。正因为色彩是城市景观的重要因素，亦是城市特色的直观表现，各城市在城市规划与设计中普遍肯定了城市色彩控制规划的必要性及可行性。国内一些城市陆续开展色彩规划与设计研究。其常见做法是参照巴黎、伦敦等国际历史文化名城，为城市确定主色调及相关辅色系列。例如，北京从 2000 年开始实施《北京市建筑物外立面保持整洁管理规定》，该规定凸显故宫建筑群色彩的核心地位，并确定以灰色调为主的复合色为标志色；哈尔滨市的城市主色调为米黄色和白色，契合其"东方莫斯科"的定位；成都则将浅灰色定为主色调，以体现巴蜀文化名城的特征。其他城市，如武汉已对城市色彩做出初步规划，南京正就城市主色调开展讨论，杭州也表示要启动色彩规划，上海则考虑在城市风貌区内选定"标志色"。③

就城市内部而言，城市新区处于多样性和发展活力的考虑，且与历史文化区有一定的空间距离，其色彩选取具有更大灵活性，因此较之城市新区，城市历史文化区域及其周边缓冲区是城市色彩规划的关键，而挖掘城市历史，探索城市色彩规划的文化内涵则是难点所在。④ 同理，较之新兴城市在色彩选取上的灵活性和自由度，历史文化名城在色彩规划上既要考虑与既有历史文化区色彩的融洽和谐，又须体现城市特色、风貌及满足发展需求，因此是城市色彩规划中的难点与关键。

针对如何处理这一难点与关键点，有研究以南京为例，引入色彩心理学理论，试图建立城市色彩与城市文化间的内在联系，探索历史文化

① 邓清华：《城市色彩探析》，《现代城市研究》2002 年第 4 期。
② 赵庆海：《城市发展研究》，吉林大学出版社 2014 年版，第 114 页。
③ 周立：《关于城市色彩的思考》，《现代城市研究》2005 年第 5 期。
④ 蒋跃庭、卢银桃、甄峰：《城市历史文化区色彩规划方法创新——以南京明城墙及其周边区域为例》，《华中建筑》2010 年第 8 期。

组群色彩规划的新方法，将色彩规划中较为空泛的理论、原则落到实处。通过分析与调研，并根据南京市民对南京城市历史与文化的理解，及现状城市的色彩统计，得出褐色与蓝色的认同感最高，并在此基础上对南京色彩规划提出建议。①

由于建筑是城市色彩景观的重要介质，是城市环境和视觉因素中最为重要的部分。② 所以通过建筑色彩控制实现历史文化区或历史文化组群的色彩规划是重要途径。换言之，历史文化区的主色调基本由其中的历史建筑决定，正如故宫之于北京市核心文化区、明城墙之于南京老城、苏州园林与民居之于苏州旧城。由于历史原因和城市发展与更新的现实原因，历史建筑逐渐减少，历史色彩渐渐消退，如何延续甚至增强？除了保护历史建筑，研究型修缮历史建筑外，设计建造仿古建筑的对延续历史色彩，促进历史文化区色彩规划统一、协调均有重要意义。

三　仿古建筑的缺陷及应对策略

纵然仿古建筑在城市历史文化组群再构建中有多方面的积极作用和意义，但仿古建筑自身亦存在着不足与缺陷。

从仿古建筑定义上看，仿古建筑是对历史建筑的忠实模仿，但无论忠实度多高，毕竟代替不了历史建筑，历史建筑的原真性与唯一性是仿古建筑所缺乏的价值内涵之一。历史建筑作为文物，具有文物所具备的四大价值，即历史价值、文化价值、艺术价值和市场价值。历史建筑如同石头铸就的史书，是历史的见证和文化的载体，是历史事件发生的空间与场合，反映了人类改造自然以满足自身发展需求的水平，是人类智慧的结晶。就现实的时间节点而言，仿古建筑不具备历史价值，或许优秀的历史建筑在未来会具备历史价值，但其不确定性使得其不在本书的探讨范围之内。

再者，由于认识水平的参差不齐和态度的差异，仿古建筑的设计建

---

① 蒋跃庭、卢银桃、甄峰：《城市历史文化区色彩规划方法创新——以南京明城墙及其周边区域为例》，《华中建筑》2010 年第 8 期。

② 尹思谨：《城市色彩景观规划设计》，东南大学出版社 2004 年版，第 79 页。

造容易出现形制任意化和粗制滥造问题。某些仿古建筑，在同一建筑单体上集合了不同时期的建筑形制与风格，甚至杂糅了不同国家或地域的建筑文化，显然属随意创造的产物，其下场自然是沦为不伦不类的"假古董"。① 这种现象不仅表现了仿古建筑的尴尬处境，更会带来恶劣的社会影响：扭曲观者对历史建筑的印象；割裂城市文脉；破坏历史建筑组群的文化氛围和场所精神；污染城市文化环境。

由于全球性文化交流的日益频繁，促使建筑形式的多元化发展，建筑设计在价值取向上亦呈现二元化：一方面强调建筑形式要顺从社会文化的图解和发挥建筑师的个性；另一方面强调建筑设计须体现历史特征和民族风格。而建筑师在面对二元选择时，在历史责任心和民族自豪感的驱动下，开始发掘传统建筑形式的文化资源，促使仿古建筑之风日盛。②

仿古建筑兴盛与仿古建筑自身的缺陷及社会化问题，亟须我们探索其生存发展的策略。有学者在分析国内外仿古建筑案例后指出：仿古建筑如果排斥传统建筑形式，则丧失了本意与价值；但若不能从建筑形式上进行反省和创新，则有沦为历史"传声筒"的嫌疑。因此，一方面要在继承传统建筑遗产中继续发展"复古建筑"；另一方面应致力于传统建筑美学研究，发扬其精髓，避免只注重其象征与礼仪功能等社会层面的作用。③ 在具体的仿古设计与建造中，仿古建筑设计需具备扎实的历史建筑研究基础，要以对所仿对象造型、形制及营造思维等方面充分的把握为前提；仿古设计中须端正对待历史建筑的态度，不可恣意妄造，且秉承实事求是的态度，严格区分仿古建筑与古式古风建筑。而仿古建筑的建造亦需忠于设计，杜绝偷工减料、以次充好，把握好仿古建筑方案设计落实的最终环节。

---

① 王发堂：《仿古建筑不应成为"假古董"》，《中国社会科学报》2012 年 7 月 16 日 B02 版。

② 赵侃：《仿古建筑兴起的文化因素》，《艺术评论》2009 年第 3 期。

③ 王发堂：《仿古建筑不应成为"假古董"》，《中国社会科学报》2012 年 7 月 16 日 B02 版。

第三节　南京历史街区的建筑
形态和层次再构建

　　根据对南京历史建筑遗存现状特征的归纳与分析，南京历史建筑遗存存在显著的明清与民国二元形态特征，除去位置因素，南京历史街区依据其内涵与特色亦可总体分为明清历史街区和民国历史街区两大类。而现实中，南京的城市规划与更新中，以历史街区为核心，成片规划，整体保护，综合利用的特点亦十分明显。南京明清建筑遗存和民国建筑遗存均具备以功能和性质为分类标准的组群布局且集中分布特征，加之类型齐全、内涵丰富的整体特点，形塑了南京历史建筑遗存的二元形态按功能分区、呈团块化发展的格局，并进一步要求其在此固有方向上向前发展。换言之，按功能分区的团块化发展，既是南京域内明清和民国历史建筑遗存所呈现的现状特征，亦是其未来的发展方向。举例而言，老城南是南京城的"根"，曾经保存有大量的街道和民居住宅及附着在物质文化遗产上的非物质文化遗产，是明清南京重要的住宅区和商业区，则其未来的规划和发展方向应符合其既有功能区定位，域内建筑更新中的建筑形态设计亦须注重与周边历史建筑遗存的形制、风格等融合。再如颐和路民国公馆区，因集中分布数以百计的民国政府要员的宅第公馆而闻名，而这些公馆建筑又具有形式各异、风格多样、内涵丰富等特色，极具价值，故其未来发展方向及历史街区的保护与利用规划，核心着眼点应放数量众多的公馆建筑及其背后的深厚历史文化内涵，并通过与该功能相关的其他业态的有机填充，将一座座相对独立的官邸联系起来，串珠成线，再织线成区，形成团块化发展。

　　首先是文物建筑、历史建筑、仿古建筑和古式古风建筑的多层次历史街区建构主要指明团块化发展的具体方式和内在结构。就南京城内建筑而言，文物建筑乃至历史建筑的数量毕竟有限，因此，打造历史街区仅依靠零星的历史建筑遗存远远不够，为完善功能和实现利用，并真正达到团块化的规模，新建一部分与原生环境和原有历史建筑形制相仿、风格相似、文脉相承的仿古建筑及古式古风建筑，十分必要。具体到仿古建筑及古式古风建筑与文物建筑、历史建筑的空间布局和结构，应为多层次同心圆模式（图6—4）。此种结构由内而外，建筑携带的历史信息呈递减态势，建筑风格亦是从传统至现代的渐进，而历史价值逐渐衰弱。如此结构，其一，可以对处于核心区的文物建筑和历史建筑形成保护，即仿古建筑和古式古风建筑充当传统建筑和现代建筑的缓冲地带；其二，可以形成形制统一、风格和谐的历史文化组群或历史街区，不至于传统建筑与现代建筑直接硬接触，产生突兀的观者体验；其三，文物建筑有其既定的建设控制地带，文物建筑和历史建筑亦应设置一定范围的建筑风貌保护区，而仿古建筑及古式古风建筑的有机填充恰好充当这一功能。此外，文物建筑、历史建筑、仿古建筑及古式古风建筑的保护与利用有着不同的标准和规范，采用同心圆模式，可以使得各自的保护与利用相互相对独立，亦便于不同建筑承担不同的功能（如文物建筑与历史建筑供观瞻、研究、陈列等，仿古建筑及古式古风建筑承担其他现代功能或商业业态等）。

多层次历史街区的构建首要核心是文物建筑和历史建筑，文物建筑与历史建筑无疑是历史街区的最重要组成部分，鉴于其价值的重要性和建筑材料本身的脆弱性，因此其存在状态应以保护为主，利用为辅；对部分价值尤其突出或建筑本体十分脆弱的，应坚持纯粹的保护。从另一个层面考虑，对历史街区内文物建筑和历史建筑的有效保护，即是对整个历史街区价值的保养和培植，是该历史街区实现现实利用的前提。

同时，南京明清建筑遗存和民国建筑遗存在建筑布局与造型、形制与结构、材料与装饰、风格与技艺等方面存在差异，因此其各自文物建筑和历史建筑在保护过程中的具体策略和措施应区别对待。例如，明清建筑遗存中，绝大多数仍是木构建筑，木材的使用频繁，结构作用明显；而民国建筑遗存中砖石所占分量较大，甚至有混凝土和钢铁的应用。二者的保护与利用过程中，应有各自针对性的措施，而不能一概而论。

其次是文物建筑和历史建筑外围的仿古建筑及古式古风建筑。此部分构建的重点应主要考虑两个方面：一是功能的实现，于历史街区内新建仿古建筑或古式古风建筑的重要意义之一，即填补文物建筑或历史建筑无法承担或不宜承担的现代功能，因此仿古建筑及古式古风建筑的植

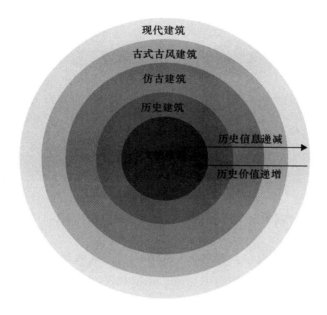

图6—4　南京历史街区多层次结构示意图（作者自绘）

入，要从完善整个历史街区的功能需要和价值实现着眼。二是建筑的形式要与历史街区的原生环境相协调，即做到文脉延续、场所精神和谐及色彩统一等方面的要求。总而言之，历史街区内仿古建筑及古式古风建筑的构建，要有的放矢，不能滥建、乱建。

再次，历史街区外围的现代建筑，其建筑形态与形式亦不能听之任之，历史街区外围的现代建筑的兴建，除了符合有关历史街区保护规范中对建筑控制地带和风貌区建设的规定外，亦应注意衔接该历史街区的主打功能，从而实现功能上的历史与现实的呼应，利于形成规模效应和长效发展机制。

南京历史街区构建中，不仅要对层次结构有整体把握，还应立足于南京历史建筑遗存二元形态的现状特征，统筹其历史建筑遗存二元形态的相互关系，即对立统一关系（图6—5）。

对立性主要表现在南京明清建筑遗存和民国建筑遗存作为其历史建

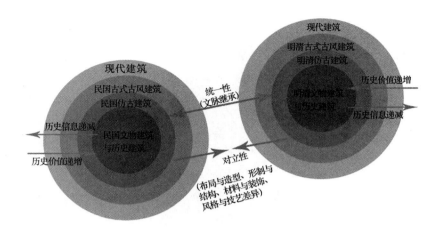

图6—5　南京历史街区建构中二元建筑形态关系示意图（笔者自绘）

筑遗存二元形态的内涵，本质上分属不同的建筑体系。南京明清建筑遗存绝大多数仍属以木结构房屋为主，采取在平面上拓展的院落式布局的中国传统建筑体系；① 民国建筑遗存绝大多数则属源于西方的近代建筑体系。二者在形态上，即建筑布局与造型、形制与结构、材料与装饰、风格与技艺等方面均存在明显的区别。这种形态的差异性，既是南京历史建筑遗存二元形态存在的基本前提，亦是南京历史街区构建中可利用的重要文化资源。

统一性表现为南京明清建筑遗存和民国建筑遗存的内在联系。换言之，南京历史街区的构建中，应体现民国建筑遗存对明清建筑遗存有意识的文脉继承，要注意避免二者各自孤立发展的状态。团块化发展的前景是未来形成以功能与性质为特色的历史街区，如果明清与民国各自孤立发展，不仅切断了历史建筑遗存二元形态中的固有建筑文脉的传承与联系，更不利于南京城市历史的完整呈现。至于如何加强二者的联系，可以从历史的角度，可以从建筑形制、风格及功能的角度，亦可从物质文化变迁的角度，应具体问题具体分析。

如果将这种对立统一关系放在民国建筑发展的理论场域下，可以发

① 傅熹年：《中国古代建筑概说》，《傅熹年建筑史论文选》，百花文艺出版社2009年版，第1页。

现其与民国建筑的价值观亦有契合之处。如侯幼彬先生曾在《文化碰撞与"中西建筑交融"》一文中提出中国近代建筑价值观表现为"中西交融"，并指出这种思想渗透着浓厚的传统道器观念和本末观念，并受学院派建筑观念的深刻影响，是国粹主义和折中主义建筑观的交织物。①而赖德霖先生则进一步指出近代中国建筑价值观的两种取向：一是对传统建筑非科学性的否定和对西式建筑的崇尚，即科学性取向；二是对建筑民族性的要求，即民族性取向。② 南京历史建筑遗存的二元形态，即明清建筑遗存和民国建筑遗存共存一城的现象，似乎恰可以为近代中国建筑价值观的"科学性"和"民族性"取向，提供现实的注解和说明。而这种价值观背后反映的"中西交融"现象，更将南京历史建筑遗存二元形态的意义升华至更深的历史进程层面和更广的全球文化交流与碰撞的范围。

同时，以量大面广的现代建筑作为明清历史街区和民国历史街区的过渡，避免了二者直接接触产生的对立性冲突，使得南京历史街区在构建过程中，具有对立统一关系的二元建筑形态，即明清建筑遗存和民国建筑遗存，可以相处融洽、和谐共生。

据此，可以归纳分析出南京历史街区发展模式：以功能分区的团块化为发展方向；以文物建筑、历史建筑、仿古建筑和古式古风建筑的多层次历史街区结构为构建着力点；以明清历史建筑遗存和民国历史建筑遗存二元形态的各自特征为资源；以两者之间的内在联系为纽带，打造具有南京城市特色的二元乃至多元建筑形态格局；以功能分区的团块化为发展方向符合南京历史建筑遗存二元形态的现状特征，亦是其发展规律的内在要求。同时，对历史街区作用与价值的重新审视和正视，有关其保护与利用理念的完善与推广、实践经验的总结和具体策略的探索，使得历史街区成为城市发展的重要文化资源，而南京因历史原因形成的多元历史街区，无疑更是宝贵的财富。

---

① 侯幼彬：《文化碰撞与"中西建筑交融"》，《华中建筑》1988 年第 3 期。

② 赖德霖：《中国近代建筑史研究》，清华大学出版社 2007 年版，第 181—237 页。

第七章

南京历史街区发展模式探索

历史街区作为历史的产物，其存在的状态是一个发展的过程，当下关于历史街区的保护与利用则是这一发展过程的两个主要方面。然而，南京历史街区的保护与利用实践开展至今，尚未形成本土化的发展模式。历史街区的发展既要关注各历史街区内的内涵与文化，特色与价值；也要从宏观层面顾及南京整体历史建筑遗存的特征和城市更新的需要。

第一节　发展利用分类

南京现有的历史街区均有保护规划方案出台，但并非全部处于发展利用状态。按照发展利用的完成度划分，南京历史街区的利用现状总体可分为已开发利用、部分开发利用和未开发利用三类。已开发利用指在规划方案中，对街区的整体功能定位、发展前景与利用模式等经过深入研究，并已付诸实践者，如总统府历史街区、朝天宫历史街区、夫子庙历史街区、三条营历史街区、金陵机器制造局历史街区、高淳老街历史街区。部分开发利用分两类情况：一是指历史街区未作整体的功能与开发利用规划，仅就重要建筑遗存或重点街巷片区作了利用说明，并付诸实践，如桃园新村历史街区，颐和路历史街区；二是历史街区虽已制订了整体的利用规划方案，但截至目前仅在街区内部分区域实施，如南捕厅历史街区、七家村历史街区。未开发利用指历史街区虽有利用规划，但目前尚未开始实施，如荷花塘历史街区。

从发展利用的完成度来看，南京 11 个历史街区中 10 个已进行开发利用或部分开发利用，可以说发展利用程度较高。就这些已经开发利用的历史街区或历史街区内局部区域而言，又可分为不宜开发类、限制开发类、低强度开发类和高强度开发类四种。

在已开发利用的历史街区中之所以还包括不宜开发类，并非指整个历史街区不宜开发，而是指历史街区内某些需要特殊保护的文物古迹或存在安全隐患未经修复的古旧建筑及其他不宜转化为旅游产品的其他文化资源。其典型代表即是南京各历史街区内六处全国重点文物保护单位（中国共产党代表团办事处旧址、太平天国天王府旧址、孙中山临时大总统府及南京国民政府建筑遗存、甘熙宅第、朝天宫、金陵兵工厂旧址）和大部分省级重点文物保护单位，这些文物保护单位具有重要历史、文化、艺术价值，开发利用一方面易对建筑遗存本体产生威胁，另一方面易造成其历史、文化和艺术价值流失。因此，一般采取博物馆式的保存方式，限制游客出入。

限制开发类主要针对具有较重要保护价值的历史建筑、街巷、广场等，主要开发观光型产品和城市公共空间，丰富市民生活，同时对游客量进行控制，并控制周边商业业态。例如，朝天宫历史街区依托历史文化资源，发展历史文化展示和教育功能。积极合理地利用朝天宫建筑群，一方面展示文庙、府学、宫观等历史信息，另一方面展示南京城市的历史演变，成为宣传南京城市文化十分集中的空间载体。同时，结合历史环境要素，布置公共活动空间。结合古井、古树等其他物质文化遗产建设小型街头广场或绿地，开辟公共活动空间，为周边城市居民服务。又如三条营历史街区，利用秦淮民居群建立蒋寿山旧居展览馆，结合箍桶巷以西、三条营以南部分历史建筑，建立以民间手工艺为主题内容的博物馆，开展文化展览。

低强度开发类主要针对具有一般保护价值的历史建筑遗存，如民居等。主要为开发高品位的文化游赏设施和高端旅游服务设施，如总统府历史街区内的南京 1912 历史街区，该街区的定位是，打造浓缩南京城市人文精华和民国历史风貌并能引领时尚的"城市客厅"，营造中西合璧、兼具时尚且具有浓郁民国风情的休闲消费场所。依托总统府的区位优势和民国建筑、历史、文化背景，利用原有 5 座民国历史建筑，以合院式为规划基本骨架，采取街的方式将建筑串联起来（主要是沿太平北路及长江后街的外街、沿总统府围墙的内街和位于两者中间的步行街），并在关键节点处整合出广场空间，形成布局有序、错落有致、新旧融合的历史街区。

高强度开发类主要针对不具有特别保护价值的现代建筑、仿古建筑和商业设施等，其开发利用内容主要为大众化的旅游服务，并配套相关的商业业态。南京历史街区中的典型代表为夫子庙历史街区，其规划定位即以夫子庙、江南贡院为核心，以明清建筑风貌为特色，打造集文化休闲、体验旅游、特色商业为一体的传统文化休闲旅游区。其中重要的历史建筑如夫子庙、江南贡院、李香君故居和王导谢安纪念馆，通过明清仿古建筑的建设和植入，在原有历史街巷的基础上，形成夫子庙轴线、贡院轴线、内秦淮河轴线以及历史街巷共同构成的空间格局，街巷内通过商业的引入，推动旅游的发展，最终开发形成集文化、商业、旅游为一体的历史街区。

通过对南京历史街区开发利用类型的划分，不难发现历史街区开发利用规划，包括功能定位、发展前景和发展模式的确定，一方面须结合历史街区的原有主体功能，与历史街区内的文化资源特色相结合，即是否适合开发利用的问题，如夫子庙历史街区，明清时期即是城市商业集聚之地，加之域内非物质文化遗产丰富，因此适合发展体验旅游和特色商业；另一方面要考虑历史街区内物质文化遗存的状态，即是否允许进行开发利用的问题。如南捕厅历史街区，其域内较大面积被全国重点文物保护单位——甘熙宅第占据，甘熙宅第的保护要求做到严格维持文物的原貌和格局，保护范围内的建筑利用必须在有利于文物保护的前提下进行，因此并不适合高强度的利用开发，因而限制了整个历史街区的开发利用程度。

第二节　发展利用的转化模式

在南京历史街区的发展利用过程中，历史街区内的文化资源转化为旅游价值、文化价值、商业价值和社会价值的模式如下：

1. 针对重要历史建筑（主要是重点文物保护单位），结合其建筑自身保存状况和保护要求，基于其原有建筑功能，实现利用转化，典型转化模式为建立相关历史文化博物馆，实现文化价值和社会价值。例如，朝天宫历史街区，其域内朝天宫作为国家文物保护单位，保护范围内的建设活动必须符合《文物保护法》的保护要求，保护方式以修缮为主，加之其原有的教育、文化功能，因此设立南京市博物馆，作为展示南京城市发展历史的综合博物馆，发挥其教育、文化和社会作用。

2. 针对历史街巷及商业遗产，在保护历史街巷的原有肌理的基础上，结合历史街巷的原有功能与商业特色，发展旅游特色商业街和品牌旅游商店。如夫子庙历史街区，其域内现状的街巷肌理基本仍保持明清时的格局，通过富有南京特色的商业品牌的打造和进驻，形成富有南京特色的传统商业街，从而推动整个历史街区乃至南京城市旅游业的发展，成为南京旅游路线的重要节点和南京旅游的名片之一。

3. 针对特色民居，依据民居的历史、文化和艺术价值，并结合其保存状况，主要利用途径为成立民居博物馆。例如，南捕厅历史街区内的甘熙故居，作为南京乃至全国现有面积最大，保存最完整的私人民宅，具有重要的历史、文化价值，同时其民居建筑反映既不同于徽派，又不同于苏式，而是富有南京特色，反映南京地域建筑文化，因而具有重要的艺术价值。因而适合将其开发利用为南京民居民俗博物馆，一方面展示南京民居建筑的历史沿革和地域特色，另一方面展示南京明清至今的居住文化。

4. 针对一般民居建筑，则是改造利用为大众服务设施，如夫子庙历史街区和高淳老街历史街区内的临街商铺，在保持外观格局不变的前提下，对内部空间、结构和设施进行现代化改造，发展现代商业和旅游业，接纳旅游游客。

5. 针对重要非物质文化遗产，主要利用途径，一是建立非物质文化遗产博物馆，将非物质文化遗产展示给大众，同时形成对非物质文化遗产的保护与传承，如南京云锦博物馆和江宁织造博物馆，分别是展示、保护和传承南京云锦和南京明清制造业的专业博物馆；二是开发文创产品和高档旅游商品，如南京云锦、南京剪纸等；三是进行特色演出，既展示了传统技艺，又获得了相应的经济收入，并实现了技艺传承。

第三节　发展利用的运营模式

1. 景区式

其主要特征是实行"通票制",门票成为街区旅游收入的重要组成部分,街区内各经营单位由管理者统一管理,并收取管理费用,其中原住民大量搬离。

这种模式的门票收入可以为文化遗产保护、居民安置、基础设施建设和维修提供充足资金;门票的收取亦在一定程度上限制了人流,为文化遗产的保护营造了相对稳定、健康的环境;但同时门票亦会成为游览障碍,游客量的限制不利于历史街区及其域内文化遗产发挥更加广泛的历史、文化和社会价值。另外,统一的管理易保持历史街区内的秩序的稳定,也会较大程度上保障历史街区内物质文化遗产的安全性,但不易发动各经营单位的自主性和积极性。原住民的搬离虽为规划、建设和后期管理带来了便利,但同时易造成域内原有居住文化的消亡和非物质文化遗产流失。南京历史街区中较符合这一运营模式的为三条营历史街区和南捕厅历史街区。

2. 复合式

其特征是主要观光景点单独收费,作为该景点历史建筑遗存日常管理和修缮资金,街区商铺按照不同情况可由当地居民自主经营或管理者租赁经营。其中原住民可居住于原历史街区内,亦可通过出租房屋后自愿迁出。

这种运营模式兼顾了景点的保护利用与街区的产业发展,可供自由选择的商业经营模式带来街区内商业业态的多样化,并形成街区内商业竞争的优胜劣汰机制,有利于带动历史街区内的文化创新和产业创新。同时,商业经营主体的多样性(既有统一管理经营的商铺,也有个人经营者)带来了管理困难,容易造成管理混乱,街区秩序欠佳,易形成对街区肌理和街区内历史建筑的生存威胁。

这种经营模式的典型代表是夫子庙历史街区,其域内夫子庙和江南贡院及王导谢安纪念馆均为景区式,采取门票制度,而域内历史街巷则发展商业，经营富有南京地域特色的文创产品和相关产业，形成传统商业街区。

3. 街区式

这种经营模式取消了门票收费，单纯依靠观光旅游的发展获得收益，其历史街区内原住民可居住其中，亦可通过出租房屋，自愿搬出。

这种经营模式下，整个历史街区得以整体开放，有利于受众最大限度体验历史街区的完整性，最大限度认识该历史街区的历史、文化和艺术价值，因此有利于历史街区社会价值的最大化。同时街区的整体开放能够最大限度促进旅游产业的发展，但由于缺乏统一的组织管理和深入文化创新，因此文化遗产的开发层次较低。此外，由于历史街区不设门票，且街区经营单位自主管理，因此无门票收入和管理费收入，相应亦缺乏自主筹措用于遗产保护、基础设施建设的稳定性公益资金的来源。南京的历史街区中，颐和路历史街区、梅园新村历史街区、荷花塘历史街区、高淳老街历史街区、七家村历史街区均较符合这一经营模式。

4. 博物馆式

针对域内主要范围被全国重点文物保护单位占据的历史街区，上文在历史街区开发利用转化模式分析时已经提出，由于全国重点文物保护单位的保护有特别的规定，须保存文物原有形制、结构、材料和工艺技术，因此在保护利用中多采用博物馆式。

博物馆式的运营方式，有利于最大限度保护历史街区内的物质文化遗产本体，同时能够较为集中展示其历史、文化和艺术价值，并发挥其面向大众的社会功能。但亦会因此造成历史街区内原有功能的丧失和特色的衰减。此外，博物馆式的运营，由于文物保护单位保护范围和建设控制地带的划定，必然导致原住民的大量搬迁和商业业态限制，从而不利于历史街区内原有生活方式的延续、非物质文物遗产的原生化传承和历史街区的功能复兴。南京历史街区中的朝天宫历史街区、总统府历史街区、金陵机器制造局历史街区均属此类。

附录一

南京历史街区内文物保护
单位名录表

1. 颐和路历史街区文物保护单位表

颐和路历史街区内现有省级文物保护单位 3 处、市级文物保护单位 38 处、区级文物保护单位 11 处、不可移动文物 159 处。

附表 1—1　　　　　颐和路历史街区文物保护单位

序号	名称	等级	时代	地址
1	汪精卫公馆旧址	省级	1938 年	颐和路 8 号
2	马歇尔公馆旧址	省级	1945 年	宁海路 5 号
3	加拿大驻中华民国大使馆旧址	省级	1946 年	天竺路 3 号
4	赤壁路 3 号民国建筑	市级	民国	赤壁路 3 号
5	赤壁路 5 号民国建筑	市级	民国	赤壁路 5 号
6	赤壁路 10 号民国建筑	市级	民国	赤壁路 10 号
7	赤壁路 17 号民国建筑	市级	民国	赤壁路 17 号
8	珞珈路 5 号民国建筑	市级	民国	珞珈路 5 号
9	珞珈路 46 号民国建筑	市级	民国	珞珈路 46 号
10	珞珈路 48 号民国建筑	市级	民国	珞珈路 48 号
11	颐和路 6 号民国建筑	市级	民国	颐和路 6 号
12	颐和路 11 号民国建筑	市级	民国	颐和路 11 号
13	颐和路 13 号民国建筑	市级	民国	颐和路 13 号
14	颐和路 15 号民国建筑	市级	民国	颐和路 15 号
15	颐和路 18 号民国建筑	市级	民国	颐和路 18 号
16	颐和路 29 号民国建筑	市级	民国	颐和路 29 号
17	颐和路 32 号民国建筑	市级	民国	颐和路 32 号

续表

序号	名称	等级	时代	地址
18	颐和路 34 号民国建筑	市级	民国	颐和路 34 号
19	颐和路 38 号民国建筑	市级	民国	颐和路 38 号
20	颐和路 39 号民国建筑	市级	民国	颐和路 39 号
21	琅琊路 9 号民国建筑	市级	民国	琅琊路 9 号
22	琅琊路 13 号民国建筑	市级	民国	琅琊路 13 号
23	宁海路 2 号民国建筑	市级	民国	宁海路 2 号
24	宁海路 14 号民国建筑	市级	民国	宁海路 14 号
25	宁海路 15 号民国建筑	市级	民国	宁海路 15 号
26	普陀路 10 号民国建筑	市级	民国	普陀路 10 号
27	普陀路 15 号民国建筑	市级	民国	普陀路 15 号
28	牯岭路 10 号民国建筑	市级	民国	牯岭路 10 号
29	江苏路 4 号民国建筑	市级	民国	江苏路 4 号
30	江苏路 17 号民国建筑	市级	民国	江苏路 17 号
31	江苏路 23 号民国建筑	市级	民国	江苏路 23 号
32	南京特别市第六区区公所旧址	市级	民国	江苏路 39 号
33	天竺路 15 号民国建筑	市级	民国	天竺路 15 号
34	天竺路 21 号民国建筑	市级	民国	天竺路 21 号
35	天竺路 25 号民国建筑	市级	民国	天竺路 25 号
36	西康路 58 号民国建筑	市级	民国	西康路 58 号
37	莫干路 6 号民国建筑	市级	民国	莫干路 6 号
38	北京西路 44 号民国建筑	市级	民国	北京西路 44 号
39	北京西路 52 号民国建筑	市级	民国	北京西路 52 号
40	北京西路 56 号民国建筑	市级	民国	北京西路 56 号
41	北京西路 58 号民国建筑	市级	民国	北京西路 58 号
42	李起化旧居	区级	民国	颐和路 9 号
43	颐和路 35 号墨西哥驻中华民国大使馆旧址	区级	民国	颐和路 35 号
44	任仲琅旧居	区级	民国	颐和路 14 号、16 号
45	邓寿荃旧居	区级	民国	江苏路 3 号
46	杨华臣旧居	区级	民国	江苏路 5 号
47	袁守谦旧居	区级	民国	江苏路 13 号

续表

序号	名称	等级	时代	地址
48	杨公达旧居	区级	民国	江苏路 19 号
49	吴光杰旧居	区级	民国	江苏路 25 号
50	江苏路 27 号熊斌公馆旧址	区级	民国	江苏路 27 号
51	张笃伦旧居	区级	民国	江苏路 33 号
52	北京西路 66 号澳大利亚驻中华民国大使馆旧址	区级	民国	北京西路 66 号

附表1—2　　颐和路历史街区不可移动文物一览表

序号	名称	时代	地址
1	颐和路 2 号民国建筑	民国	颐和路 2 号
2	颐和路 3 号民国建筑	民国	颐和路 3 号
3	颐和路 4 号民国建筑	民国	颐和路 4 号
4	颐和路 5 号民国建筑	民国	颐和路 5 号
5	颐和路 7 号民国建筑	民国	颐和路 7 号
6	颐和路 10 号民国建筑	民国	颐和路 10 号
7	颐和路 12 号民国建筑	民国	颐和路 12 号
8	颐和路 17 号民国建筑	民国	颐和路 17 号
9	颐和路 19 号民国建筑	民国	颐和路 19 号
10	颐和路 20 号民国建筑	民国	颐和路 20 号
11	颐和路 21 号民国建筑	民国	颐和路 21 号
12	颐和路 22 号民国建筑	民国	颐和路 22 号
13	颐和路 23 号民国建筑	民国	颐和路 23 号
14	颐和路 24 号民国建筑	民国	颐和路 24 号
15	颐和路 25 号民国建筑	民国	颐和路 25 号
16	颐和路 28 号民国建筑	民国	颐和路 28 号
17	颐和路 30 号民国建筑	民国	颐和路 30 号
18	颐和路 33 号民国建筑	民国	颐和路 33 号

续表

序号	名称	时代	地址
19	颐和路 36 号民国建筑	民国	颐和路 36 号
20	颐和路 37 号民国建筑	民国	颐和路 37 号
21	牯岭路 2 号民国建筑	民国	牯岭路 2 号
22	牯岭路 4 号民国建筑	民国	牯岭路 4 号
23	牯岭路 6 号民国建筑	民国	牯岭路 6 号
24	牯岭路 8 号民国建筑	民国	牯岭路 8 号
25	牯岭路 9 号民国建筑	民国	牯岭路 9 号
26	牯岭路 11 号民国建筑	民国	牯岭路 11 号
27	牯岭路 14 号民国建筑	民国	牯岭路 14 号
28	牯岭路 15 号民国建筑	民国	牯岭路 15 号
29	牯岭路 16 号民国建筑	民国	牯岭路 16 号
30	牯岭路 18 号民国建筑	民国	牯岭路 18 号
31	牯岭路 20 号民国建筑	民国	牯岭路 20 号
32	牯岭路 21 号民国建筑	民国	牯岭路 21 号
33	牯岭路 22 号民国建筑	民国	牯岭路 22 号
34	牯岭路 23 号民国建筑	民国	牯岭路 23 号
35	牯岭路 24 号民国建筑	民国	牯岭路 24 号
36	牯岭路 28 号民国建筑	民国	牯岭路 28 号
37	宁海路 1 号民国建筑	民国	宁海路 1 号
38	宁海路 3 号民国建筑	民国	宁海路 3 号
39	宁海路 4 号民国建筑	民国	宁海路 4 号
40	宁海路 6 号民国建筑	民国	宁海路 6 号
41	宁海路 11 号民国建筑	民国	宁海路 11 号
42	宁海路 12 号民国建筑	民国	宁海路 12 号
43	宁海路 13 号民国建筑	民国	宁海路 13 号
44	宁海路 16 号民国建筑	民国	宁海路 16 号

序号	名称	时代	地址
45	宁海路 17 号民国建筑	民国	宁海路 17 号
46	宁海路 20 号民国建筑	民国	宁海路 20 号
47	宁海路 21 号民国建筑	民国	宁海路 21 号
48	宁海路 22 号民国建筑	民国	宁海路 22 号
49	宁海路 23 号民国建筑	民国	宁海路 23 号
50	宁海路 25 号民国建筑	民国	宁海路 25 号
51	宁海路 25 号 – 2 民国建筑	民国	宁海路 25 号 – 2
52	宁海路 26 号民国建筑	民国	宁海路 26 号
53	宁海路 27 号民国建筑	民国	宁海路 27 号
54	宁海路 29 号 A、B 楼民国建筑	民国	宁海路 29 号 A、B 楼
55	宁海路 30 号民国建筑	民国	宁海路 30 号
56	宁海路 32 号民国建筑	民国	宁海路 32 号
57	宁海路 33 号民国建筑	民国	宁海路 33 号
58	宁海路 34 号民国建筑	民国	宁海路 34 号
59	宁海路 35 号民国建筑	民国	宁海路 35 号
60	宁海路 38 号民国建筑	民国	宁海路 38 号
61	宁海路 42 号民国建筑	民国	宁海路 42 号
62	宁海路 46 号民国建筑	民国	宁海路 46 号
63	宁海路 46 号 – 1 民国建筑	民国	宁海路 46 号 – 1
64	宁海路 48 号民国建筑	民国	宁海路 48 号
65	宁海路 48 号 – 1 民国建筑	民国	宁海路 48 号 – 1
66	宁海路 50 号民国建筑	民国	宁海路 50 号
67	宁海路 52 号民国建筑	民国	宁海路 52 号
68	宁海路 54 号民国建筑	民国	宁海路 54 号
69	西康路 18 号民国建筑	民国	西康路 18 号
70	西康路 28 号民国建筑	民国	西康路 28 号

续表

序号	名称	时代	地址
71	西康路 48 号民国建筑	民国	西康路 48 号
72	西康路 50 号民国建筑	民国	西康路 50 号
73	西康路 54 号 – 1 民国建筑	民国	西康路 54 号 – 1
74	西康路 54 号 – 2 民国建筑	民国	西康路 54 号 – 2
75	西康路 54 号 – 3 民国建筑	民国	西康路 54 号 – 3
76	西康路 56 号民国建筑	民国	西康路 56 号
77	江苏路 1 号民国建筑	民国	江苏路 1 号
78	江苏路 2 号民国建筑	民国	江苏路 2 号
79	江苏路 7 号民国建筑	民国	江苏路 7 号
80	江苏路 9 号民国建筑	民国	江苏路 9 号
81	江苏路 11 号民国建筑	民国	江苏路 11 号
82	江苏路 15 号民国建筑	民国	江苏路 15 号
83	江苏路 21 号民国建筑	民国	江苏路 21 号
84	江苏路 29 号民国建筑	民国	江苏路 29 号
85	江苏路 31 号民国建筑	民国	江苏路 31 号
86	江苏路 35 号民国建筑	民国	江苏路 35 号
87	江苏路 71 号民国建筑	民国	江苏路 71 号
88	江苏路 73 号民国建筑	民国	江苏路 73 号
89	莫干路 1 号民国建筑	民国	莫干路 1 号
90	莫干路 3 号民国建筑	民国	莫干路 3 号
91	莫干路 5 号、7 号民国建筑	民国	莫干路 5 号、7 号
92	莫干路 9 号民国建筑	民国	莫干路 9 号
93	莫干路 11 号 – 1 民国建筑	民国	莫干路 11 号 – 1
94	莫干路 15 号民国建筑	民国	莫干路 15 号
95	莫干路 17 – 19 号民国建筑	民国	莫干路 17 – 19 号
96	莫干路 2 号民国建筑	民国	莫干路 2 号

续表

序号	名称	时代	地址
97	莫干路 4 号民国建筑	民国	莫干路 4 号
98	莫干路 8 号民国建筑	民国	莫干路 8 号
99	莫干路 10 号民国建筑	民国	莫干路 10 号
100	莫干路 14 号民国建筑	民国	莫干路 14 号
101	赤壁路 4 号民国建筑	民国	赤壁路 4 号
102	赤壁路 7 号民国建筑	民国	赤壁路 7 号
103	赤壁路 9 号民国建筑	民国	赤壁路 9 号
104	赤壁路 11 号民国建筑	民国	赤壁路 11 号
105	赤壁路 13 号民国建筑	民国	赤壁路 13 号
106	赤壁路 14 号民国建筑	民国	赤壁路 14 号
107	赤壁路 15 号民国建筑	民国	赤壁路 15 号
108	赤壁路 16 号民国建筑	民国	赤壁路 16 号
109	珞珈路 1 号民国建筑	民国	珞珈路 1 号
110	珞珈路 3 号民国建筑	民国	珞珈路 3 号
111	珞珈路 7 号民国建筑	民国	珞珈路 7 号
112	珞珈路 9 号民国建筑	民国	珞珈路 9 号
113	珞珈路 11 号民国建筑	民国	珞珈路 11 号
114	珞珈路 13 号民国建筑	民国	珞珈路 13 号
115	珞珈路 21 号民国建筑	民国	珞珈路 21 号
116	珞珈路 23 号民国建筑	民国	珞珈路 23 号
117	珞珈路 25 号民国建筑	民国	珞珈路 25 号
118	珞珈路 36 号民国建筑	民国	珞珈路 36 号
119	珞珈路 38 号民国建筑	民国	珞珈路 38 号
120	珞珈路 40 号民国建筑	民国	珞珈路 40 号
121	珞珈路 44 号民国建筑	民国	珞珈路 44 号
122	珞珈路 52 号民国建筑	民国	珞珈路 52 号

续表

序号	名称	时代	地址
123	普陀路 1 号民国建筑	民国	普陀路 1 号
124	普陀路 2 号民国建筑	民国	普陀路 2 号
125	普陀路 4 号民国建筑	民国	普陀路 4 号
126	普陀路 5 号民国建筑	民国	普陀路 5 号
127	普陀路 6 号民国建筑	民国	普陀路 6 号
128	普陀路 8 号民国建筑	民国	普陀路 8 号
129	普陀路 9 号民国建筑	民国	普陀路 9 号
130	普陀路 11—13 号民国建筑	民国	普陀路 11—13 号
131	灵隐路 2 号民国建筑	民国	灵隐路 2 号
132	灵隐路 3 号民国建筑	民国	灵隐路 3 号
133	灵隐路 4 号民国建筑	民国	灵隐路 4 号
134	灵隐路 5 号民国建筑	民国	灵隐路 5 号
135	灵隐路 6 号民国建筑	民国	灵隐路 6 号
136	灵隐路 7 号民国建筑	民国	灵隐路 7 号
137	灵隐路 8 号民国建筑	民国	灵隐路 8 号
138	灵隐路 9 号民国建筑	民国	灵隐路 9 号
139	灵隐路 10 号民国建筑	民国	灵隐路 10 号
140	灵隐路 11 号民国建筑	民国	灵隐路 11 号
141	灵隐路 13 号民国建筑	民国	灵隐路 13 号
142	灵隐路 15 号民国建筑	民国	灵隐路 15 号
143	灵隐路 22 号民国建筑	民国	灵隐路 22 号
144	灵隐路 24 号民国建筑	民国	灵隐路 24 号
145	灵隐路 26 号民国建筑	民国	灵隐路 26 号
146	天竺路 2 号民国建筑	民国	天竺路 2 号
147	天竺路 4 号民国建筑	民国	天竺路 4 号
148	天竺路 5 号民国建筑	民国	天竺路 5 号

续表

序号	名称	时代	地址
149	天竺路 17 号民国建筑	民国	天竺路 17 号
150	天竺路 19 号民国建筑	民国	天竺路 19 号
151	北京西路 36 号民国建筑	民国	北京西路 36 号
152	北京西路 38 号民国建筑	民国	北京西路 38 号
153	北京西路 42 号建筑	60 年代	北京西路 42 号
154	北京西路 46 号民国建筑	民国	北京西路 46 号
155	北京西路 50 号民国建筑	民国	北京西路 50 号
156	北京西路 54 号民国建筑	民国	北京西路 54 号
157	北京西路 60 号民国建筑	民国	北京西路 60 号
158	北京西路 62 号民国建筑	民国	北京西路 62 号
159	北京西路 64 号民国建筑	民国	北京西路 64 号

2. 梅园新村历史街区文物保护单位表

梅园新村历史街区现有全国重点文物保护单位 1 处，市级文物保护单位 3 处，区级文物保护单位 41 处，不可移动文物 1 处。

附表1—3　　　　　　梅园新村历史街区文物保护单位

序号	名称	等级	时代	地址
1	中国共产党代表团办事处旧址	全国重点	民国	梅园新村 30 号、35 号、17 号
2	毗卢寺	市级	清	汉府街 6 号
3	雍园 1 号民国建筑	市级	民国	雍园 1 号
4	蓝庐	市级	民国	汉府街 3 号
5	周恩来图书馆	区级	中华人民共和国	梅园新村社区内
6	梅园新村 1—4 号，9—12 号民国住宅	区级	民国	梅园新村 1—4 号，9—12 号
7	梅园新村 22 号民国住宅	区级	民国	梅园新村 22 号
8	梅园新村 28—29 号民国住宅	区级	民国	梅园新村 28—29 号

续表

序号	名称	等级	时代	地址
9	梅园新村 31—33 号民国住宅	区级	民国	梅园新村 31—33 号
10	梅园新村 34 号民国住宅	区级	民国	梅园新村 34 号
11	梅园新村 36—37 号民国住宅	区级	民国	梅园新村 36—37 号
12	梅园新村 38—39 号民国住宅	区级	民国	梅园新村 38—39 号
13	梅园新村 40 号民国住宅	区级	民国	梅园新村 40 号
14	梅园新村 42 号民国住宅	区级	民国	梅园新村 42 号
15	梅园新村 43 号民国住宅	区级	民国	梅园新村 43 号
16	梅园新村 44 号民国住宅	区级	民国	梅园新村 44 号
17	梅园新村 45 号民国住宅	区级	民国	梅园新村 45 号
18	梅园新村 48—51 号民国住宅	区级	民国	梅园新村 48—51 号
19	梅园新村 52 号民国住宅	区级	民国	梅园新村 52 号
20	大悲巷 7 号民国住宅	区级	民国	大悲巷 7 号
21	大悲巷 9 号、11 号民国住宅	区级	民国	大悲巷 9、11 号
22	雍园 3 号民国住宅	区级	民国	雍园 3 号
23	雍园 5 号民国住宅	区级	民国	雍园 5 号
24	雍园 6 号民国住宅	区级	民国	雍园 6 号
25	雍园 7 号民国住宅	区级	民国	雍园 7 号
26	雍园 9—19 号民国住宅	区级	民国	雍园 9—19 号
27	雍园 21 号民国住宅	区级	民国	雍园 21 号
28	雍园 23 号民国住宅	区级	民国	雍园 23 号
29	雍园 25 号民国住宅	区级	民国	雍园 25 号
30	雍园 29 号民国住宅	区级	民国	雍园 29 号
31	雍园 31 号民国住宅	区级	民国	雍园 31 号
32	雍园 33 号民国住宅	区级	民国	雍园 33 号
33	桃源新村 1—4 号民国住宅	区级	民国	桃源新村 1—4 号
34	桃源新村 5—12 号民国住宅	区级	民国	桃源新村 5—12 号
35	桃源新村 13 号、14 号郑介民公馆	区级	民国	桃源新村 13 号、14 号
36	桃源新村 19—24 号，35—42 号民国住宅	区级	民国	桃源新村 19—24 号，35—42 号

序号	名称	等级	时代	地址
37	桃源新村 24—34 号民国住宅	区级	民国	桃源新村 24—34 号
38	桃源新村 43—48 号民国住宅	区级	民国	桃源新村 43—48 号
39	桃源新村 49 号民国住宅	区级	民国	桃源新村 49 号
40	桃源新村 50 号民国住宅	区级	民国	桃源新村 50 号
41	桃源新村 51 号民国住宅	区级	民国	桃源新村 51 号
42	桃源新村 54 号民国住宅	区级	民国	桃源新村 54 号
43	桃源新村 55 号民国住宅	区级	民国	桃源新村 55 号
44	桃源新村 56 号民国住宅	区级	民国	桃源新村 56 号
45	桃源新村 57 号民国住宅	区级	民国	桃源新村 57 号
46	梅园新村 18 号民国建筑	不可移动文物	民国	梅园新村 18 号

3. 总统府历史街区文物保护单位表

总统府历史街区现有全国重点文物保护单位 2 处，市级文物保护单位 2 处。

附表 1—4　　　　　　　　总统府历史街区文物保护单位

序号	名称	等级	时代	地址
1	太平天国天王府遗址	全国重点文物保护单位	太平天国	长江路 292 号
2	孙中山临时大总统府及南京国民政府建筑遗存	全国重点文物保护单位	1912—1949 年	长江路 292 号
3	陶澍、林则徐二公祠	市级	清	长江东街 4 号
4	中央饭店	市级	民国	中山东路 237 号

4. 南捕厅历史街区文物保护单位表

南捕厅历史街区现有全国重点文物保护单位 1 处。

附表1—5　　　　　　　南捕厅历史街区文物保护单位

序号	名称	等级	时代	地址
1	甘熙宅第	全国重点文物保护单位	清	南捕厅 15 号、17 号、19 号

5. 朝天宫历史街区文物保护单位表

朝天宫历史街区现有全国重点文物保护单位 1 处，市级文物保护单位 1 处。

附表1—6　　　　　　　朝天宫历史街区文物保护单位

序号	名称	等级	时代	地址
1	朝天宫	全国重点文物保护单位	清	王府大街朝天宫 4 号
2	卞壶墓碣	市级	北宋	朝天宫广场西侧

6. 夫子庙历史街区文物保护单位表

现有省级文物保护单位 1 处，市级文物保护单位 4 处，不可移动文物 1 处。

附表1—7　　　　　　　夫子庙历史街区文物保护单位

序号	名称	等级	时代	地址
1	江南贡院	省级	明、清	夫子庙贡院街 95 号
2	夫子庙遗迹	市级	六朝、明、清	夫子庙
3	文德桥	市级	明	夫子庙泮池西
4	封至圣夫人碑	市级	元	夫子庙大成殿内
5	封四氏碑	市级	元	夫子庙大成殿内
6	乌衣巷古井	不可移动文物	清	夫子庙乌衣巷

7. 荷花塘历史街区文物保护单位表

荷花塘历史街区现有省级文物保护单位 1 处，市级文物保护单位 3 处，区级文物保护单位 3 处，不可移动文物 20 处。

附表1—8　　　　　荷花塘历史街区文物保护单位

序号	名称	等级	时代	地址
1	秦淮民居群（刘芝田故居）	省级	清	殷高巷14号，14-1号、2号、3号、4号
2	曾静毅故居	市级	清	孝顺里20号
3	高岗里39号古民居	市级	清	高岗里39号
4	饮马巷古民居	市级	清	饮马巷67号、69号、71号、90号
5	殷高巷古建筑	区级	清	殷高巷24号
6	殷高巷明清住宅	区级	明、清	殷高巷26号、28号
7	高岗里18号、20号建筑	区级	清	高岗里18号、20号
8	五福里2-1号民居	不可移动文物	清	五福里2-1号
9	阎俊旧居	不可移动文物	清	五福里5、7号
10	鸣羊街28号民居	不可移动文物	清	鸣羊街28号
11	孝顺里22号民居	不可移动文物	清	孝顺里22号
12	孝顺里36号井	不可移动文物	清	孝顺里36号
13	陈家牌坊27号井	不可移动文物	清	陈家牌坊27号
14	磨盘街11号民居	不可移动文物	清	磨盘街11号
15	磨盘街13号民居	不可移动文物	清	磨盘街13号
16	水斋庵6号井	不可移动文物	清	水斋庵6号
17	学智坊26号井	不可移动文物	清	学智坊26号
18	同乡共井2号井	不可移动文物	清	同乡共井2号
19	同乡共井6号民居	不可移动文物	清	同乡共井6号
20	同乡共井11号民居	不可移动文物	清	同乡共井11号
21	同乡共井15号民居	不可移动文物	清	同乡共井15号
22	谢公祠1号民居	不可移动文物	清	谢公祠1号
23	谢公祠20号民居	不可移动文物	清	谢公祠20号
24	高岗里9号井	不可移动文物	民国	高岗里9号对面
25	魏家骅故居	不可移动文物	清	高岗里17号、19号
26	荷花塘4号民居	不可移动文物	清	荷花塘4号
27	荷花塘5号民居	不可移动文物	清	荷花塘5号

8. 三条营历史街区文物保护单位表

三条营历史街区现有省级文物保护单位 1 处，不可移动文物 9 处。

附表 1—9　　　　　三条营历史街区文物保护单位

序号	名称	等级	时代	地址
1	秦淮民居群（三条营古建筑）	省级	清	三条营 18 号、20 号
2	王伯沆故居	不可移动文物	清	边营 98 – 1 号
3	三条营 74 号井	不可移动文物	清	三条营 74 号
4	三条营 81 号井	不可移动文物	清	三条营 81 号
5	三条营 64 号民居	不可移动文物	清	三条营 64 号
6	三条营 70 号民居	不可移动文物	清	三条营 70 号
7	三条营 72 号民居	不可移动文物	清	三条营 72 号
8	三条营 74 号民居	不可移动文物	清	三条营 74 号
9	三条营 76 号民居	不可移动文物	清	三条营 76 号
10	三条营 78 号民居	不可移动文物	清	三条营 78 号

9. 金陵机器制造局历史街区文物保护单位表

金陵机器制造局历史街区现有全国重点文物保护单位 1 处，不可移动文物 1 处。

附表 1—10　　　　金陵机器制造局历史街区文物保护单位

序号	名称	等级	时代	地址
1	金陵兵工厂旧址	全国重点文物保护单位	清	中华门外晨光集团内
2	兵工专门学校旧址	不可移动文物	民国	中华门外晨光集团内

10. 高淳老街历史街区文物保护单位表

高淳老街历史街区现有省级文物保护单位 1 处，区级文物保护单位 19 处，不可移动文物 36 处。

附表1—11　　　　高淳老街历史街区文物保护单位

序号	名称	等级	时代	地址
1	新四军一支队司令部旧址	省级	1938 年	中山大街迎薰门左侧
2	有政康酱坊旧址	区级	清	中山大街 72 号
3	朱家纸坊旧址	区级	清	中山大街 100 号
4	杨宅	区级	清	中山大街 106 号
5	唐氏民宅旧址	区级	清	中山大街 107 号
6	东阳杂货店旧址	区级	清	中山大街 110 号
7	老街商业店铺	区级	清	中山大街 114 号
8	福和祥烟店旧址	区级	清	中山大街 129 号
9	高淳工商联会所旧址	区级	清	中山大街 130 号
10	张泰来碗店旧址	区级	清	中山大街 140 号、142 号、144 号
11	六朝居饭店旧址	区级	清	中山大街 146 号
12	联陞园饭店旧址	区级	清	中山大街 165 号、167 号、169 号
13	振兴祥杂货店旧址	区级	清	中山大街 161 号
14	河滨街汪氏住宅	区级	清	河滨街 46 号
15	铁匠铺旧址	区级	清	河滨街 56 号
16	新四军办事处旧址	区级	1938 年	仓巷 32 号
17	救生局旧址	区级	清	当铺巷 82 号
18	耶稣教堂旧址	区级	近现代	江南圣地 47 号
19	东门桥	区级	明	淳溪街道老街东
20	井巷井（乾隆古井）	区级	清	井巷西头北侧
21	中山大街 38 号民居	不可移动文物	民国	中山大街 38 号
22	河滨街 12 号民居	不可移动文物	民国	河滨街 12 号
23	河滨街 15 号民居	不可移动文物	清	河滨街 15 号
24	河滨街 19 号民居	不可移动文物	民国	河滨街 19 号
25	河滨街 20 号民居	不可移动文物	清	河滨街 20 号
26	河滨街 25 号民居	不可移动文物	民国	河滨街 25 号
27	河滨街 30 号民居	不可移动文物	民国	河滨街 30 号
28	河滨街 32 号民居	不可移动文物	民国	河滨街 32 号
29	河滨街 34 号民居	不可移动文物	民国	河滨街 34 号
30	河滨街 35 号民居	不可移动文物	民国	河滨街 35 号

续表

序号	名称	等级	时代	地址
31	河滨街 38 号民居	不可移动文物	民国	河滨街 38 号
32	河滨街 40 号民居	不可移动文物	民国	河滨街 40 号
33	河滨街 42 号民居	不可移动文物	民国	河滨街 42 号
34	河滨街 44 号民居	不可移动文物	民国	河滨街 44 号
35	河滨街 51 号民居	不可移动文物	民国	河滨街 51 号
36	井巷 5 号民居	不可移动文物	清	井巷 5 号
37	汪志斌民居	不可移动文物	民国	当铺巷 4 号
38	唐顺林民居	不可移动文物	民国	当铺巷 5 号
39	唐朝银民居	不可移动文物	民国	当铺巷 7 号
40	唐开禄民居	不可移动文物	清	当铺巷 9 号
41	当铺巷 10 号民居	不可移动文物	民国	当铺巷 10 号
42	张腊美民居	不可移动文物	民国	当铺巷 12 号
43	吴氏牌坊	不可移动文物	清	当铺巷 14 号
44	当铺巷 20 号民居	不可移动文物	民国	当铺巷 20 号
45	吴为娟民居	不可移动文物	清	当铺巷 24 号
46	傅家巷 8 号民居	不可移动文物	民国	傅家巷 8 号
47	傅家巷 9 号民居	不可移动文物	民国	傅家巷 9 号
48	徐家巷 18 号民居	不可移动文物	民国	徐家巷 18 号
49	文储巷 8 号民居	不可移动文物	民国	文储巷 8 号
50	江南圣地 33 号民居	不可移动文物	民国	江南圣地 33 号
51	江南圣地 35 号民居	不可移动文物	民国	江南圣地 35 号
52	周爱民民居	不可移动文物	民国	江南圣地 36 号
53	芮军民居	不可移动文物	民国	江南圣地 38 号
54	江南圣地 64 号民居	不可移动文物	清	江南圣地 64 号
55	小河沿 6 号民居	不可移动文物	清	小河沿 6 号
56	小河沿 12 号民居	不可移动文物	民国	小河沿 12 号

11. 七家村历史街区文物保护单位表

七家村历史街区现有不可移动文物 12 处。

附表 1—12　　　　　　七家村历史街区文物保护单位

序号	名称	等级	时代	地址
1	王金福民居	不可移动文物	清	中山大街 226 号
2	高腊美民居	不可移动文物	清	中山大街 231 号
3	周森木民宅	不可移动文物	民国	中山大街 251 号
4	陈纬木民宅	不可移动文物	民国	中山大街 252 号
5	中山大街 255 号民居	不可移动文物	民国	中山大街 255 号
6	陈后丰民居	不可移动文物	清	中山大街 258 号
7	邰顺发民居	不可移动文物	清	中山大街 259 号
8	中山大街 263 号民居	不可移动文物	清	中山大街 263 号
9	七家村 25 号民居	不可移动文物	清	七家村 25 号
10	陈雨庆民居	不可移动文物	民国	七家村 27 号
11	陈斌民居	不可移动文物	民国	七家村 28 号
12	陈启泰民居	不可移动文物	民国	蒋家巷 8 号

附录二

南京各历史街区内历史建筑举要
（对照表后图片）

1. 颐和路历史街区内历史建筑举要

附表 2—1

序号	名称	基本信息	备注
1	泽存书库旧址	位于颐和路 2 号，原是陈群私人藏书楼，建于 1941 年 3 月，1942 年 2 月完工，是一幢按书库要求建造的砖混结构三层楼房。书库落成后，存天一阁、海源阁、八千卷楼、海日楼、抱经楼、越缦堂流散于社会的一些珍本善本、名家稿本等古籍 40 多万册，其中善本有 4400 多部，45000 册，不乏宋元刊本和清抄稿本之类的精品书籍。编有《南京泽存书库图书目录》善本、普本各一册	陈群（1890—1945），字人鹤，福建闽侯人。早年留学日本，曾任国民政府内务部政务次长、首都警察厅厅长等职。抗战爆发后，在汪伪国民政府担任内政部部长、江苏省省长、考试院院长等职。陈群好藏书。抗战胜利后，泽存书库由国立中央图书馆接管，成为该馆的北城阅览处，专供善本书库和特藏组办公之用，并接收了泽存书库及陈群在南京、上海、苏州等地的藏书 60 万册。解放前夕，泽存书库的大部分善本书被运往台湾
2	陈布雷公馆旧址（1−1）	位于颐和路 4 号，最初是实业部农业司司长徐廷湖于 1936 年购置，建成西式砖木混凝土结构的小楼两幢，一为三层，另为二层，还有平房数幢，建成不久租给陈布雷。直至抗战爆发，1937 年 12 月南京沦陷，举家迁往重庆。现房屋为南京军区所用	陈布雷（1890—1948 年），原名训恩，字彦及，号畏垒，笔名布雷，浙江慈溪人。先后加入同盟会和国民党，曾任上海《天铎报》《商报》《时事新报》主笔，浙江教育厅厅长、教育部次长、宣传部副部长、中央政治会议副秘书长、秘书长等职

续表

序号	名称	基本信息	备注
3	阎锡山公馆旧址（1-2）	位于颐和路 8 号，建于 1934 年。1949 年 4 月，李宗仁将此处拨给阎锡山居住。主体建筑为中西合璧式二层楼房，钢筋混凝土结构。青砖灰墙，钢门钢窗，装潢精雅。另有门房、西式平房、厨房、汽车房等附属建筑	阎锡山在南京的公馆有三处，分别为玄武区上乘庵 16 号、颐和路 8 号和高楼门 51 号。上乘庵与高楼门两处已拆毁，现仅存的颐和路 8 号
4	菲律宾公使馆旧址（1-3）	位于颐和路 15 号，原是国民政府青岛市工务局局长、天津开滦矿务总局经理、南京社会局局长王崇植的私宅。1937 年以前，他在此购地兴建一幢西式三层花园楼房，大开间砖混结构，包括书房、会客室、卧室等 9 间，建筑面积 481 平方米，另有附属平房一幢，作为厨房、佣人住房、厕所等之用。楼前留有较大空间，种植花草树木，小院幽静怡人。1948 年 4 月，菲律宾政府任命谢伯襄为首任驻华特命全权公使来宁履任，租用此处作为使馆之用。1950 年退租。现为南京军区使用	
5	邹鲁公馆旧址（1-4）	位于颐和路 18 号，是邹鲁 20 世纪 30 年代任国民政府常务委员时的官邸。公馆坐北朝南，占地 776.7 平方米，总建筑面积 295.1 平方米。建筑主体为西式二层带阁楼，砖混结构，木门窗，黑色平瓦屋面，水泥素粉外墙。楼房西南部为半圆形排窗。院内还有西式平房二进，共计三幢 13 间房。整个宅院，朴素无华，庄重大方	邹鲁（1885—1954 年），字海滨，原名澄生，笔名亚苏，广东大埔人。8 岁入塾，19 岁创办乐群中学。1905 年加入中国同盟会。历任广东省财政厅厅长、国立广东大学校长、国民党中央特别委员会委员、中央常务委员、国民政府常务委员、国防最高委员会常务委员、国史馆筹备委员会委员、监察院监察委员等职。1949 年去台湾，1954 年 2 月，病逝于台北

序号	名称	基本信息	备注
6	陈庆云旧居	位于鼓楼区颐和路 20 号，是民国时期重要人物陈庆云的住宅。该房屋建于 1912—1937 年，建筑面积为 327 平方米，占地面积约为 760 平方米，为独立式，一幢两层楼房，西式建筑风格，坐西北朝东南，砖木结构，人字形红瓦屋顶，主体建筑的南角建有半圆形的阳台，使该建筑的线条更为活泼多变。解放前，陈庆云已将该产抵押给原中国农业银行。解放后，因陈庆云侨居美国，该房屋由南京市房产局代管。1949 年 10 月二野军眷属居住用。1950 年 4 月空置，后用作招待所。现为南京军区营房处用房，建筑保存较为完整	陈庆云，字天游，广东香山人。任孙中山侍从武官，协助孙中山创办空军，后任航空局航空队队长。1981 年 12 月 14 日病逝于纽约
7	杜佐周旧居	位于颐和路 17 号，是我国著名的教育学家杜佐周于 1934 年购地自建的独立式假三层楼房，坐西北朝东南，砖木结构，主体建筑平面呈长方形，建筑面积约为 200 平方米，院子占地面积约为 900 平方米。现为江苏省行政管理局用房，保存较为完整	杜佐周，浙江东阳人，美国哥伦比亚大学毕业，曾先后任国立武昌中山大学文科主席、厦门大学教育系主任、中央大学（今南京大学与东南大学的前身）教育学系主任、国立暨南大学总务长兼秘书长、国立英士大学校长、大夏大学文学院院长、全国教育学会、儿童教育学会理事长
8	苏联大使馆旧址	位于颐和路 29 号，原国民政府空军航空大队长王青莲于 1937 年前购地兴建的寓所。房屋砖木混凝土结构，西式假三层花园楼房，楼上下正房 12 间，另有一排西式辅助用房 5 间，花园 1 座，占地面积 809.9 平方米，房屋建筑面积 353 平方米。现为部队住宅用房，保存完好	

序号	名称	基本信息	备注
9	澳大利亚大使馆旧址（1-5）	位于颐和路 32 号。1937 年前，国民政府首都警察厅厅长韩文焕在此购地 945.3 平方米，建造宅院。住宅为三层砖木混凝土结构的花园洋房，包括会客厅、书房、卧室等 15 间，附属建筑二幢 4 间，共有 514.7 平方米。1948 年 2 月，澳大利亚政府任命欧辅时首任驻华特命全权大使来宁履任，租用该房屋为澳大利亚使馆馆址。1950 年 2 月 19 日退租。现为住宅	
10	顾祝同公馆旧址（1-6）	位于颐和路 34 号，是顾祝同在 1937 年前以其二兄顾祝信之名购地兴建的，院广宅大，气派非凡，整个宅院占地面积 2252.6 平方米，坐北朝南。公馆主楼为西式假三层楼房，砖混结构，木门窗，青砖红瓦。一楼向阳面为内走廊，二楼是内阳台，布局合理，共有房间 12 间。另有西式平房一进 7 间，总建筑面积 921.4 平方米	顾祝同（1893—1987）字墨三，江苏涟水人。国民党军高级将领，一级陆军上将。1987 年 1 月 17 日卒于台湾
11	郑天锡旧居	住宅建筑，位于颐和路 37 号，建于 1912—1937 年，原为民国时期重要历史人物郑天锡在战前购地自建，建筑面积为 235 平方米，占地面积为 1032 平方米，为独立式两层楼房，坐西北朝东南，砖木结构，红砖外立面未粉刷，"人"字形屋顶，木门窗，主体建筑平面呈"土"字形。院内西边有一个地下防空洞，院子的中间有花坛水池，环境优美。现为省级机关用房，原有建筑格局和风貌仍存	郑天锡（1884—1970 年），中山市人，早年毕业于香港皇仁书院及上海圣约翰大学，后赴英国剑桥大学研究院攻读法学，获法学博士学位，是我国留学生在英国获取法学博士学位的第一人。1919 年第一次世界大战后，郑天锡被任命为中国代表团团员，出席巴黎和平会议。1933 年任司法行政部次长，并代署部务，被推荐任海牙国际法庭法官，1936 年当选为国际海牙法庭常设法官

续表

序号	名称	基本信息	备注
12	汪精卫公馆旧址(1-7)	建于1936年,占地面积1500多平方米,钢筋混凝土结构。进门右侧是门卫室。原是褚民谊的官邸。主楼底层有会客室、办公室;二楼中间是一间大会客室,四周有四间卧室;三楼是卧室。公馆内部设施应有尽有,室内陈设颇为考究,汪精卫夫妇一直居住在这里。后由国民党战地服务团接收。因其距离当时位于西康路的美国大使馆仅数步之遥,旋即又被改作美军军官俱乐部	
13	薛岳公馆旧址(1-8)	位于江苏路23号,占地面积795.6平方米,有楼房2幢,平房4幢,共计房屋32间,总建筑面积共计773.9平方米。前一幢为西式二层楼房,坐北朝南,砖木结构,木门木窗,水泥方瓦,素粉外墙,简洁古朴。里面一幢为西式三层楼房,也是砖木结构,坐西朝东,木门木窗,青平瓦,青砖清水外墙。现经修缮出新,位于颐和路公馆区第十二片区	薛岳(1896—1998年),字伯陵,广东乐昌人。国民党陆军一级上将。先后毕业于广东黄埔陆军小学、武昌陆军第二预备学校、保定陆军军官学校。1914年,加入中华革命党。历任师长、军长,第六路军、第二路军总指挥,贵州绥靖公署主任、贵州省政府主席,国民政府参军长等职。1949年去台湾,晚年隐居在嘉义县,1998年逝世
14	熊斌旧居(1-9)	在江苏路27号、29号。1934年,熊斌以其妻卢韵琴之名在江苏路27号购地1000平方米建造宅第,小楼为西式坡顶三层,有客厅、书房、卧室等房间16间,三楼有露台,室内设施齐全。1937年,他又以妻之名买下隔壁一块地建房(现29号),并请南京义联营造厂建筑。小楼为二层西式,共有房间16间,另有门房、车库、厨房等6间,室内设施齐全。现位于颐和路公馆区第十二片区	熊斌(1894—1964年),字哲明,湖北礼山(今大晤)人。曾任陆军副军长、参谋部副参谋长、陕西省府主席、北平市市长等职

序号	名称	基本信息	备注
15	周至柔公馆旧址（1-10）	位于琅琊路9号，占地面积1525.6平方米，西式铁制大门，坐西朝东。主楼建于宅院西北部，为尖屋顶别墅式三层洋楼，砖混结构，钢门钢窗，黑色平瓦屋面，米黄色灰粉外墙，淡雅和谐，宛如画境。院内松杉棕竹，梅兰菊桂，花树繁茂，生机盎然。院内还建有附属建筑6幢25间，总建筑面积698.2平方米	周至柔（1899—1986年），名百福，字至柔，浙江临海人。1986年8月29日病逝于台北医院
16	杭立武公馆旧址（1-11）	位于琅琊路13号，坐西朝东，占地面积1015.9平方米。主楼为西式二层楼房，砖混结构，钢门钢窗，青色平瓦屋面，青砖清水外墙，白漆勾画砖缝。院墙与主楼外墙，色调一致，冷峻整洁；院内另有西式平房3栋，为辅助用房，共计4幢20间，总建筑面积349.2平方米	杭立武（1904—1990年），安徽滁县人。1930年起，历任金陵大学教授、中央大学政治系主任、行政院中英庚款董事会总干事、国民参政会参政员、教育部常务次长、教育部政务次长、教育部部长等职。1949年去台湾。1990年初，病逝于台湾。著有《今日台湾》（英文版）等著作
17	陈诚公馆旧址（1-12）	位于普陀路10号。1945年8月，陈诚由重庆回到南京，并将其夫人、子女迁来南京，住在此处。1948年6月，陈诚携妻眷离宁后，由其弟陈正修居住。整个院落占地面积2350平方米。主体建筑为西式带尖顶老虎窗的假三层楼房，砖混结构，青平瓦，黄外墙，木门窗。二层设露天阳台，楼内有会客室、书房、卧室、洗漱室等，室内还设壁炉供暖。院内还有西式平房3幢10间，汽车房1间，总建筑面积1251.9平方米	陈诚（1898—1965年），字辞修，号石叟，浙江青田人。国民党一级陆军上将。20岁考入保定军官学校第八期炮兵科，毕业后，分配在浙军第二师见习。旋赴广州，在粤军任上尉连长，担负孙中山大元帅府的警卫。两年后，任黄埔军校教官，参加了北伐战争。曾任师长、军长、军委会军政厅厅长、军政部常务次长、总司令、湖北省政府主席、战区司令长官等职。1947年9月赴沈阳，任东北行辕主任。1948年赴台湾，任台湾省政府主席、台湾警备司令、东南军政长官公署长官、"行政院院长""副总统"、国民党副总裁等职。1965年3月5日病逝于台北

序号	名称	基本信息	备注
18	巴西大使馆旧址	位于宁海路 14 号，是武汉大学教授李儒勉于 1932 年购地建造的，占地约 900 平方米。建有楼房二幢，一为西式三层一幢，另一幢是二层，还有平房三幢。1948 年 6 月巴西大使馆租用，1949 年 4 月南京解放后退租。现仍由李教授家属居住	
19	马歇尔公馆旧址（1－13）	位于宁海路 5 号，原名"金城银行别墅"，1935 年由著名建筑师童寯设计。是一座歇山顶仿古二层楼房，砖混结构，上铺琉璃瓦。楼前有宽敞的庭院绿地，院内的小径用红、黑、白三色鹅卵石铺成鹰、狮、虎和鸟 4 种图案，至今保存完好	乔治·卡特利特·马歇尔（George Catlett MarshaII 1880—1959），是第二次世界大战中的著名人物，享有"胜利组织者"的美名
20	黄仁霖公馆旧址（1－14）	位于宁海路 15 号，是 20 世纪 30 年代初黄仁霖购地兴建的，占地面积 1035 平方米。主楼为东西向，意大利式三层楼房，砖混结构，钢窗木门。一层有拱券内廊，二层南面有露天阳台，三层是老虎窗采光，青平瓦屋面，红砖清水外墙，局部米色灰粉。院内共有房屋四幢，建筑面积 320.3 平方米。现位于颐和路公馆区第十二片区	
21	钮永建公馆旧址（1－15）	位于赤壁路 3 号，是钮永建任江苏省主席时，以其妻沈纤华之名所建，占地面积 989.9 平方米。主楼为复合型西式三层楼房，砖木结构，钢窗木门，红砖清水外墙，青色平瓦屋面，外观清晰明快，楼内会客室、书房、起居室、卫生间等一应俱全。院内另有西式平房 4 幢，整个公馆共计 5 幢 22 间，总建筑面 372.6 平方米。1946 年 9 月 1 日至 1948 年 8 月 31 日，励志社向其租赁作为第三招待所之用。现建筑保存较好，仍保留有原有布局和风	钮永建（1870—1965 年），字惕生，上海松江人。1898 年，赴日本士官学校留学，加入中国同盟会。归国后，筹办学堂。1905 年，赴德国陆军大学留学。1911 年武昌起义后回国，任沪军政府军务司司长、松江军政府都督、南京临时政府参谋次长、北京总统府军事顾问等。1913 年流亡日本，加入中华革命党。翌年，经英国转赴美国，后奉孙中山电召至上海，任军务院驻沪军事代

序号	名称	基本信息	备注
21	钮永建公馆旧址（1－15）	貌，局部有改造，门窗为后期之物	表。1917 年后，历任广州大元帅府参谋次长兼兵工厂厂长、革命军总司令部总参议、广州中央政治会议秘书长、中央驻沪特派员、国民政府秘书长、江苏省政府主席、立法院军事委员会委员长、考试院副院长、代理考试院院长、国民政府政务官惩戒委员会委员长等职。1949 年去台湾。1965 年 12 月 23 日病逝于美国
22	多米尼加公馆旧址（1－16）	位于赤壁路 5 号，是国民政府外交部常务副部长刘锴于 20 世纪 30 年代购建的，占地 898 平方米，楼房为西式二层 14 间，平房 1 幢 4 间，房屋面积共 308.6 平方米。1948 年 10 月，多米尼加公使馆租用，1949 年 6 月退租。现为江苏省行政管理局宿舍	
23	加拿大驻中华民国大使馆旧址（1－17）	位于天竺路 3 号，是国民政府行政院副秘书长梁颖文于 1930 年代购地建造的。该院为一扇形，建筑被安排在扇形的小头，东、南两面均有大片绿地，种植多种树木花草，靠近围墙边有一水池，另外院内还修建有 2 个防空洞。主要建筑面南，占地面积 438 平方米，是二、三错层的西式现代楼房，砖混结构，青砖清水外墙面，建筑设施完善。主楼有房间 15 间，另有门房、汽车房、厨房和其他辅助用房 11 间，建筑面积共 792 平方米。1946 年 4 月加拿大大使馆租用。1947 年 5 月 21 日，加拿大政府任命的首任驻华特命全权大使戴维斯抵宁赴任。1949 年 10 月 1 日退租。现为住宅	

续表

序号	名称	基本信息	备注
24	墨西哥大使馆旧址（1-18）	位于天竺路15号，是国民政府外交部职员王昌炽于20世纪30年代以王念祖之名购地千余平方米建造的。主要建筑为二、三错层西式小楼，砖混结构，清水外墙，现为红色。楼内共有大小房间12间，建筑设施完善。院内另有平房2幢，为门房、厨房等辅助用房。1946年2月26日，墨西哥政府租用该建筑为大使馆馆址。1947年8月28日，墨西哥政府任命的首任驻华特命全权大使艾吉兰到任。1950年墨西哥大使馆退租。现为住宅	
25	罗马教廷公使馆旧址	位于颐和路44号，1946年7月7日，罗马教庭任命黎培里为首任驻华特命全权公使，1946年12月14日抵宁赴任，租地765平方米，建起砖木混凝土结构的馆舍2幢10间，西式平房1幢8间，简易房1间，共计19间，建筑面积共493平方米。1946年12月28日开馆，1951年9月5日罗马教廷公使馆闭馆撤走。该建筑保存基本完好，有改建痕迹	
26	汤恩伯公馆旧址（1-19）	位于珞珈路5号，原主人是林宛义。1946年7月，汤恩伯以其妻王竟白之名，从林氏手中购得。小院占地748平方米，主楼为一西式三层砖混结构的楼房，有客厅、书房、卧室等房间12间。小楼上覆红瓦，拉毛水泥墙面，院内绿树成荫，曲径通幽	汤恩伯（1899—1954年），原名克勤，浙江武义人，历任师长、军长、集团军总司令、陆军总司令部副总司令兼南京警备司令、京沪杭警备司令等职。汤恩伯写有一手极好的钢笔字，又常向蒋介石呈送手本，献策取媚，他的手本颇受蒋的青睐。1954年病逝

续表

序号	名称	基本信息	备注
27	巴基斯坦公使馆旧址	位于珞珈路50号，是国民政府交通部部长曾养甫于1937年前购地并兴建的花园式砖木混凝土结构的三层楼房，包括1栋10间，西式平房2栋7间，汽车房1间，共计19间，房屋面积755.1平方米。1949年1月1日，巴基斯坦在华设立公使馆，派出首任驻华特命全权公使，租用此处建筑为馆址。1951年退租。现为南京军区干休所使用	
28	瑞士公使馆旧址（1-20）	位于珞珈路46号，是于1936年购地1146平方米兴建的住宅。主楼为西式三层楼房，砖混结构，房间共有12间，另有平房2幢4间。1948—1949年，瑞士政府租用此处为公使馆馆址。现为居民住宅	
29	胡琏故居（1-21）	位于牯岭路10号，占地面积900平方米，坐东朝西。主楼在院子的东北部，为西式尖顶三层，砖混结构，黑瓦黄墙，灰色围墙。楼的门窗为木制，二层西南角为露天阳台。另有平房2幢，共有房间15间。院内竹木茂盛，视野开阔，环境宜人	胡琏（1907—1977年），字伯玉。原名从绿，又名俊儒，陕西华县人。国民党陆军一级上将。1949年大陆解放后，退守金门。1954年，奉命回台北。1957年，再次出任金门防卫司令。他晚年爱好文学和历史，喜读古书。1977年病逝于台湾
30	邓寿荃旧居（1-22）	位于江苏路3号，是国民政府湖南省财政厅长、首届建设厅厅长邓寿荃化名邓守善在1935年建造，占地约380平方米，建筑面积346.8平方米，坐北朝南，砖木结构，假三层，大坡架屋顶，青瓦，带有壁炉。造型错落有致，灰色梯形楼顶上设置有"老虎窗"，具有通风和采光的双重功效。邓病故后，该房产由其妻毛仕珍继承。1958年社会主义改造，该房屋全部纳入改造，确定鼓楼区房管所房产所有权。现位于颐和路公馆区第十二片区	邓寿荃（1886—1946年），又名兴南，湖南安化县人，出身地主家庭，在安化有山田租一两千石、滨湖有湖田近万亩，是个横跨政商两界的人物。1934年3月1日任南京国民政府监察院参事处参事。1939年，到重庆国民政府行政院任行政委员，又做药材和黄金生意。同年10月，定居安化县城，操纵县政，作威作福，横行乡里，成为一方豪绅。1946年11月病死于安化梅城

续表

序号	名称	基本信息	备注
31	杨公达旧居（1-23）	位于江苏路19号，是民国时期重要历史人物杨公达的住宅建筑，为一幢两层楼房，砖木结构，红屋顶，水泥墙面，有老虎窗。解放前夕，杨公达携家人去台湾，房屋处于无人看管状态，遂由南京市军管会房产管理处代管。代管后，先后由十七军二队、华东军区通讯学校、华东大学、市委行政处等单位使用。现房屋保存较为完整，位于颐和路公馆区第十二片区	杨公达（1907—1972），四川长寿人，早年毕业于北平高等师范学校，赴法国留学，入法国政治学院、巴黎大学，毕业后回国。1930年冬国立中央大学授予名誉法学博士学位。1937年抗日战争爆发后，任中国国民党中央党部秘书、国际联盟中国同志会理事、总干事，并主编《国际政治》，1946年11月任制宪国民大会代表。1949年赴台湾后，续任立法委员，并任中兴大学教授，中华民国联合国同志会常务理事。1972年12月29日逝世
32	吴光杰旧居（1-24）	位于江苏路25号，最初为国民政府中央军校外语补习所主任、中央军校编辑处长吴光杰自建房，独立式楼房，青砖外墙，铁院门，西式三层洋房，多折形屋顶，红漆勾边，青砖外墙，白线勾缝，院内多绿化，种有雪松、柏树等。1948年，吴光杰至台湾后，委托其侄女吴幼霖管理该房屋。1950年由政府代管，后为省机械工业厅租用。20世纪80年代，吴光杰次子吴世武正式书面申请和提供其国外兄弟姐妹的共同委托，要求发还被代管的房屋，经研究同意发还该房屋为吴光杰继承人所有。现为吴光杰继承人私人住宅	

序号	名称	基本信息	备注
33	杨华臣旧居（1－25）	位于江苏路5号，建筑面积为764.9平方米，为二层砖木结构，外观朴素，烟囱、老虎窗平添外形轮廓的起伏变化。该房屋是杨华臣在抗日战争前建造的，由于种种因素，抗战前并未完工，抗战胜利后建成，被军统局、高等法院占用。1953年1月，房屋经交易所介绍，被卖给江苏省人民政府办公厅。现位于颐和路公馆区第十二片区	杨华臣于1928年经陈策介绍在天津加入国民党，是年年底，津浦铁路特别党部成立，被推选为特别党部监委委员，1929年年底改选后退出。先后任平绥铁路机务处处长，平汉铁路副局长兼北段营理处处长，铁路部厂务局顾问工程师、铁道部机车修理局顾问工程师等职
34	张笃伦旧居（1－26）	位于江苏路33号，是民国时期重要历史人物原国民政府湖北省主席张笃伦以其子张荣基之名购置的住宅建筑，建筑面积为287.5平方米，独立式两层楼房，坐西北朝东南，砖木结构，米黄色外墙，"人"字形屋顶，主体建筑平面呈轴对称图形，拱券形大门，入口处建有上下台阶，建筑的外立面离地面一米处均为石头基座。南京解放后，张笃伦去往台湾，该房屋由南京市房产局代管，并交由南京市公安局交警五大队作为办公用房。现保存较为完整，位于颐和路公馆区第十二片区	
35	赤壁路17号民国建筑（1－27）	位于赤壁路17号，该建筑建于1935年，原是民国时期上海市教育局局长、国民政府国大代表李熙谋的住宅。房屋为独立式两层楼房，坐西北朝东南，砖木结构，黄色外立面爬满爬山虎，主体建筑南面二楼处设有一长方形阳台。另有附属建筑若干。解放前，房屋租与中华民国中央研究院的第二任院长朱家骅居住。解放后，由南京市房产局代管，交军区司令部行政处粮食储运处南京市粮食局使用。现为省级机关事务管理局承租	

序号	名称	基本信息	备注
36	北京西路44号建筑	位于北京西路44号，建于1912—1937年，原是贺贵年以贺菊乡的户名登记的住宅，主体建筑建筑面积约为490平方米，为独立式两层楼房，局部三层，坐北朝南，砖木结构，外立面呈黄色，南面部分用水泥粉刷，屋檐处用白色石灰粉刷，主体建筑入口设有四级上下台阶，部分窗户仍为老式木格窗纹。解放前，房屋曾租给印度大使馆使用，退租后，贺贵年全家迁往北京，房屋由南京市房产局代管。1953年借给南京市委会使用。现为军区单位用房。保存较为完整	贺贵年又名贺贵严、贺耀祖、贺菊乡，湖南宁县人，解放前任重庆市市长，解放后任中南军政委员会委员
37	牯岭路20号民国建筑（1-28）	位于牯岭路20号，建于1933年，原是国民政府时期浙江省秘书长刘石心的住宅，建筑面积约为249平方米，院落占地面积为1321.7平方米，独立式三层楼房，坐东北朝西南，砖木结构，"人"字形屋顶，青砖外立面未粉刷，主体建筑结构相对较复杂，但仍显得有序。1946年，出租给荷兰领事馆两年。1952年因房主不在南京而由南京市房产局代管。1953年5月16日，拨借给江苏省委使用。1990年核定鼓楼区房产经营公司对该房产所有权。现为居住用房，保存较为完整	刘石心，1936年前任浙江省秘书长，1936年任南京市建设委员会秘书长大约3年，1940年再任广州社会局局长，后又任贵州华侨中学校长、杭州农业银行经理，上海近解放时，任世界书局经理。解放后去香港定居

序号	名称	基本信息	备注
38	牯岭路21号民国建筑（1–29）	位于牯岭路21号，建于1935年8月，原是国民党军官张诚的住宅，建筑面积约为378.4平方米，占地面积为890平方米，独立式三层楼房，坐西朝东，砖木结构，青砖外立面白线勾勒，多折屋顶，有老虎窗、烟囱，主体建筑平面呈方形，建筑的东面有长方形的门廊，二楼处为阳台。张诚死亡后，由其妻王舜英继承该房产。1952年，南京市人民法院判决没收张诚该处房产。1953年4月13日江苏省委会借用该处房屋，在租用期间1977年建造了一幢平房，一直使用至今。1989年核定省级机关事务管理局该处房产所有权。现为省级机关宿舍，保存较为完整	张诚，又名张居敬，抗战前曾任国民党营、团、旅长及军委会少将参谋。抗战爆发后，随军撤退到湖南，1938年由香港转道至上海。1940年春任汪伪警卫师旅长，同年农历八月二十八日患脑溢血死亡
39	莫干路14号民国建筑	位于莫干路14号，建于1937年前，民国时期重要历史人物程中行（别名程沧波）的私人住宅，建筑面积约为400平方米，院落占地面积约1300平方米，为独立式两层建筑，坐西北朝东南，砖木结构，院内树木品种繁多。解放前，该房屋租与招商局使用，解放后由南京市房产局代管，由公安局外侨管理科使用。现仍为住宅用房	程中行，曾任汪伪中央宣传部副部长、南京中央日报社长、立法委员、监察院秘书长，抗战期间担任上海新闻报社长到解放之日止，解放后定居台湾
40	莫干路15号民国建筑	位于莫干路15号，建于1931年，原是国民政府广东省立法委员、国民党大会代表、国民政府中央大学教授陈逸凡的私人住宅，是其以国货银行借款购地自建，建筑面积为327.14平方米，为独立式，一幢三层楼房，坐西南朝东北，砖木结构，"人"字形屋顶，	

续表

序号	名称	基本信息	备注
40	莫干路15号民国建筑	二楼有凉台。抗战时期被日本军官占用。抗战胜利后收回自住。1949年6月23日，陈逸凡定居台湾，解放后由房产局以陈茹云名登记代管，后借军区直属处和第三野战军幼儿园。近年来，建筑重新整修过，保存较为完整，现仍为住宅用房	
41	宁海路4号民国建筑	位于宁海路4号，建于1912—1934年间，该房屋原是中南银行所有，1934年卖给民国时期重要历史人物邱甫义，为独立式两层楼房，坐北朝南，砖木结构，"人"字形红瓦屋顶，清水外立面，木门窗，主体建筑的南面有一阳台。1948年7月至1949年5月，邱甫义将该房出租与励志社总社。1949年12月，房屋由南京市房产局代管。1950年，邱甫义多次申请发还该房屋，经核准，于1951年1月24日撤销代管，发还邱甫义。1951年6月，邱甫义又将此房卖与张惠忠。① 该房屋现为鼓楼区房管所和张惠忠共同所有。房屋保存较为完整	邱甫义又名邱甲，北京工科大学毕业，曾任清和织呢厂工程师，民国大学及工大预科教员教育部视学。1930—1937年任四川省府刘湘主席之代表。1934年3月至1948年6月任蒙藏委员会委员，1948年7月起至解放初任四川水泥公司董事长

① 1958年私房社会主义改造，张惠忠房屋除自留4个自然间外，全部纳入改造。1990年，核定鼓楼区房产经营公司张惠忠房屋纳入改造部分以及新建房屋一幢房产所有权，其余自留部分核定张惠忠房产所有权。1992年7月，张惠忠经鼓楼区公证处公证，自愿将楼上南面一间20.1平方米及北面一间7.3平方米房屋赠予女儿张莉莉，张惠忠又将楼上东面一间25.8平方米及西面一间11.9平方米的房屋赠予儿子张家林，剩余11.7平方米房产赠予张莉莉和张家林共有。2001年2月，鼓楼区落实私房政策，西北角一幢平房将撤销改造，退还给张惠忠所有。

续表

序号	名称	基本信息	备注
42	宁海路38号民国建筑（1-30）	位于宁海路38号，建于1935年，原属清朝时曾任李鸿章私人票号（金融业）总商办总监的胡熙伯所有。该房屋建筑面积为657.4平方米，南北向，两层砖混结构，外部用毛面水泥粉饰，结合民族形式的细部装饰，木质框架玻璃窗。入口处设有4个拱券形柱式门廊，上承二楼阳台，两侧二楼各有一个伸出的阳台，钢铁护栏。解放前，该房产租与战犯彭昭贤及张清源等居住，订期3年，但未到期即解放，彭昭贤及张清源逃亡。1949年由部队接管，交与南京军事院校使用，后又交给南京军区司令部管理局使用，1982年移交给省军区使用。建筑现保存较为完好	胡伯熙曾住香港、广州等地，一般银行界前辈不少是他部下，于民国二年进入中国银行。抗日战争开始时任杭州中国银行经理，撤退至上海负责中国银行职员疏散问题。上海沦陷后任汪伪中国银行上海银行信托部经理，中国银行南京分行经理。抗战胜利后任中国银行上海稽核等职务，直至解放因病告老辞职

2. 梅园新村历史街区内历史建筑举要

附表2—2

序号	名称	基本信息	备注
1	中国共产党代表团办事处旧址（2-1、2-2）	全国重点文物保护单位，包括梅园新村17号、30号、35号。梅园新村30号有二层楼房3幢，共18间。主楼楼下有办公室、会客室、卧室、餐室等，楼上设有机要科等。梅园新村35号有砖木二层楼房1幢，砖木平房2座，共11间。梅园新村17号是中共代表团办事机构的所在地，有砖木三层楼房1幢，二层楼房2幢，砖木平房2座，共29间	
2	毗卢寺（2-3）	位于内秦淮东段西侧的汉府街，原是一小庵，名毗卢庵。清光绪年间，湖南籍和尚海峰在此庵住持，他与湘军的许多将领既是同乡也有旧交，于是以建寺起水陆道场，超度死难湘军之灵的名义，向湘军各路统领募捐得一笔巨款。他用这笔款，仿镇江金山江天寺格局建造了规模崇宏的毗	

序号	名称	基本信息	备注
2	毗卢寺（2-3）	卢寺。毘卢寺的布局为山门、天王殿、大雄宝殿、藏经楼（供万佛塔）、三圣殿（供接引佛）。万佛塔高五级，绕以八角围屏，上列 24 诸天，雕刻极精，为南京所仅有。寺内一木刻 11 面观音像，高 11 米，据传此像仿唐代"密宗"像谱，用台湾桧木雕琢而成，极为珍贵。可惜的是，寺内佛像已毁于"文革"，现仅存大殿、藏经楼等主体建筑	
3	蓝庐（黄裳故居）	位于汉府街 3 号，为国民政府陆军中将黄裳①于 1935 年在此购地自建，为一座中式风格的二层小楼，屋顶瓦片是很少见的蓝色，因此被人称为"蓝庐"。楼房砖木结构，西侧是一排两层建筑，东侧是一排一层平房，主体建筑屋顶呈"人"字形。现房屋为黄裳后人居住	
4	周恩来图书馆（2-4）	是 1998 年江苏省暨南京纪念周恩来百年诞辰的重点工程，占地面积 855 平方米，建筑面积 1280 平方米，由民国初期民居式小楼改建组合而成，分上、下两层，内设展厅、阅览厅、音像资料厅、采编室、书库等。该馆在中共中央文献研究室的指导下，成为全国第一家周恩来图书馆资料研究中心	
5	梅园新村 1—4 号，9—12 号民国住宅（2-5）	是两栋相似的民国住宅，建于 20 世纪 30 年代，占地面积 680 平方米。原房主姓卓，是个中医，在此买地建房以供出租或子女居住。解放战争前，于返回浙江宁波老家的途中遇难，其房产委托孙姓朋友管理，解放后由房管所接管。建筑均为四联住宅，有一梯两户和一梯一户两种户型，现有多户居民入住。立面出新后，建筑均为清水砖墙，两坡屋顶，山墙上有简单装饰。部分木质门窗被改造成铝合金材质	

① 1897 年出生在四川省富顺县。大概 20 岁的时候考入云南讲武堂。1923 年，考入黄埔军校，成为第五期学员，1924 年顺利毕业。1928 年，年仅 31 岁成为国民革命军第 1 师参谋长，抗战末期成为第一战区总司令。1937 年 7 月 7 日，日本发动全面侵华战争，当年 5 月 21 日被国民政府授予陆军中将军衔奔赴最前线，担任军政部兵工署副监。1938 年 6 月，日军发动武汉会战，上百万国军和数十万日军在以武汉为中心的长江两岸，展开了长达四个半月的大会战。1938 年 8 月 1 日，正在前线作战的黄裳不幸牺牲。

续表

序号	名称	基本信息	备注
6	梅园新村22号民国住宅（2-6）	为一栋三层民国住宅，建于20世纪三四十年代，建筑占地面积180平方米，两坡屋顶，外墙为清水砖墙饰面，窗台和阳台刷白色涂料，外观出新后，建筑保存情况尚好	
7	梅园新村28—29号民国住宅（2-7）	建于20世纪三四十年代，据说原为南京警察厅某陈姓厅长的住宅，建筑占地面积约180平方米，外墙为清水砖墙饰面，共有两个单元，入口为拱券门	
8	梅园新村31—33号民国住宅（2-8）	位于梅园新村31号、33号，为三栋单体外观相似的具民国风貌的二层住宅，应为同一时期所建，共占地面积约为450平方米，每栋单体建筑平面为矩形，立面原为清水砖墙，局部粉刷过，山墙处有线脚装饰。现有部分作为民居使用，部分作为办公场地	
9	梅园新村34号民国住宅（2-9）	据说原为一蒋姓土木工程师的住宅，建于20世纪30年代，占地面积约200平方米。建筑立面为清水红砖墙，四坡红瓦屋顶，带有折中式样。经出新后，周边部分加建和违建被拆除，并对建筑主体进行了修补和清洗。民国风貌得到了恢复	
10	梅园新村36—37号民国住宅（2-10）	位于梅园新村36号、37号，为两栋单体民国二层住宅。外观均与35号相似，应为同一时期所建，占地面积约为300平方米。其单体立面原为清水砖墙，局部后期粉刷过，山墙处有线脚装饰	
11	梅园新村38—39号民国住宅（2-11）	两栋建筑同时建造，后编入部队用房，占地面积共约400平方米。东侧38号为原后勤部部长宅，后被全拆，在原址重建。西侧39号外墙保持原样，内部经过大修，布局改动较大	
12	梅园新村40号民国住宅（2-12）	建于20世纪三四十年代，占地面积约150平方米，据说原户主为朱其清，原国民政府资源委员会无线电总工程师，后卖给工厂，解放后加盖成3层。现仍在使用，为居民住宅	

续表

序号	名称	基本信息	备注
13	梅园新村42号民国住宅	据说原户主姓张,建于20世纪三四十年代,占地面积约100平方米。该建筑楼高两层,四坡红瓦屋顶。立面经出新后,墙面为青灰色无釉面砖饰面。现作为民居仍在使用	
14	梅园新村43号民国住宅(2-13)	为陈奎璋老先生的住宅,建于1937年,由陈老先生的父亲向银行贷款买地并自己请人设计,建筑占地面积180平方米,共有3个单元,分上、下两层,主体布局和结构基本保持完整。房子建成后经历了抗日战争和解放战争,1958年房经改后归还了部分产权,其余由房管所出租。现仍作为民居使用	
15	梅园新村44号民国住宅	原为郑介民住宅,主要供家眷(周姓)居住,解放后被卖。建于20世纪三四十年代,占地面积约100平方米,外墙为清水砖墙刷红色涂料,两坡屋顶,立面外观仍保持原样,具有民国风貌。住宅正对一面由青砖砌成的围墙。仍作为民居使用	
16	梅园新村45号民国住宅	据说户主为陈姓教授,解放前去美国。解放后由副省长刘国钧所有,"文革"时离开。建筑建于20世纪三四十年代,占地面积约100平方米,2007年经长达8个月的修理,外观基本保持原样,但内部格局及结构已全部改变。现作为民居使用	
17	梅园新村48—51号民国住宅	为4栋相似的二层楼房,建于解放前,共占地面积约400平方米,每栋都有2个独立的居住单元。建筑为两坡屋顶,墙面粉刷有黄色涂料,风格简洁。每栋均有2—3户人家居住	
18	梅园新村52号民国住宅	1949年以前,某单位在此空地上建房,未建完即解放,因此而空置,后交出,由空军后勤部装修,供家属居住,后产权归房管所有。建筑占地面积约190平方米,住户由一个门栋进出。立面出新后墙面为砖墙和白色石灰或水泥饰面,山墙处有拱券装饰。现仍为民居,居住有多户人家	

序号	名称	基本信息	备注
19	大悲巷 7 号民国住宅（2－14）	建于 20 世纪三四十年代，总占地面积约 100 平方米，东侧一栋据说户主原为台湾人，后租给外国办事处。两栋建筑风格统一，立面均为清水砖墙，两坡屋顶。西侧沿路的一栋经出新后，清除、整理了墙面过碎的窗口，对局部平屋顶改为两坡，并统一墙面为青灰色无釉面砖和斩假石细部饰面。整个建筑部分门窗为后期改造成铝合金材质。建筑民国风貌仍存	
20	大悲巷 9 号、11 号民国住宅（2－15）	是两栋式样一致的双联住宅，建于 20 世纪三四十年代，总占地面积约 300 平方米。出新后，建筑立面均为青灰色无釉面砖和斩假石细部饰面，红瓦四坡屋顶，山墙处做仿歇山处理。建筑风格质朴简洁。现在每栋房屋内都有两个对称的居住单元，每个单元内都有人家居住，分别有独立的院门。建筑民国风貌仍存	
21	雍园 1 号民国建筑（白崇禧公馆）（2－16）	为白崇禧公馆，原是富商高志飞于 1936 年所建的房产。1946—1949 年，曾租给国民政府国防部，由白崇禧使用，稍有装修。1948 年，李宗仁竞选"副总统"时，这里实际上成为桂系竞选的主要决策机关。解放初期由南京市人民政府房地产管理局代管，并于 1951 年 12 月 20 日至 1952 年 6 月 20 日借给空军后勤部使用。1958 年社会主义改造时将房屋收归国有。其院落占地面积近 400 平方米，主要建筑为一幢二层楼房，砖木结构，西式风格，占地 127.6 平方米，建筑面积 278 平方米。现为私人住宅，保护较好，周边环境幽静，外墙基本保持原貌	
22	雍园 3 号民国住宅	为一栋民国时期的单栋三层楼房，建于 20 世纪 30 年代，建筑占地面积约 100 平方米，两坡屋顶。立面后期重新粉刷过，三层为涂料拉毛，底层和二层为清水红砖墙。建筑外观经修整，基本保持民国风貌，整体风格与 1 号相似	
23	雍园 5 号民国住宅	为一栋民国时期的单栋二层楼房，建于 20 世纪三四十年代，建筑占地面积约 100 平方米，四坡红瓦屋顶。平面呈对称的矩形，立面也呈对称式样。经出新，恢复了民国式样的阳台栏杆，墙面为青灰色无釉面砖饰面。建筑外观经修整，基本保持民国风貌	

续表

序号	名称	基本信息	备注
24	雍园6号民国住宅（2-17）	为一栋民国时期的单栋二层楼房，建于20世纪40年代，占地面积约100平方米，建筑共两层，两坡屋顶。立面重新粉刷过，二层为涂料拉毛，底层为清水砖墙。室内墙面后期重新粉刷过。一层为水泥地面，二层为木质楼板，由木质楼梯连接。建筑外观经修整，基本保持民国风貌	
25	雍园7号民国住宅	为一栋民国时期的单栋二层楼房，建于20世纪40年代，建筑占地面积约100平方米，两坡屋顶。立面重新粉刷过，二层为涂料拉毛，底层为清水砖墙。室内墙面重经粉刷，一层为水泥地面，二层为木质楼板，由木质楼梯连接。建筑外观经修整后，基本保持民国风貌	
26	雍园9—19号民国住宅（2-19）	为一栋民国时期的单元式二层楼房，建于20世纪40年代，占地面积约350平方米，两坡屋顶。立面重新粉刷过，为红瓦屋顶，青灰色无釉面砖饰面。建筑外观经修整，基本保持民国风貌	
27	雍园21号民国住宅（2-18）	为一栋民国时期的双联二层别墅，建于20世纪30年代，平面呈"凹"字形，占地面积约150平方米，有2个对称的单元，中间为共用楼梯，顶部有平台，作为民居住宅。该建筑为两坡顶，现沿街立面已出新，内部结构保存尚好，墙壁、楼梯等较为陈旧。最初所属单位不详，解放后收为集体所有。现仍作为居住之用	
28	雍园23号民国住宅（2-20）	建于20世纪30年代，为一栋民国时期的独栋二层别墅，建筑占地面积约130平方米，平面呈规则长方形，四坡顶，有阁楼和老虎窗。入口处有半圆形挑出阳台。属于私人住宅	
29	雍园25号民国住宅（2-21）	为一栋民国时期的双联别墅，建于20世纪30年代，占地面积约150平方米，平面呈"凹"字形，有2个对称的单元，入口处有欧式风格的半圆形阳台。北侧有一加盖的二层建筑，两者之间由二层连廊连接。最初住宅所属情况不详，建筑外观经修整，基本保持民国风貌，内部格局改动较大，已被分隔成多户使用	

续表

序号	名称	基本信息	备注
30	雍园29号民国住宅（2-22）	为一栋民国时期的双联别墅，建于20世纪30年代，占地面积约200平方米，平面呈"凸"字形，有2个对称的单元。南侧三层采用两折坡屋顶，上有露台，北侧两层有屋顶平台。最初所属情况不详，现建筑外观基本保持民国风貌，内部格局改动较大，现已被分隔成多户使用	
31	雍园31号民国住宅（2-23）	为一栋民国时期的单栋二层住宅，建造于20世纪30年代，占地面积约150平方米，四坡屋顶上覆红瓦，立面为清水砖墙。平面别致规整，室内一层为水泥地面，二层为木质楼板，由木质楼梯连接。住宅最初所属情况不详，现产权应属房管所。建筑外观基本保持民国风貌，内部现已被分隔成多户使用，改动较大	
32	雍园33号民国住宅（2-24）	院落中有两栋二层住宅，建于20世纪30年代，南北两楼均为占地面积约50平方米的矩形平面，室内由卧室、厨房、楼梯间和卫生间这四个功能空间组成。四坡屋顶和清水砖墙面。住宅最初所属情况不详，现产权应属房管所。建筑外观基本保持民国风貌，内部现已被分隔成2—3户使用	
33	梅园新村18号民国建筑（2-25）	建于20世纪三四十年代，为一栋二层独栋民国住宅，建筑占地面积约700平方米。建筑外墙为涂料饰面，阳台等细部装饰有线脚，两坡屋面，端头有折尖处理。整体保存情况较好，最初归属情况不详	
34	桃源新村1—4号建筑群（2-26）	共4栋独立别墅，建于20世纪三四十年代，四坡顶，清水砖墙，形制相同，各有独立的院落，建筑占地面积均为100平方米。其中，1—3号为玄武区房管所所有，现由多户居民分居，一栋别墅中住有三家以上，楼顶上有加建的砖房。4号曾维修过两次，保存完好，格局清晰，属于南京空军后勤部。整个建筑外观基本保持民国风貌	
35	桃园新村5—12号建筑（2-27）	是作为居住性质使用的民国联排公寓建筑，有三层（其中有一夹层），共8个单元，占地面积约300平方米。两坡屋顶，还有天台。立面出新后，外部是黄色涂料，维护一般，看起来比较粗糙。原所属单位不详，解放后收为集体所有，现住户较多	

续表

序号	名称	基本信息	备注
36	桃源新村13号、14号郑介民公馆	13号为独立院落，内有南、北两栋二层建筑，曾是国民党高官郑介民的公馆，建于1928年，占地面积共113平方米。二层有外挑走廊，两坡屋顶。每层都由四个小单元组成，每个小单元都有卧室、卫生间、客厅和储藏室。外观经出新后，饰面以青砖、斩假石铺贴，除门窗有一定的破坏外，其他基本完好，内部使用基本满足要求，有些部位天花抹灰脱落，木质楼梯和地板有些腐朽。住户较多，平均每个单元的居住人口3—4人，较拥挤。其中，本地居民占大部分，也有一部分是租户	
37	桃源新村19—24号、35—42号联排建筑(2-28)	19—24号与35—42号建筑同时建造，占地面积共约540平方米，是作为居住性质使用的民国联排公寓建筑。住宅有三层（其中有一夹层），共6个单元，两坡屋顶，还有天台。外部是黄色涂料，维护一般，看起来比较粗糙。原所属单位不详，解放后收为集体所有，现住户较多	
38	桃源新村24—34号建筑(2-29)	是作为居住性质使用的民国联排公寓建筑，与19—24号建筑同时建造，有三层（其中一夹层），两坡屋顶，还有天台。外部是黄色涂料，维护一般，看起来比较粗糙。原所属单位不详，解放后收为集体所有，现住户较多	
39	桃源新村43—48号建筑(2-30)	为一栋民国时期的联排公寓，占地面积554平方米，共有6个单元，每个单元入口现都砌有独立的院落，作为居民住宅。两坡屋顶，楼高两层，北侧利用楼梯平台高差设计为三层。每个单元被分隔为若干房间。外部经过粉刷出新，维护较好。内部结构保留完好，但内墙壁有所损坏，楼梯为木结构，栏杆有部分损坏。原所属单位不详，解放后收为集体所有。现住户较多，平均每个单元住有2—3户	
40	桃源新村49号住宅(2-31)	为一栋民国时期的独栋住宅，占地面积为77平方米，为四坡顶，楼高两层。外部为清水砖墙，维护较好。内部结构保留尚好，但内墙壁有所损坏，楼梯为木结构，栏杆有部分损坏。原所属单位不详，解放后收为集体所有	

序号	名称	基本信息	备注
41	桃源新村 50 号住宅 （2-32）	矩形平面的单层独户小住宅，面积仅为 73.5 平方米。该住宅为砖墙承重结构，最大开间 4.9 米；外立面采用了坡度较缓的两坡屋顶，南山墙面还作了折尖处理	
42	桃源新村 51 号住宅 （2-33）	是二层三联小住宅，有独立院落，占地面积 187.5 平方米。建筑平面为矩形，设有三个狭长的单元，其中一单元产权属于玄武区房管所，二、三单元归属空军后勤某部队。外立面采用清水砖墙，四坡屋顶。外观现已经出新	
43	桃源新村 54 号住宅 （2-34）	有独立的院落和院门，占地面积约 100 平方米。立面出新后，墙面为红色清水砖墙，红瓦两坡屋顶，正门有拱券形挑檐，檐口和窗台等已经重新粉刷。现有 1—2 户人家居住其中	
44	桃源新村 55 号住宅 （2-35）	建于 1946 年，占地面积共约 100 平方米，有独立的院落和院门，院内有南北两栋规模较小的住宅建筑，二者之间原来通过走廊和平台连接，现已被改建	
45	桃源新村 56 号住宅 （2-37）	有独立的院落和院门，为一栋两层住宅，占地面积约 150 平方米。立面出新后，墙面为青灰色无釉面砖饰面，檐口、窗台等已经重新粉刷。现有数户人家居住其中	
46	桃源新村 57 号住宅 （2-36）	为一栋两层住宅，有独立的院落和院门，占地面积约 150 平方米。近年来进行过立面出新，墙面为青灰色无釉面砖饰面，檐口、窗台等已重新粉刷。现有数户人家居住	
47	汉府街 37 号 建筑群	位于总统府东南方向，梅园新村公馆对面的民国民居建筑群中，新式石库门建筑，结构为典型的砖混结构，毫无修饰的青砖既是墙体，又是外部装饰，烟灰色的墙面上，勾勒了白色的砖缝，除此之外再无任何修饰。建筑正立面外左右两侧的台阶采用不规则的曲线形，一改规整的长方形台阶，阳台两侧的镂空也采用了相似的形状与之呼应，别有一番特点。建筑四周原先都是民国建筑，后来位于其右侧的建筑为了适应需要，在拆迁中拆掉，被现今的南京市逸仙小学取代。建筑原为一上校所有，而后为其子女居住。现今里面有多家住户	

续表

序号	名称	基本信息	备注
48	汉府街35号建筑群	位于汉府街35号，为一排接近200米长的联排式住宅，2—3层，多为民国时期建造，呈里弄式布局，低层建筑为主，建筑高度在12米以下，砖混结构	

3. 总统府历史街区内历史建筑举要

附表2—3

序号	名称	基本信息	备注
1	太平天国天王府遗址（3-1）	位于长江路292号。根据文献记载，原天王府规模甚为宏大。其宫城东至黄家塘，西及碑亭巷，北延浮桥、太平桥一线，南伸科巷。宫城周围又有典天厨、典天马、御花园、侍卫府及朝房等附属建筑。府城周围10余里，墙高数丈，内外两重，外曰太阳城，内曰金龙城。向南开门，太阳城正门为天朝门，金龙城正门为圣天门，皆以"真神"冠之。二门外一道御沟，上横三桥，石染栏陛，皆刻龙。水北左右二亭，覆以琉璃瓦。过桥一里，砌大照壁，照壁适中搭造高台，名曰天台。台旁数丈建木牌楼二：左书"天马万军"，右书"太平一统"。正北金龙殿，殿甚高广，重檐圆顶，梁栋俱涂赤金，文以龙凤，光辉夺目，四壁彩绘龙虎狮象，富丽堂皇．殿前两旁有东西朝房数十间；中设暖阁，内为穿堂，后有二殿、三殿；东西两侧各有花园。天京失陷后，天王府曾遭曾国藩焚毁。嗣后又几经翻修改建，面貌发生很大变化。但内城及煦园（西花园）等尚存，仍保留着相当规模的建筑群	
2	孙中山临时大总统府原址（3-2）	位于长江路292号，原址分办公室和起居室两部分。[①] 办公室在西花园西侧，原是清两江总督端方在天王府西花园西侧建造的西式花厅，坐北朝南，面阔7间，是其巴洛克风格的西式平房。正中有凸出走廊的方形门厅，进厅是一条宽阔的走廊。当中一间是穿堂，宽3.30米，进深8.55米；	

---

① 这里原是清朝两江总督衙署，太平天国时期曾建天朝宫殿。辛亥革命成功后，中华民国临时政府在这里建立，1912年1月1日，孙中山在此宣誓就任临时大总统。

续表

序号	名称	基本信息	备注
2	孙中山临时大总统府原址（3-2）	穿堂西边三间为大会议室，宽 13.15 米，重要会议在此举行。1912 年元旦，孙中山在此宣誓就职，故又称宣誓厅。穿堂东边第一间为小会议室兼会客室，宽 4.40 米；第二间是办公室，宽 4.50 米；第三间办公室有大办公桌、书架、电话、文具等，壁上挂有孙中山手书"奋斗"横幅。小会议室有会议桌，上铺绿呢台布，墙上挂有就职誓词和辛亥革命纪念照片。休息室内有沙发、茶几和一张小铁床。旧址已按原貌恢复，并对外开放。 孙中山起居室在西花园东北，是一幢面阔 3 间二层木结构小楼。楼下为卫士室，后改为孙中山的眷属住房，楼上西为盥洗室，宽 3.55 米，进深 4.60 米；中为餐室，宽 3.85 米，深 4.60 米，有餐具台、椅、茶壶、茶杯、托盘等，壁上悬挂孙中山手迹"博爱"条幅；东为卧室，宽 3.59 米，进深 7.90 米，有红木床、大衣橱、沙发、茶几、九屉办公桌、转椅和床上用品等。旧居现亦按原貌恢复，对外开放	
3	陶澍、林则徐二公祠（3-3）	原位于长江东街 4 号。陶澍，清末两江总督；林则徐，清末两广总督。两人曾同时在南京为官，功绩卓著，百姓为感恩德，于光绪年间建陶、林二公祠。原建筑已拆除，现已另地重建于"总统府"东苑。祠有前厅、大厅、左右廊，面阔三间 13 米	
4	中央饭店（3-4）（3-5）	坐落在中山东路，现仍名中央饭店①建于 20 世纪 20 年代末，占地面积 5650 平方米，建筑面积 10057 平方米	

---

① 中央饭店原设计为七层大楼，因其位于国府路（今长江路）的正南方，坐北朝南，为西式混合结构的建筑。

4. 南捕厅历史街区内历史建筑举要

附表 2—4

序号	名称	基本信息	备注
1	甘熙宅第 （4 - 1）	又名"甘家大院"，民间俗称"九十九间半"，原有堂名曰"友恭堂"。现有建筑包含了南捕厅 15 号、17 号、19 号和大板巷 42 号、46 号，由三组五进穿堂式古建筑群组合而成，占地面积 9500 平方米，古建筑面积近 8000 平方米。 甘熙宅第初建于清嘉庆年间（1796—1820 年），为甘熙之父甘福①所造。后经甘熙等续建，最盛时占地面积 12000 平方米，房屋 201 间，现存 162 间。② 甘熙宅第布局严格按照中国古代社会的宗法观念及家族制度而布置，讲究子孙满堂、数代同堂。1982 年被列为南京市文物保护单位，1995 年	

---

①　甘福"性嗜书，往来吴越间，遍搜善本，积至十余万卷"。参见（清）甘熙：《白下琐言》，南京出版社 2007 年版。

②　明崇祯年间（1628—1644 年），甘家的一支迁至城内东花园（今白鹭洲公园）一带，先务农，乾嘉之际，甘国栋率家人经营丝绸生意，家境逐渐殷实。嘉庆（1796—1820 年）初年，甘国栋在时称"府西大街"的南捕厅买田筑屋。嘉庆四年（1799 年），甘家正式迁入南捕厅，甘国栋长子甘福开始持家，并逐渐将家宅扩大。嘉庆十七年（1812 年），房屋落成后，甘福请长州（今苏州）人王芑孙撰《江宁甘氏友恭堂记》，刻成石碑，至今依然镶在大厅——"友恭堂"东墙之上。

道光十二年（1832 年），甘福在宅第东南角花园建藏书楼，名之"津逮楼"。道光十四年（1834 年），甘福去世，长子甘熙主持家政，于次年在津逮楼旁建"三十六宋砖室""听秋阁"等。道光十八年（1838 年）次子甘熙中进士后，在其居住的今大板巷 42 号建"文澜轩""寿石轩"两间书舍。因此，甘熙宅第虽以"甘熙"命名，但事实上最初主持建造的是甘福，而甘熙则可以称得上是甘熙宅第精神的引导者，以他自身的建树和声名扩大了甘熙宅第的社会影响力和文化地位。

咸丰三年（1853 年）春，太平军攻占南京，津逮楼、三十六宋砖室等建筑均遭焚毁，今南捕厅 15 号也损毁严重。太平天国战争结束后，甘家后人重新修建了屋舍，但津逮楼、三十六宋砖室却没有再复建起来。民国时期，以甘仲琴、甘贡三为代表的甘家后人仍居住在此，并与许多政要名人往来。抗日战争时期，甘氏族人离开祖宅到外地避难，抗战胜利后大部分又回到南捕厅居住。1951 年 9 月，甘家将南捕厅 15 号、大板巷 42 号出售给南京军事学院。其后，甘熙宅第成为职工宿舍，住户不断搬进搬出。直至 1982 年，南京市文物部门在文物普查中发现拥有"九十九间半"房屋的甘熙宅第，为有效利用并再现明清时期江南民居风貌，在南京市委市政府的支持下，文物部门修复部分建筑，建成南京市民俗博物馆，博物馆于 1992 年 11 月对外开放，后南京市政府又投入巨资继续扩建修缮，逐渐恢复了甘熙宅第原貌。

续表

序号	名称	基本信息	备注
1	甘熙宅第 （4－1）	被公布为江苏省文物保护单位，2006 年被国务院公布为全国重点文物保护单位①	
2	南捕厅 24 号	是民国时期南京著名律师王炳钧②的公馆。砖木结构，占地面积 945.9 平方米。现建筑为重建	

5. 朝天宫历史街区内历史建筑举要

附表 2—5

序号	名称	基本信息	备注
1	朝天宫 （5－1）	位于南京城西冶山。现存建筑均为清末所建，依中轴线做对称布置，规模宏伟，棂星门南为广庭，有左右牌坊门及泮池、"万仞宫墙"照壁。门北经前庭至大成门，为五开间重檐歇山顶式建筑，两侧各有一扇小门，名"金声"、"玉振"。过中部庭院，便到了主殿大成殿，下有石台三层，建筑为七开间，重檐歇山顶，覆以黄色琉璃瓦。再后为崇圣殿，情况大致相仿，仅石台为两层。诸殿两旁皆有廊庑，为附属房舍所在。殿北依墙而建习仪亭、飞云阁、碑亭等，登临可以望远。朝天宫是南京保存最完整、规模最大的古建筑群，现为南京市博物馆	

---

① 甘氏是金陵望族，其祖先可以上溯至战国中期秦国名将甘茂，为下蔡人（今安徽颍上），《史记·甘茂列传》有其事迹记载。甘茂的孙子甘罗，12 岁就成为吕不韦的家臣，出使赵国，为秦国立下汗马功劳。三国时期东吴大将甘宁也是甘家的祖先，《三国志》有传，其初依附刘表，后归孙权，跟随周瑜大破曹操，又从吕蒙拒关羽，以功任西陵太守，折冲将军。至今在重庆万州、忠县一带还流传着关于甘宁的种种故事传说。甘宁墓在南京幕府山附近。甘宁的曾孙甘卓，是两晋时期著名的政治家、军事家，晋惠帝时因征讨石冰有功，被封为都亭侯；晋元帝时进封于湖侯；死后追赠骠骑将军，谥曰敬，《晋书》卷 70 有记载。甘卓死后葬于今江宁小丹阳之甘泉里。甘家人在此为甘卓守墓一千多年。

② 王炳钧于 1934 年曾购买该处地基，次年房屋建成。南京沦陷后曾被作为汪伪政府市立医院诊疗所，后又交还王炳钧，王将其租给一家香烛店。1945 年，王家从抗战后方返回南京，重新住进这栋房屋。

续表

序号	名称	基本信息	备注
2	卞壶墓碣 （5 - 2）	在朝天宫大成殿西，南京市博物馆内。① 《寰宇记》载，晋安帝末年有人盗墓，见卞壶"尸骷，鬓发苍白，面如生，两手悉握拳，爪甲透出手背"。安帝出钱重葬。以后历代均有修葺。南唐时在墓前建忠贞亭，曾出土一块刻有卞壶字名的断碑。现存碑碣为南宋庆历三年（1043 年）建康知府叶清臣所书，碣高 1.73 米，宽 0.66 米，正面刻"晋尚书令假节领军将军赠侍中骠骑将军成阳卞公墓"。碑现存南京市博物馆。墓东原有"忠孝亭"，现无存。清末又建牌坊和卞壶公祠	
3	国立北平故宫博物院南京分院保存库旧址（5 - 3）	位于朝天宫景区内，专为庋藏故宫南迁文物而设。保存库由上海华盖建筑事务所赵深、陈植、童寯设计，钢筋混凝土结构，地上三层，北部地下一层建有密库。保存库营建工程于 1936 年 3 月兴工，9 月落成。其建筑形式仿承德外八庙须弥福寿之庙的大红台，平稳坚固。该建筑保存完好，使用至今	

6. 夫子庙历史街区内历史建筑举要

附表 2—6

序号	名称	基本信息	备注
1	夫子庙 （6 - 1）	目前主要由文庙遗迹和学宫遗迹组成。 文庙布局分为内、外两部分：内部为庙宇构筑，即大成殿及廊房等设施组成的四合院；外部为附属构筑，主要包括牌坊、甬道、护栏、泮池、照壁以及聚星亭、奎星阁等。 文庙内外部分的主体建筑与学宫的主体建筑均在同一条轴线上，由大成门的单层单檐到大成殿的单层重檐过渡到尊经阁的三层重檐，呈现南低北高、渐次递增趋势；自大照壁至敬一亭为一中轴线，长 310 米，方位东南向约 135 度。 目前遗迹主要由大成殿、大成门、两庑及碑廊、棂星门、石栏、照壁、聚星亭等。 目前遗迹主要由明德堂、明德堂两厢、尊经阁、崇圣祠、青云楼组成	

---

① 卞壶（281—328 年），字望之，济阴冤句（今山东曹县）人。东晋明帝时，官至尚书令。成帝立，太后临朝，卞壶与庾亮共辅朝政。后在平苏峻乱中与二子俱巷战阵亡，葬于冶城（今朝天宫）。

续表

序号	名称	基本信息	备注
2	江南贡院（6-2）	建于明景泰五年（1454年），后屡有增修扩建，号舍最多时达20644号。范围东起姚家巷，西至贡院西街，南临秦淮河，北抵建康路，占地面积7万多平方米。今仅存明远楼和飞虹桥及有关贡院碑22通	
3	黄公祠	前身为"贵池会馆"，在大石坝街74、76号，清代建筑，为二门三进楼房①	
4	李香君故居（6-3）	位于文德桥西、来燕桥南端，钞库街38号，原为清末袁姓道台故居，1987年辟为"李香君故居纪念馆"，题额"媚香楼"。院宅有三进，大厅、花楼、河厅，占地面积565.3平方米，建筑面积571.3平方米。解放初，电影《桃花扇》曾在此拍摄	
5	王导谢安纪念馆（6-4）	位于乌衣巷内，建于1997年，坐北朝南，东西长50.4米，南北宽19.6米，建筑面积1000平方米，由来燕堂、听筝堂和鉴晋楼等组成。内设有东晋生活起居陈列室、王谢家族变迁史陈列室和六朝历史生活用具陈列室，展览六朝文物。庭院的墙壁上嵌有《竹林七贤图》《对狮图》《行乐图》等六朝砖印壁画复制品②	

① 黄观，字伯澜，一字尚宾，安徽黄池人，洪武二十三年（1390年）中第一名举人，洪武二十四年又考中头名状元，连同乡试、会试、殿试第一，称三元及第，而且又是六场考试的头名，时称"三元六首"。这样的品学兼优之士，很受明太祖朱元璋的重用，官拜当朝礼部右侍郎职衔，在当时是了不起的皇家重臣。1403年，燕王军马攻入南京，而黄观所征调来的援军尚远在安庆未至，城破之日建文皇帝去向不明。燕王朱棣登基称帝，首要之事就是肃清建文朝的残余势力，大肆捕杀原先建文帝的亲信重臣，黄观被列为要犯中的第六名。其时黄观在外，而留在南京城内的夫人翁氏及两个女儿投水而死。黄观得悉金陵城破，燕王登基，夫人自尽，遂乘舟江上为夫人招魂，舟至罗刹矶处，穿起朝服，面向金陵朝拜，随即纵身激流之中以死殉职。明亡后，南明政权偏安金陵时，福王追谥黄观为"文贞"，同时立祠表彰，故此世称他为"黄文贞公"，其祠即为黄文贞公祠，简称为黄公祠。再后来黄宅又成为安徽贵池人在南京聚集的贵池会馆。

② 后人以王、谢两大家族喻为东晋贵族的象征。隋平江南以后，王、谢住宅区荒芜败落而成为寻常百姓家，唐代诗人刘禹锡曾赋诗感叹："朱雀桥边野草花，乌衣巷口夕阳斜。旧时王谢堂前燕，飞入寻常百姓家。"南宋咸淳元年（1265年），建康知府马光祖在乌衣巷遗址建乌衣园："王谢故居在乌衣巷东，旧称乌衣园。园中有来燕堂及诸亭馆，岁久倾圮。咸淳元年，马光祖撤而新之。堂后置桂，亭名绿玉香中，梅花弥望。堂名百花头上。其余亭馆名更展、颖立、长春、望岑、挹华、更好。左右前后，位置森列。桂花美木，芳荫蔽亏。"乌衣园在元代圮废以后未能恢复。民国以后，仅在文德桥南岸至东花园存有一条名为乌衣巷的巷陌。

7. 荷花塘历史街区内历史建筑举要

附表 2—7

序号	名称	基本信息	备注
1	刘芝田旧居（7-1）	刘芝田系清朝末年的南京籍官吏，其故居位于南京老城南殷高巷 14 号和 14 号—1 号至 14—4 号。相传，刘芝田故居原为明初开国功臣胡大海的府第，后几经周折，遂于清光绪年间被刘芝田购得。因刘芝田曾当过清廷的钦差大臣等要职，故老南京人又称刘府为"刘钦差府"。刘芝田（1827—1892 年）字芝田，名瑞芬，原籍徽州贵池，后迁居江宁（南京）。刘芝田出生于清道光七年（1827），入仕后在清军械转运局、淞沪厘局任职，后一度曾代理两淮盐运使，清光绪年间复任松江道台，后随李鸿章到上海任职，并以钦差大臣的身份出使英、法、意、俄等国，故又称"刘钦差"，清光绪十四年（1888 年），刘芝田任广东巡抚，后一度改作他职。光绪十八年（1892 年），刘芝田因病去世，时年 66 岁，有《养云山庄全集》等遗世。 14 号之一原为刘芝田办公处。14 号之二为五开间走马楼，硬山顶。14 号之三、之四为三开间楼房，14 号之一原为花厅现改住房。整个院落整体布局基本保持原样，梁架结构基本保存完好，部分梁架上木雕完好，精美，屋面大部保持原样，部分改大瓦。墙面基本保持原样，部分木板隔墙、望板等被拆毁。二楼雕花护栏、木楼梯、木地板仍可正常使用。院中条石、方砖基本保存完好。 刘芝田故居占地面积 2741 平方米，建筑面积 2583 平方米，当年有房有百间之多，故老南京人又称为"九十九间半"。现在，该建筑仍存 6 个大院，房屋数十间。据刘芝田第五代后人刘恒介绍说，刘氏故居目前仅有 160 平方米的产权归刘家所有。出于对祖先和文物爱护等原因，刘先生曾出大量资金对刘氏故居进行局部整修，而其他房子也以各种方式进行了维护，但大规模的修整则需要大量的资金。1992 年 3 月，刘芝田故居被列为南京市重点文物保护单位；2002 年 10 月 22 日，该建筑又被列入江苏省文物保护单位。目前，刘芝田故居保护状况尚好，透过细节尚能一览刘府当年的气派	刘芝田故居在多方面的价值还有待挖掘：首先，他是清代两淮盐运使刘芝田的居所，具有较高的历史价值；其次此故居体量较大，整体布局保持原样，具有较高的科学价值；最后，它的建筑内门窗等木构件雕刻较为精美，石雕图案考究，具有较高的艺术价值

续表

序号	名称	基本信息	备注
2	殷高巷24号、24—1号（7-2）	位于殷高巷24号、24—1号。24号现存平房六进，一座小楼，砖木结构，通面阔11.8米，通进深62米，占地面积732平方米，每进房屋面阔三间，七檩深进7.5米左右。24—1号现存二进砖木结构平房，每进三开间，进深七檩，通面阔10米，通进深18米。整体布局保存原样，梁架保存基本完好，屋面已经翻新，墙面为后期之物，门窗、地面全改，现为磨盘街社区所用	
3	殷高巷明清住宅26号、28号（7-3、7-4）	位于殷高巷26号、28号，建筑坐南朝北。其中，26号占地面积383平方米，原有平房三进，二楼走马楼一进，现存平房一、二进和走马楼一进；殷高巷28号占地面积357平方米，有平房三进，外墙仍保留原样，青砖青瓦，后期将小瓦换为大瓦，部分门窗为后期之物，现为幼儿园所用	
4	高岗里16号、18号、20号、22号（7-5）	高岗里16号、18号、20号、22号均为砖木结构，硬山顶，坐北朝南。其中高岗里16号、18号、20号原为魏家骅宅。高岗里22号为原为江家住宅。魏家骅，晚清翰林出身，为官从商，有织机3000张，商号"魏广兴"，丝织品质量高，营销广。通面阔77米，通进深54米，占地面积4200平方米	
5	魏家骅故居（7-6）	位于高岗里17号、19号，坐南朝北，现存东、西二路，每路五进砖木结构，通面阔45米，通进深55米，占地面积2475平方米。东路第一至第三进为三开间，七檩平房，第四、五二进为走马楼。西路第一至第四进为三开间，七檩平房，第五进为二层楼。整座院落基本保持原来格局，梁架保存完好，第二进大厅梁上雕有精致花纹，檐下搁板雕有人、鸟、花、兽等图案。屋面大部经过维修，部分小瓦改大瓦。原有木板墙还有少量保存，大部分都改成了砖墙，门窗都为后期之物。现为民居①	

① 魏家骅，晚清翰林出身，为官从商，有织机3000张，商号"魏广兴"，丝织品质量高，营销广。

续表

序号	名称	基本信息	备注
6	同乡共井6号民居（7-7）	东邻中山南路，南靠陈家牌坊，北临饮马巷，因古代此地有一著名的水井而得名。① 据清《同治上江志》载，清代曾有几户同乡迁此居住，大家同饮一口井水，成立同乡会，由此同乡人命运会联在一起，互相照应，同乡共井的巷名遂流传开来。现存一进一院，坐西朝东，砖木结构平房，硬山顶，通面阔19米，通进深13.6米，占地面积258.4平方米，建筑面积162.75平方米。现仍为民居住宅，住有多户人家	
7	同乡共井11号民居（7-8）	建筑坐西朝东，为清代李姓民居，原房主名为清末李月亭，经营云锦。原有五进现存四进，第四进在20世纪70年代已翻建；第一进进深5米；第二进为大厅进深9米，屋顶七檩抬梁式屋顶，面阔三间进深6米，木质天花板，东侧有花房，面阔5.1米、进深6米；第三进面阔三间，进深7米，后有书房一间，进深6米、面阔3米。建筑整体布局基本保持原样，原有照壁、大厅、正房、厢房、火巷、厨房、柴房、水井等。第三、四进院内北侧有古井一口，井侧的墙上有供奉佛像的佛龛。现仍为民居，住有多户人家	
8	同乡共井15号民居（7-9）	建筑坐北朝南，现存二进，通面阔三间10.5米，通进深19米。房屋为砖木七檩穿斗式结构、硬山顶，占地面积199.5平方米。现仍为民居，住有多户人家	
9	五福里2—1号民居（7-10）	建筑坐北朝南，原有五进，现存四进，硬山顶结构，阔三间13米，进深35米。第五进已经拆除改为二层砖混楼房，面阔三间，七檩进深8.5米，中间为走廊，前后相通。有门厅、厢房，第二进木梁用料粗大，屋顶为抬梁式结构，建筑占地面积464平方米，分布面积575平方米。在第一进天井还发现一通石碑，作为	

---

① 古井名字的由来与王、谢家族有一定的渊源，两晋南北朝时期，北方边陲少数民族侵扰中原，大批难民渡江南迁，西晋灭亡以后，琅琊王司马睿在王导辅佐下在江南建立政权，也带来了千余户氏族在此安家，王导勉励他们只有同舟共济，才能稳固政权，在此立足。

序号	名称	基本信息	备注
9	五福里 2—1 号 民居 (7-10)	石台阶铺在屋檐下，为"炎帝庙"碑，中间帝字已模糊不清，有"里人重建"和"光绪丙午年九月敕旦"的碑文。第一进三间房顶上后期分别建有小阁楼。现房屋居住有 10 多户人家	
10	阎俊旧居 (7-11)	位于五福里 5 号、7 号，建筑坐北朝南，二进砖木结构、硬山顶。第一进为二楼，第二进为平房，通面阔 17.5 米，通进深 26 米，占地面积 455 平方米。墙壁保存完好，梁架保存完好，木地板、木楼梯、木护栏、木扶手保存完好。现为民居，住有多户人家	
11	荷花塘 4 号民居 (7-12)	位于荷花塘 4 号，原五进现存四进，第一、第二、第四为三进平房，硬山顶，第三进已拆除改建为二层楼，有门厅、厢房、书房，第二进前厅带轩，面阔三间，房梁用料粗大。通面阔三间 11.3 米，通进深 35 米。建筑面积 410 平方米，占地面积 540 平方米①	
12	荷花塘 5 号民居 (7-13)	位于荷花塘 5 号，建筑坐南朝北，为清代民居，原五进现存四进，面阔三间，硬山顶。第一进门厅抬梁式结构，房梁用料粗大，院落有左右厢房，东面厢房有走廊，门雕精细；第二进五檩抬梁式结构，木立柱及房梁用料粗大；第三、第四进有木质天花板，均为穿斗式结构。通面阔 19 米，七檩进深 37 米，占地面积 703 平方米。第五进已拆除。原房主李寿琳，祖上以织绸缎为业。第一进和第二进曾用作机房，房屋体量和高度适合摆放织机，东面有回廊、厨房、柴房，回廊的门窗和挂落至今仍然有精致的雕花，房梁粗大，用料考究，整体很有特色。现仍为民居，住有多户人家	

① 荷花塘巷名的由来传说与明朝开国皇帝朱元璋有关。明朝实行屯兵政策，驻守士兵需要种庄稼，但这离不开水源，于是朱元璋就下令挖了不少水塘，一来用灌溉，二来也可以防火，城南的荷花塘就是当年开挖的水塘之一。后来随着人口繁衍和迁移，这一带住户渐渐增多形成街巷，因为靠近荷花塘而得名大、小荷花巷，荷花塘后来被填平，只留下大小荷花巷的名字。其实，荷花塘曾是明代湮灭的小运河的一部分，满塘荷花曾构成"官沟映日"的景象。

续表

序号	名称	基本信息	备注
13	磨盘街 11 号民居 （7－14）	位于磨盘街 11 号，建筑坐西朝东，建筑面积 334 平方米，占地面积 413 平方米。通面阔三间 10.4 米，通进深 39.7 米，原为四进三院，现部局末改，进深 7 米，面阔三间 11 米，五檩穿斗式房梁结构。每两进两侧都带南、北厢房。第二、第三进之间和第三、第四进之间带左右厢房，第一个天井两边带走廊，后改为厢房。第三进正门为花格门窗，第二进为大厅，前门已改为红砖墙。第二进、第三进为五檩穿斗式结构。现仍为民居，住有多户人家	
14	磨盘街 13 号民居 （7－15）	位于磨盘街 13 号，建筑坐西朝东，脊高 6 米，建筑面积 289 平方米，面积 520 平方米，四进三院，为平房，砖木结构，硬山顶。通面阔 13 米，通进深 40 米。原四进仍存，第一进五檩穿斗式房梁，第二进后门上有砖雕，第三进七檩前门花格门窗，后门为平板式木门，门楼有砖雕，第四进七檩穿斗式结构。院中第二进与第三进天井内有古井一口，井栏为青石质地，圆形，外径 60 厘米，内径 30 厘米，高为 36 厘米。井内壁为青砖，直径为 1 米左右。现仍为住宅，住有多户人家	
15	孝顺里 22 号民居 （7－16）	位于孝顺里 22 号，建筑坐东朝西，共有南、北两路，每路五进，共十进，每进七檩，抬梁式结构，平房，硬山顶。通面阔 33 米，通进深 65 米。最初属于北京同仁堂制药厂南京分厂，紧挨南面的曾家祠堂，20 世纪 30 年代同仁堂老板从曾家后人购得此房产。当时房屋东西两面都有土山。现存五进，后面为一四合院结构，面阔五间 8.6 米，七檩进深 7 米，抬梁与穿斗式混合结构，硬山顶。第四进于 1972 年改建，第三、第五进保存基本完好，占地面积 2670 平方米，建筑面积 2100 平方米，有门厅、大厅、厨房、走廊、厢房、柴房等。现仍为民居	

序号	名称	基本信息	备注
16	高岗里39号民居	位于高岗里39号，共有六进，有门厅、轿厅、书房、厢房等。第一、第二、第三进通面阔三间12米，第四进、第五进、第六进通面阔二间17.2米，六进通进深60米，占地面积878平方米。第一进门厅开间比较大，据说为房主祖上的云锦机房。第三进为房主人的后人居住，立式门窗雕刻精美，为典型的城南古民居。第四、第五、第六进曾为织锦机房。第二进与第三间院内有口古井，井栏直径55厘米，进壁厚10厘米，井栏高38厘米，井台长、宽2米。现保存较好，仍为民居	
17	谢公祠1号民居（7-17）	建筑坐南朝北，面阔三间，前后两进，均为二楼砖木、硬山顶结构，木质柱梁用料较粗大，屋顶为穿斗式结构。通面阔三间12米，每进为七檩，通进深23米，建筑面积205.2平方米，占地面积284.7平方米，为典型的城南古民居，属清朝中晚期建筑风格。第一进有木制天花板，进深8.5米，二楼均为木质结构，门窗有雕刻。现仍为民居，住有多户人家	
18	谢公祠20号民居（7-18）	建筑坐北朝南，共四进，通面阔五间19米，每进七檩，通进深36米，占地面积684平方米。原为祭祀祠堂，现四进仍存，第一进进深6米；第二进为供奉大厅，进深9米，檐高3.2米，7檩抬梁式屋顶，屋顶房梁保存完好，屋内立柱直径粗大，面阔三间11.5米，两边两厢为佛事房；第三进7檩梁，房梁为穿斗式，面阔三间，保存完好；第四进进深7.3米，屋顶5檩穿斗式结构。现住有多户人家	
19	曾静毅故居（7-19）	此处原有建筑四进，前两进已经在解放后建学校时拆除，现留下的第三进为大厅式建筑，大厅和左右厢房阔28米，其中大厅三间，面阔12.6米，坐北朝南，整体呈"凹"字形，为曾家祭祀祖先的地方，过去里面摆放祖先牌位，供奉先祖，大厅左右为东西厢房，厢房的二层楼上可直通后面的住房。祠堂的北面现为	

续表

序号	名称	基本信息	备注
19	曾静毅故居（7－19）	孝顺里 20 号，为原来的第四进，是族人和曾国堡的湖南老乡投靠南京的住所，为二层楼，西面为厢房，东面有厨房，门窗挂落有精致雕花，依然清晰可辨。现存大厅一进，三开间 19.2 米，坐北朝南，硬山顶，砖木结构。房屋七檩进深 9 米，抬梁式结构，大厅高 7.7 米，屋梁用料粗大，四排 12 根粗大的木立柱作为房顶支撑，前厅船篷轩。现存的二楼跑马楼为砖木结构，原为曾静毅后人来宁暂住和投靠地。通面阔五间 25 米，通进深 18 米，平面呈"凹"形。孝顺里 20 号为荷花塘 12 号大厅的后院，坐北朝南，面阔五间，前面为祠堂大厅，此院为曾家后人的居所。进深七檩，整座建筑为二层楼，门窗均有精细木雕和精美雕刻，左右有回廊式二楼厢房，墙砖为城砖，空斗式外墙，院内有一口古井，井被填埋已不能使用。左右厢房的二楼与前面的大厅的二楼相通，东厢房有厨房，厨房西侧有一巷道①	

8. 三条营历史街区内历史建筑举要

附表 2—8

序号	名称	基本信息	备注
1	三条营 64 号民居（8－1）	三条营 64 号，原三进现存二进二院，坐北朝南，砖木结构平房，第一进面阔三间 18 米，进深七檩 8.5 米，大厅前有船篷轩，梁柱有精细和精美的雕刻，脊高 6 米，为抬梁式结构；第二进七檩，进深 8.5 米，东有一偏房，硬山顶。第一、第二进均为大厅，有粗大的立柱和柱础。整幢建筑通面阔 18 米，通进深 32 米，占地面积 576 平方米，从石柱础的形状和图案分析，此建筑具有典型的太平天国建筑风格。据当地老人介绍，洪秀全母亲曾在此居住	

---

① 曾静毅是曾国藩的五弟。

序号	名称	基本信息	备注
2	三条营70号民居（8-2）	此建筑坐北朝南，原为五进，系安徽会馆用房。最北面一进被烧掉，现存四进砖木结构、硬山顶建筑。第一进、第二进、第三进为平房，第四进为楼房。通面阔11.5米，通进深51米，占地面积586.5平方米，其中第一进、第二进、第三进面阔三间，进深七檩8.5米左右。第四进面阔四间，进深七檩抬梁式结构	
3	三条营72号民居（8-3）	房屋坐北朝南，原有四进，现存第二进、第三进两进，砖木结构平房，硬山顶，通面阔11.5米，通进深入24米。占地面积276平方米	
4	三条营74号民居（8-4）	此建筑坐北朝南，原为四进，系安徽会馆馆舍。现存三进平房，砖木结构、硬山顶建筑。通面阔11.5米，通进深28米，占地面积322平方米	
5	三条营76号民居（8-5）	建筑坐北朝南，原五进，现五进。砖木结构平房，硬山顶，均为七檩结构梁架，通面阔三间10.5米，通进深55米，占地面积577.5平方米	
6	三条营78号民居（8-6）	位于三条营78号，为傅善祥故居，建筑坐北朝南，现存四进四院，砖木结构，硬山顶，通面阔三间15米，通进深55米，第一进为平房，第二、三、四进为二楼楼房。现房屋经修缮，整体布局保持原样，建筑两侧墙体保存完好，梁架保存完好，二楼木楼梯、木地板、木板墙保存完好，仍可正常使用。屋面大部为小瓦，部分已改大瓦，院内条石、方砖处处可见。门窗大多为后期之物，部分门窗已被拆除。 傅善祥（1833—1856年），南京秦淮人，出身于书香世家，自幼聪慧过人，喜读经史。清咸丰三年（1853年），太平天国开创科举女科考试，傅善祥高中鼎甲第一名，成为中国历史上第一位也是唯一的女状元。三天后，招入东王府，使掌杨秀清簿书	

续表

序号	名称	基本信息	备注
7	王伯沆故居	整个院落坐南朝北，通面阔11米，通进深50米，原为五进，有房40余间。现存第三、第四进为砖木结构，硬山顶。第三进面阔三间11米，七檩进深8.6米，高5.5米，梁架为台梁穿斗式结构，第四进面阔三间11米，七檩进深8.5米，高4米，梁架为台梁穿斗式结构。房屋檐下漏窗保存完好，第三进院落大门、地面条砖方砖、雕刻花格木门、望砖、木板隔墙、屋面小瓦保持原样。现部分建筑已辟为"王伯沆、周法高纪念馆"①	
8	蒋寿山故居（8-7）	位于三条营18号、20号，又称"蒋百万宅"，号称"九十九间半"，建筑坐北朝南，共有2路7进，依次为门厅、轿厅、大厅、正房。多进穿堂式庭院式布局与苏州民居相似，庭院空间较为疏朗，有大、小花园，以青条石、方石铺地，门窗，柱础雕刻精细。门厅外墙有拴马石，封火墙高大。整个宅院占地面积4500平方米。现房屋经过在保持原样基础上的维修，已免费对外开放②	

---

① 王伯沆（1871—1944年），名瀣，字伯沆，号冬饮，又号沆一，伯涵，伯韩，50岁以后又号伯谦、无想居士等。曾在南京师范高等学校、东南大学、中央大学任教授，执教近30年，于国学、诗词文学、书法等有很高造诣，为一代名儒。周法高（1915—1993年），字子范，号汉堂，著名语言文字学家，王伯沆女婿。他对语言学的音韵、语法、训诂，以及文字学都有贡献，一生研究成果达一千万字。

② 蒋寿山，又名蒋士权，回族。以赶毛驴起家，成为晚清南京的富商，绰号蒋驴子。

9. 金陵机器制造局历史街区内历史建筑举要（略）

10. 高淳老街历史街区内历史建筑举要

附表 2—9

序号	名称	基本信息	备注
1	新四军一支队司令部旧址（吴家祠堂）（10 - 1）	吴家祠堂①是砖木结构的民居式建筑，始建于明末，南向新桥河，北靠中山大街，东、西为民宅，房屋三进，每进均面阔三间，进深三檩，建筑面积622 平方米。前进为戏台，面阔13.3 米，进深10.2 米；中进面阔14 米，进深16 米；后进面阔13.8 米，进深13.6 米；前、中两进左侧，建东厢侧屋三进，每进三间，中、后两进辖两厢157.5 平方米，1982 年12 月遭火毁。解放初，祠堂仍保持清代建筑形式，后被居民、单位使用，任意拆改，原建筑所存无几。1985 年对其进行维修、复建，保留了明清风格	
2	老街商业店铺（10 - 2）	位于中山大街114 号，始建于明代。建筑坐东北朝西南，砖木结构，青砖小瓦，硬山顶，上下2 层。面街开槽门，2 层木板封墙，屋檐外挑，出檐0.9 米，檐高5.14 米，檐下斜撑雕人物典故。通面阔四间13.5 米，通进深28 米。现存建筑的主体为清代遗留，为淳溪老街临街建筑，20 世纪50 年代产权收归房管所，2009 年产权划归老街管理委员会，现为雕刻展示馆，2005 年被评为"扬子晚报读者最喜爱的十大景区新景点"	
3	有政康酱坊（10 - 3）	位于中山大街74 号，始建于明代，坐西南朝东北，砖木结构，青砖小瓦，硬山顶，前后三进，石质门框，中设天井，走马楼式。通面阔6.8 米，进深18.4 米，梁上雕有人物和动物花卉。现存建筑主体为清代遗留，是高淳老街的临街建筑	

① 1938 年6 月1 日，陈毅率领新四军一支队，从皖南南陵挺进苏南敌后，6 月3 日深夜，抵达高淳，司令部设在吴家祠堂，这是开辟茅山抗日根据地、深入敌后抗战的第一站，具有重要的历史意义。陈毅在此写下了《东征初抵高淳》的著名诗篇。

续表

序号	名称	基本信息	备注
4	河滨街汪氏住宅	位于河滨街46号,始建于清末,建筑座东北面西南,砖木结构,青砖小瓦,马头墙,上、下二层,简易式门罩,青石窗框,避煞门向,二进二厢,中设天井,走马楼,四水归堂,谓"肥水不外流",四角木雕斜撑,雕狮子滚绣球,前进五柱五檩,后进五柱七檩,通面阔三间11.2米,通进深16.9米。户主原是铁匠,20世纪50年代改制,产权收归房管所。2005年房管所修缮,对了解地方民居有一定价值	
5	杨宅	杨宅是明清时期的商住楼,宽三间、纵深三进,上、下两层,砖木结构,面积500平方米。第一进为店面,是进行商品交易场所;第二进为仓库、手工作坊和会客室;第三进主要为卧室,留一贵宾接待室。进与进间设天井通风采光。每进堂柱内设石门坎,共四个门槛。一进比一进高,寓意生活、经商步步高。头进门面是牌坊式,门额之上设骑楼,木板封闭,檐口用曲橼外挑既挡雨又遮阳。出头枋下撑,雕草画龙。两侧山墙垛头逐级外挑,画有铁拐李、牡丹、福寿等图案,基部用角石镇宅。门槛上安置6扇镂空屏风与店门正对,寓意外邪不入内,内财不外流。① 1967年,杨宅由县军事管制委员会接管后交由房管所管理	
6	新四军办事处旧址	位于仓巷24号,坐西南朝东北,砖木结构,青砖小瓦,封火墙,"一颗印"造型。前后两进,中设天井,四水归堂,走马楼。通面阔三间9米,通进深15.2米,上、下二层,上高3.7米,下高2.65米。1938年8月,新四军一支队派弋柏章、华仁义、侯日千、张之宜四人组成工作组,到高淳及周围开展地方工作,住此,对外称新四军驻高淳办事处。现辟为革命史陈列馆,对了解地方革命史有一定价值	

---

① 房主为杨道南先生,是一名开明绅士,在世时做了许多善事。特别是在抗美援朝期间,他响应国家号召捐出了二幢房屋,仅留下一幢作为自己的居所,即现杨宅。

续表

序号	名称	基本信息	备注
7	救生局旧址	位于当铺巷76号，总占地面积951.7平方米，共三进，建筑面积452平方米，硬山顶，上、下二层，穿斗式。每进面阔三间，进深五檩。两侧有厢房，穿堂有天棚，院内有"救生局"汉白玉石碑一通。民国年间，固城湖遇难船只救生、打捞事宜所设的社会慈善机构设此。1946年，由县保婴、救生两局合并而成的高淳县救济院于此	
8	耶稣教堂（10-4）	共二进二轩，占地260平方米，始建于1932年。高淳基督教属英国基督教会，由南京"长老会"和宜兴"自立会"分别传入境内。1926年，南京"长老会"通过溧水基督教牧师王敬德传入淳溪郊南塘村；1928年，宜兴"自立会"通过来高淳邮政局工作的陈伯高传入淳溪，陈伯高任长老；1930年，原住淳溪的教徒张月伦等传教于今阳江南荡圩一带，并在横村建造了"福音堂"。1932年，陈伯高也自筹资金和由教徒捐资，在高淳老街原县政府东侧兴建了此座教堂，供教徒做礼拜，开展教会活动。1947年陈去世，由儿子陈金波继任长老兼传道。1949年高淳解放初期，由陈玉凤主持，由于中青年教徒大都去南塘村和南荡圩参加教会活动，仅有几名老年教徒，很少参加教会活动，教堂关闭，此屋移作民居，保存至今	
9	周爱民民居	位于江南圣地36号，建筑坐东北朝西南，砖木结构，青砖小瓦，硬山顶，上、下二层，前后2进，中设天井，四水归堂，一颗印摄布局。通面阔三间10.7米，通进深14.7米，前进四柱五檩，后进七柱七檩。建于民国时期，系祖传	
10	傅家巷8号、9号民居	8号民居始建于民国时期，建筑坐东北面西南，砖木结构，青砖小瓦，硬山顶，前后三进，中设2个天井，简易式门罩，青石门框，避煞门向。通面阔三间10.18米，通进深23.44米，抬梁式。20世纪50年代产权收归房管所，现租给私人居住 9号民居始建于民国时期，建筑坐东南朝西北，砖木结构，青砖小瓦，硬山顶，简易式门罩，内墙木板封隔。面宽三间10.2米，进深五柱七檩6.4米，脊高5.3米，抬梁式。建筑系祖传	

续表

序号	名称	基本信息	备注
11	河滨街 12 号、15 号、19 号、25 号（10 - 5）、20 号、30 号、32 号、34 号（10 - 6）、35 号、38 号（10 - 7）、40 号、42 号（10 - 8）、44 号民居	位于河滨街，单号建筑一般为坐西北朝东南，双号建筑一般为坐东北朝西南，建于清代至民国年间。一般为砖木结构，青砖小瓦，硬山顶，通面阔 3—5 间不等，面宽 7—10 米，进深 6—15 米。房屋主要用于居住，也有些租给私人使用。这些民居对研究高淳老街历史街区的民居特色有一定的价值	
12	徐家巷 18 号民居	建筑坐东北面西南，砖木结构，青砖小瓦，硬山顶，面宽三间 10.3 米，进深 8.1 米，脊高 4.9 米，抬梁式，始建于民国时期。20 世纪 50 年代产权收归房管所，曾为航运公司仓库，现租给私人居住	
13	江南圣地 64 号民居（10 - 9）	位于江南圣地 64 号，县府路东南约 40 米，建于民国时期，系祖传。建筑坐东北朝西南，砖木结构，青砖小瓦，硬山顶，上下 2 层，前后 2 进，中设天井，四水归堂，"一颗印"造型，简易门罩。通面阔 3 间 11.3 米，通进深 14.5 米，前后进均为五柱五檩，穿斗式。20 世纪 50 年代产权收归房管所。现建筑原有的规模和布局基本保存，梁架和基础保存较好，屋面翻修，部分瓦件更换、少量破碎，面墙局部水泥修补，内部木构件局部开裂、发黑、槽朽，部分门窗改换、增减，内部重新粉刷、装饰，水泥地面。仍用于居住	
14	高淳老街临街店铺	高淳淳溪老街形成于明代，老街临街保存了风貌格局较为完整的店铺，是高淳老街历史街区的核心历史文化遗产资源。老街两侧的店铺为临街建筑，分布于中山大街南北两侧，纳入不可移动文物保护单位的 68 栋建筑，其中北侧临街店铺的门牌号为双号，大约从 54 号至 160 号。南侧临街店铺的门牌号为单号，分别有 77 号、85 号、87 号、89 号、99 号、101 号、107 号、109 号、111 号、119 号、121 号、125 号、127 号、129 号、131 号、133 号、135 号、139 号、141 号、147 号、	

续表

序号	名称	基本信息	备注
14	高淳老街临街店铺	149 号、151 号、159 号、161 号、165 号、169 号、171 号、175 号、181 号等。这些店铺建筑一般为砖木结构、青砖小瓦，硬山顶，上、下二层，面街开槽门，2 层木板封墙，面开 1—3 间不等，屋檐外挑 0.6—1.2 米，进深在 6—28 米，建筑主体基本为清代遗留。建筑形制较为精美，有些建筑檐下斜撑和仿雕人物典故、草花纹等。20 世纪 50 年代产权收归房管所，2009 年产权划归老街管理委员会。目前，老街临街店铺大部分租给私人开店。129 号店铺为老街艺术会馆	
15	吴氏牌坊	位于当铺巷 14 号，巷南头东侧，为清代建筑，坐东北朝西南，青石构筑，横宽 310 厘米，厚 33 厘米，残高 315 厘米，底部石刻人物典故等。据传为贞节坊，具体内容已毁。现牌坊原有的形制保存不完整，仅剩残构件，青石表面有风化腐蚀现象，石雕保存较好	

11. 七家村历史街区内历史建筑举要

附表 2—10

序号	名称	基本信息	备注
1	七家村25 号民居（11 - 1）	始建于清代，系祖传。建筑坐北朝南，砖木结构，青砖小瓦，硬山顶，前后二进，中设天井，四水归堂。前进面宽五间 14.9 米，进深七柱七檩 5.7 米，脊高 5.7 米；后进面阔五间 14.9 米，进深七柱七檩 6.5 米，脊高 5.9 米，穿斗式。建筑现保存较好，基本保存了原有的规模和布局，但屋面经翻修，部分瓦件更换，木构件局部因腐朽、开裂而经更换，外墙斑驳，部分黄砖补砌，山墙发鼓，水泥地面。仍用于居住	
2	陈雨庆故居（11 - 2）	始建于民国，建筑坐东北朝西南，砖木结构，青砖小瓦，硬山顶。面阔四间 12 米，进深五柱七檩 6.7 米，脊高 4.5 米，抬梁式。现建筑保存较好，房屋外立面未经现代材质修饰，基本保留了原貌，仍为民居	

续表

序号	名称	基本信息	备注
3	陈斌民居	始建于民国，建筑坐西朝东，砖木结构，青砖小瓦，硬山顶，前后二进，中设天井。前进面宽三间 10.2 米，进深七柱七檩 6.9 米，脊高 4.5 米，后进宽三间 10.2 米，进深五柱七檩 7.2 米，脊高 5.3 米，抬梁式，内墙木板封隔。曾作为理发店。建筑现较好地保存了原有布局和规模，梁架和基础保存较好，屋面瓦部分换为洋瓦，内部木构件局部槽朽、开裂，内墙部分用黄砖重砌，门窗部分改用现代材质，地砖大部分破损。现仍用于居住	
4	中山大街 255 号民居	位于中山大街 255 号，街西头北侧，始建于民国，建筑坐西朝东，砖木结构，青砖小瓦，硬山顶，前后三进，中设天井，四水归堂，简易门罩。前进面阔三间 10.4 米，进深五檩五柱 5.5 米，脊高 5.3 米，内门罩；中进面阔三间 10.4 米，进深七柱七檩 7.6 米，脊高 6.1 米，前后廊；后进面阔三间 10.4 米，进深五柱七檩 6.2 米，脊高 6.5 米，抬梁式。20 世纪 50 年代产权收归房管所	
5	陈启泰故居	位于蒋家巷 8 号，始建于民国时期，建筑坐东朝西，砖木结构，青砖小瓦，硬山顶，简易门楼，门前小院，内墙木板封隔，面阔三间 9.6 米，进深七柱七檩 8 米，脊高 4.6 米，穿斗式。建筑现基本保存了原有规模和布局，梁架、外墙、地面和基础保存较好，屋面瓦部分因破损而更换，椽换，木构件腐朽、开裂，内墙用石灰新刷，部分门窗更改，现仍用于居住	
6	周森木故居	位于中山大街 251 号，始建于民国时期，建筑坐西朝东，砖木结构，青砖小瓦，硬山顶，上、下二层，青石门框，简易门罩。面阔三间 9.6 米，进深六柱七檩 6.8 米，檐高 4.9 米。现建筑基本保存了原有的规模和布局，屋面经翻修，部分内墙已改造，少量门窗改换，水泥地面，外墙粉刷斑驳，门罩局部损毁。现仍在使用	

序号	名称	基本信息	备注
7	陈纬木故居（11-3）	位于中山大街252号，建筑坐东朝西，砖木结构，青砖小瓦，硬山顶，前后三进，中设天井。前进面阔三间9.3米，进深五柱五檩5.2米，脊高5.8米；中进面阔三间9.3米，进深五柱七檩7.3米，前卷棚轩，脊高6.3米；后进面阔三间9.3米，进深五柱七檩6.7米，脊高6.5米。现建筑基本保存了原有的规模和布局，梁架、外墙和基础保存较好，屋面翻修，部分瓦件更换成洋瓦，木构件局部腐朽、开裂，部分内墙经更改，内部有添建，少量门窗经改换，地面砖破损，局部铺水泥和黄砖，外墙粉刷斑驳。现仍在使用	
8	陈后丰故居（11-4）	位于中山大街258号，始建于清代，原有前后2进，现存临街一进。建筑坐东朝西，砖木结构，青砖小瓦，硬山顶，上下二层，青石门框。面阔五间14.5米，进深五柱五檩5.7米，脊高6.2米，穿斗式。现存建筑的梁架、门窗、楼板和地面保存较好，屋面经翻修，部分瓦件更换、破损，墙体有几处损塌，外墙粉刷斑驳，局部贴有瓷砖，部分木结构槽朽，地面青砖破损。现大部分建筑用于居住，北侧一间用于开店	
9	邰顺发民居（11-5）	位于中山大街259号，始建于清代，建筑坐西朝东，砖木结构，青砖小瓦，硬山顶，上下二层，青石门框，简易门罩。原有三进，现存临街一进，面阔三间8米，进深七柱七檩7.8米，檐高4米，穿斗式。曾作为店面，卖小吃。现建筑原有的规模和布局不存，现存建筑的梁架、外墙和基础保存较好，屋面经翻修，更换部分瓦件和椽，内部已经新装修，重吊顶，部分门窗已更换，水泥地面。现仍用于居住	
10	王金福故居	位于中山大街226号，始建于清代，建筑坐东朝西，砖木结构，青砖小瓦，硬山顶，面开槽门，木板封墙，临街屋檐外挑，檐口较低。面阔三间6.8米，进深五柱五檩8.3米，脊高4.3米。现房屋原有的规模和布局不存，原有三进，现存前进。建筑的梁架、门窗和基础保存较好，屋面翻修，部分更换成洋瓦，木构件局部开裂、发黑，水泥地面，墙体新修并粉刷。仍在使用	

续表

序号	名称	基本信息	备注
11	高腊美故居	位于中山大街231号，始建于清代，建筑坐西朝东，砖木结构，青砖小瓦，硬山顶，上、下二层，前后二进，面开槽门，二层木板封墙。通面阔3间7.4米，通进深13.2米，前进檐高3.3米，屋檐外挑0.6米。现建筑基本保存了原布局和规模，梁架和基础保存较好，屋面瓦和部分椽已经更换，木构件局部腐朽、开裂，山墙破损，部分门窗也已更换，内墙重修，内部有添建，水泥地面。现主要用于居住和开店	
12	中山大街263号民居	位于中山大街北头西侧，始建于清代，建筑坐西面东，砖木结构，青砖小瓦，硬山顶，上、下二层，前后三进，设3天井，四水归堂，简易门罩。通面阔3间8.4米，通进深29.9米。20世纪50年代产权收归房管所。现房屋原有的规模和布局已改变，原前通街，后临河，现存临街三进，梁架、外墙和基础保存较好，屋面翻修，局部漏雨，部分木构件槽朽，内部格局有改换，局部有添建，部分内墙重砌，门窗部分变换重做，地面水泥、青石和泥地共存。大部分房屋用于居住，临街仍为店铺	

南京历史街区内历史建筑现状一览
（编号对照本附录表中所示）

1-1　陈布雷公馆旧址现状

1-2　阎锡山公馆旧址现状

1－3　菲律宾公使馆旧址现状

1－4　邹鲁公馆旧址现状

1－5　澳大利亚大使馆旧址现状

1－6　顾祝同公馆旧址现状

1－7　汪精卫公馆旧址现状

1－8　薛岳公馆旧址现状

1 - 9　熊斌旧居（27 号）现状

1 - 10　周至柔公馆旧址现状

1 - 11　杭立武公馆旧址现状

1 - 12　陈诚公馆旧址现状

1 - 13　马歇尔公馆旧址现状

1 - 14　黄仁霖公馆旧址现状

1 – 15　钮永建公馆旧址现状

1 – 16　多米尼加公馆旧址现状

1—17　加拿大驻中华民国大使馆旧址现状

1 – 18　墨西哥大使馆旧址现状

1 – 19　汤恩伯公馆旧址现状

1 – 20　瑞士公使馆旧址现状

1 – 21　胡琏故居现状

1 – 22　邓寿荃旧居现状

1 – 23　杨公达旧居现状

1 – 24　吴光杰旧居现状

1 – 25　杨华臣旧居现状

1 – 26　张笃伦旧居现状

1－27　赤壁路 17 号民国建筑现状　　　　1－28　牯岭路 20 号民国建筑现状

1－29　牯岭路 21 号民国建筑现状　　　　1－30　宁海路 38 号民国建筑现状

2－1　中国共产党代表团办事处旧址现状

2－2　中国共产党代表团办事处旧址内部展陈

2－3　毗卢寺现状

2 - 4 周恩来图书馆外观及内部展陈

2 - 5 梅园新村 1—4 号，9—12 号民国住宅现状

2 - 6 梅园新村 22 号民国住宅现状

2-7　梅园新村 28—29 号民国住宅现状

2-8　梅园新村 31—33 号民国住宅现状

2－9 梅园新村34号民国住宅现状　　2—10 梅园新村36—37号民国住宅现状

2－11 梅园新村38—39号民国住宅现状　　2—12 梅园新村40号民国住宅现状

2－13 梅园新村43号民国住宅现状

2－14　大悲巷 7 号民国住宅现状　　　　2－15　大悲巷 9 号、11 号民国住宅现状

2－16　雍园 1 号民国建筑现状

2－17　雍园 6 号民国住宅现状　　　　2－18　雍园 21 号民国住宅现状

2-19　雍园9—19号民国住宅现状

2-20　雍园23号民国住宅现状

2-21　雍园25号民国住宅现状

2 - 22　雍园 29 号民国住宅现状

2 - 23　雍园 31 号民国住宅现状

2 - 24　雍园 33 号民国住宅现状

2-25　梅园新村 18 号民国建筑现状

2-26　桃源新村 1—4 号建筑群现状

2-27　桃园新村 5—12 号建筑现状

2 - 28　桃源新村 19—24 号、35—42 号联排建筑现状

2 - 29　桃源新村 24—34 号建筑现状

2 - 30　桃源新村 43—48 号建筑现状

2-31　桃源新村 49 号住宅现状

2-32　桃源新村 50 号住宅现状

2-33　桃源新村 51 号住宅现状

2-34　桃源新村 54 号住宅现状

2-35　桃源新村 55 号住宅现状

2-36　桃源新村 57 号住宅现状

2 - 37　桃源新村 56 号住宅现状

3 - 1　天王府遗址文物保护标志碑及现状

3 - 2　孙中山临时大总统府原址办公室及会议室现状

3-3　陶澍、林则徐二公祠现状

3-4　中央饭店现状（内部）

3-5　中央饭店现状（外部）

4 - 1　甘熙宅第鸟瞰

5 - 1　朝天宫现状

5-2　卞壸墓碣文物保护标志碑和图片

5-3　国立北平故宫博物院南京分院保存库旧址外观

6-1　夫子庙现状

6－2 江南贡院现状

6－3 李香君故居陈列馆

6－4 王导谢安纪念馆

7－1　刘芝田故居现状

7－2　殷高巷24号、24—1号现状（磨盘街社区）

7－3　殷高巷26号现状　　　　　7－4　殷高巷28号现状

7－5　高岗里18号现状

7-6 魏家骅故居现状

7-7 同乡共井6号民居现状

7-8 同乡共井11号民居现状

7-9 同乡共井15号民居现状

7-10 五福里2—1号民居

7-11　阎俊旧居现状

7-12　荷花塘4号民居现状

7-13　荷花塘5号民居现状

7-14　磨盘街11号民居现状

7 – 15　磨盘街 13 号民居现状

7 – 16　孝顺里 22 号民居现状

7 – 17　谢公祠 1 号民居现状

7 - 18　谢公祠 20 号民居现状

7 - 19　曾静毅故居现状

8－1　三条营64号民居现状（正在修缮）

8－2　三条营70号民居现状（正在修缮）

8－3　三条营72号民居现状　　　　　8－4　三条营74号民居现状

8 – 5 三条营 76 号民居现状

8 – 6 三条营 78 号民居现状

8 - 7 蒋寿山故居现状

9 - 1 新四军一支队司令部旧址

9-2 老街商业店铺现状 　　　　 9-3 吴光杰故居现状

9-4 耶稣教堂旧址现状 　　 9-5 河滨街25号民居现状

9－6　河滨街 34 号民居现状

9－7　河滨街 38 号民居现状

9－8　河滨街 42 号民居现状

9－9　江南圣地 64 号民居现状

10－1　七家村 25 号民居宅现状

10－2　陈雨庆故居现状

10 - 3   陈纬木故居现状   10 - 4   陈后丰故居现状

10 - 5   邰顺发民居现状

参考文献

历史文献

（民国）国都设计技术专员办事处编：《首都计划》，南京出版社 2006 年版。

（唐）许嵩撰，张忱石点校：《建康实录》，中华书局 1986 年版。

（南宋）李焘编：《续资治通鉴长编》，中华书局 2004 年版。

（清）赵尔巽等纂：《清史稿》，中华书局 1977 年版。

（清）吕燕昭修，姚照纂：《新修江宁府志》，清嘉庆十六年（1811 年）刻本。

（唐）房玄龄等：《晋书》，中华书局 1974 年版。

（五代）刘昫等：《旧唐书》，中华书局 1975 年版。

（北宋）欧阳修等：《新唐书》，中华书局 1975 年版。

（清）吴任臣：《十国春秋》，中华书局 1983 年版。

（明）陈沂：《金陵古今图考》，南京出版社 2006 年版。

（清）陈作霖纂：《金陵琐志九种》，南京出版社 2008 年版。

（南宋）马光祖修，周应合纂：《景定建康志》，中华书局 1990 年版。

（明）礼部纂修：《洪武京城图志》，南京出版社 2006 年版。

（清）莫祥芝、甘绍盘修，汪士铎等纂：《同治上江两县志》，江苏古籍出版社 1991 年版。

（明）陈沂、孙应岳，（清）余宾硕：《金陵世纪》，南京出版社 2009 年版。

（元）张铉纂修：《至正金陵新志》，北京图书馆出版社 2006 年版。

（北宋）马令：《南唐书》，载傅璇宗等主编《五代史书汇编》第 9 册，杭州出版社 2004 年版。

（元）张铉撰，田崇校点：《至正金陵新志》，南京出版社 1991 年版。

（唐）李延寿：《南史》，中华书局 1975 年版。

（唐）魏征、令狐德棻：《隋书》，中华书局 1973 年版。

（明）程三省修，李登等纂：《万历上元县志》，南京出版社 2010 年版。

（明）顾起元：《客座赘语》，中华书局 1987 年版。

（明）《嘉靖高淳县志》，宁波天一阁藏本影印本，上海古籍书店 1963 年版。

（清）李斯佺、叶楠等：《康熙高淳县志》，南京出版社 2014 年版。

著作

邵甬：《法国建筑·城市·景观遗产保护与价值重现》，同济大学出版社 2010 年版。

贺云翱：《六朝瓦当与六朝都城》，文物出版社 2005 年版。

伍江、王林主编：《历史文化风貌保护规划编制与管理》，同济大学出版社 2007 年版。

薛林平：《建筑遗产保护概论》，中国建筑工业出版社 2013 年版。

王景慧、阮仪三、王林：《历史文化名城保护理论与规划》，同济大学出版社 1999 年版。

吴志强、李德华：《城市规划原理》，中国建筑工业出版社 2010 年版。

吴良镛：《北京旧城与菊儿胡同》，中国建筑工业出版社 1994 年版。

阮仪三：《城市遗产保护论》，上海科学技术出版社 2005 年版。

张松：《历史城市保护学导论——文化遗产和历史环境保护的一种整体性方法》，上海科学技术出版社 2001 年版。

朱晓明编著：《当代英国建筑遗产保护》，同济大学出版社 2007 年版。

南京市地方志编纂委员会、南京文物志编纂委员会编：《南京文物志》，方志出版社 1997 年版。

汪永平：《南京城南民居的调查与保护》，《南京文物工作》1992 年。

周岚等编著：《快速现代化进程中的南京老城保护与更新》，东南大学出版社 2004 年版。

南京博物院编：《北阴阳营——新石器时代及商周时期遗址发掘报告》，文物出版社 1993 年版。

朱炳贵编著：《老地图·南京旧影》（高清典藏本），南京出版社 2014
　　年版。

马伯伦、刘晓梵：《南京建置志》，海天出版社 1999 年版。

罗永平：《江苏丝绸史》，南京大学出版社 2015 年版。

吕武进、李绍成、徐柏春：《南京地名源》，江苏科学技术出版社 1991
　　年版。

胡适：《〈红楼梦〉考证》，《红楼梦研究参考资料选辑》，人民文学出版
　　社 1973 年版。

南京市玄武区人民政府编：《钟灵玄武》，南京出版社 2014 年版。

中国人民政治协商会议江苏省委员会、文史资料研究委员会编：《江苏
　　文史资料选辑》（第九辑），江苏人民出版社 1982 年版。

蔡玉洗主编：《南京情调》，江苏文艺出版社 2000 年版。

江苏通志编纂委员会：《江苏省通志稿》（方域志），江苏古籍出版社
　　1993 年版。

贺云翱、蔡龙：《认知·保护·复兴——南京评事街历史城区文化遗产
　　研究》，南京师范大学出版社 2012 年版。

南京市秦淮区地方志办公室：《南京门东、门西地区历史文化资源梳理
　　集粹》，秦淮区方志办 2013 年版。

陈济民编著：《南京掌故》，南京出版社 2008 年版。

南京市地名委员会编：《南京地名大全》，南京出版社 2012 年版。

王付荣、阎文斌编：《古里秦淮地名源》，南京出版社 2010 年版。

叶楚伦、柳诒徵：《首都志》，南京出版社 2013 年版。

南京晨光集团公司党委工作部：《晨光轶事》，南京晨光集团 2009 年版。

高淳县地方志编纂委员会：《高淳县志》，江苏古籍出版社 1988 年版。

裴根：《青岛八大关历史街区研究》，中国海洋大学出版社 2012 年版。

王怀宇：《历史建筑的再生空间》，山西人民出版社 2011 年版。

华南理工大学建筑学院编：《华南理工大学建筑学院建筑学系教师论文
　　集 1995—2000》（上册），华南理工大学出版社 2000 年版。

［美］A. 拉普卜特：《住屋形式与文化》，张玫玫译，境与象出版社
　　1979 年版。

［挪］诺伯·舒兹：《场所精神 迈向建筑现象学》，施植明译，华中科

技大学出版社 2010 年版。

徐雷主编：《城市设计》，华中科技大学出版社 2008 年版。

徐千里：《创造与评价的人文尺度》，中国建筑工业出版社 2000 年版。

赵庆海：《城市发展研究》，吉林大学出版社 2014 年版。

尹思谨：《城市色彩景观规划设计》，东南大学出版社 2004 年版。

期刊论文

顾鉴明：《对我国历史街区保护的认识》，《同济大学学报》2003 年第 3 期。

叶如棠：《在历史街区保护（国际）研讨会上的讲话》，《建筑学报》 1996 年第 9 期。

国际现代建筑协会：《雅典宪章》，《城市发展研究》2007 年第 5 期。

王景慧：《日本的〈古都保存法〉》，《城市规划》1987 年第 5 期。

赵长庚：《历史文化名城和名区的一些规划问题》，《重庆建筑工程学院 学报》1985 年第 3 期。

阮仪三、孙萌：《我国历史街区保护与规划的若干问题研究》，《城市规 划》2001 年第 10 期。

中国城市规划学会历史文化名城规划学术委员会：《关于历史地段保护 的几点建议》，《城市规划》1992 年第 2 期。

傅爽：《历史街区保护（国际）研讨会在黄山市召开》，《建筑学报》 1996 年第 9 期。

李晨：《"历史街区"相关概念的生成、解读与辨析》，《规划师》2011 年第 4 期。

戴湘毅、朱爱琴、徐敏：《近 30 年中国历史街区研究的回顾与展望》， 《华中师范大学学报（自然科学版）》2012 年第 2 期。

陈志华：《保护文物建筑及历史地段的国际宪章》，《世界建筑》1986 年 第 3 期。

［德］马丁·穆施塔：《德意志民主共和国保护文物建筑和历史地段的 原则》，陈志华译，《世界建筑》1985 年第 3 期。

朱自煊：《他山之石 可以攻玉（二）——日本高山市历史地段保护与城 市设计》，《国外城市规划》1987 年第 3 期。

李勇：《意大利历史地段与文物建筑保护》，《沈阳建筑工程学院学报》1992 年第1 期。

朱自煊：《屯溪老街历史地段的保护与更新规划》，《城市规划》1987 年第 1 期。

吴良镛：《"抽象继承"与"迁想妙得"——历史地段的保护、发展与新建筑创作》，《建筑学报》1993 年第 10 期。

孙平：《从"名城"到"历史保护地段"》，《城市规划》1992 年第 6 期。

吴良镛、方可、张悦：《从城市文化发展的角度，用城市设计的手段看历史文化地段的保护与发展——以北京白塔寺街区的整治与改建为例》，《华中建筑》1998 年第 3 期。

张杰、方益萍：《济南市芙蓉街曲水亭街地区保护整治规划研究》，《城市规划汇刊》1998 年第 2 期。

阮仪三、范利：《南京高淳淳溪镇老街历史街区的保护规划》，《现代城市研究》2002 年第 3 期。

胡云、黎志涛：《常州市青果巷历史地段"有机更新"研究》，《东南大学学报》（哲学社会科学版）2002 年第 4 期。

刘丛红、刘定伟、夏青：《历史街区的有机更新与持续发展——天津市解放北路原法租界大清邮政津局街区概念性设计研究》，《建筑学报》2006 年第 12 期。

陆翔：《北京传统住宅街区渐进更新的途径》，《北京规划建设》2001 年第 3 期。

宋晓龙、黄艳：《"微循环式"保护与更新——北京南北长街历史街区保护规划的理论和方法》，《城市规划》2000 年第 11 期。

王骏、王林：《历史街区的持续整治》，《城市规划汇刊》1997 年第 3 期。

梁乔：《历史街区保护的双系统模式的建构》，《建筑学报》2005 年第 12 期。

张鹰：《基于愈合理论的"三坊七巷"保护研究》，《建筑学报》2006 年第 12 期。

阮仪三、顾晓伟：《对于我国历史街区保护实践模式的剖析》，《同济大学学报》（社会科学版）2004 年第 5 期。

王景慧：《历史地段保护的概念和作法》，《城市规划》1998 年第 3 期。

董卫：《城市更新中的历史遗产保护——对城市历史地段/街区保护的思
　　考》，《建筑师》2000 年第 6 期。

王世仁：《保存·更新·延续——关于历史街区保护的若干基本认识》，
　　《北京规划建设》2002 年第 4 期。

廖仁静等：《都市历史街区真实性的游憩者感知研究——以南京夫子庙
　　为例》，《旅游学刊》2009 年第 1 期。

徐国良、万春燕、甘萌雨：《福州市历史街区游客意向空间感知差异研
　　究》，《重庆师范大学学报》（自然科学版）2012 年第 2 期。

刘家明、刘莹：《基于体验视角的历史街区旅游复兴——以福州市三坊
　　七巷为例》，《地理研究》2010 年第 3 期。

李和平、薛威：《历史街区商业化动力机制分析及规划引导》，《城市规
　　划学刊》2012 年第 4 期。

陈永明：《历史街区保护中若干技术问题的探讨——绍兴市历史街区保
　　护的实践与思考》，《古建园林技术》2007 年第 3 期。

庞前聪、詹庆明、吕毅：《激光遥感技术——古建筑与历史街区保护的
　　新契机》，《中外建筑》2008 年第 2 期。

韩世刚：《基于 Google Earth 的历史街区虚拟重建技术研究》，《系统仿
　　真学报》2009 年第 10 月。

胡明星、金超、董卫：《基于 GIS 技术在南京历史文化名城保护规划中
　　划定历史街区的应用》，《建筑与文化》2010 年第 7 期。

郑晓华、沈洁、马菀艺：《基于 GIS 平台的历史建筑价值综合评估体系
　　的构建与应用——以南京三条营历史街区保护规划为例》，《现代城
　　市研究》2011 年第 4 期。

孙新磊、吉国华：《三维激光扫描技术在传统街区保护中的应用》，《华
　　中建筑》2009 年第 7 期。

李新建：《历史街区适应性直埋管线综合规划技术研究》，《城市规划》
　　2013 年第 11 期。

吴建勇：《非文物历史街区保护问题研究：一种对待历史的态度——以
　　高邮为例》，《现代城市研究》2010 年第 1 期。

杨春荣：《历史街区保护与开发中建筑的原真与模仿之争——以成都宽窄巷子为例》，《西南民族大学学报》2009 年第 6 期。

姜建涛、李爽、李春辉：《城市形象理论导入历史街区更新之探讨》，《北京城市学院学报》2009 年第 6 期。

李和平等：《重庆历史街区分级保护策略》，《城市规划》2010 年第 1 期。

卢漫、王刚：《南京鼓楼区颐和路历史街区特色与保护价值》，《江苏建筑》2007 年第 4 期。

吴超：《南京老城南门东历史街区传统院落布局特征》，《城市建筑》2013 年第 4 期。

王建国、陈宇：《南京历史地段保护性城市设计初探》（英文），《东南大学学报》（英文版）2000 年第 2 期。

邓晟辉、姚亦锋：《南京明故宫历史地段保护研究》，《山东建筑工程学院学报》2006 年第 2 期。

邓晟辉、姚亦锋：《城市历史地段保护策略研究——以南京明故宫地段为例》，《城市问题》2005 年第 5 期。

杨锐、赵岩：《优雅地老去：南京老城南历史街区的景观复兴策略》，《现代城市研究》2011 年第 9 期。

郭华瑜：《建筑学五年级"传统街区的保护与更新"设计教案研究——以南京门西愚园地块城市设计为例》，《华中建筑》2008 年第 12 期。

杨俊宴、吴明伟：《城市历史文化保护模式探索——以南捕厅街区为例》，《规划师》2004 年第 4 期。

刘宁旗：《南京梅园新村民国住区保护改造纪实——兼谈历史街区出新中不变、可变、善变的辩证关系》，《现代城市研究》2007 年第 1 期。

刘峰：《融入当下的传承——南京六合文庙传统街区保护与更新》，《现代城市研究》2013 年第 11 期。

杨俊宴、谭瑛、吴明伟：《基于传统城市肌理的城市设计研究——南捕厅街区的时间与探索》，《城市规划》2009 年第 12 期。

江昼：《城市景观标识设计中富含城市他色的视觉营造基础元素之提炼——以南京市历史街区景观标识设计为例》，《华中建筑》2007 年第 3 期。

祝莹：《历史街区传统风貌保护研究——以南京中华门门东地区城市更新为例》，《新建筑》2002 年第 2 期。

黄嫦娥、沈苏彦：《制约历史街区旅游开发的社会生态环境分析——以南京梅园新村历史街区为例》，《南京晓庄学院学报》2014 年第 2 期。

王路：《历史街区保护误区之：“镶牙式改造”——南京老城南历史街区保护困境》，《中华建设》2011 年第 5 期。

贺云翱：《近年来六朝都城考古的主要收获》，《东南文化》2016 年第 4 期。

高丹予：《南京总统府的遗址沿革及其建筑遗存考》，《东南文化》1999 年第 5 期。

张亚群：《科举学的文化视角》，《厦门大学学报（哲学社会科学版）》，2002 年第 6 期。

姚迁、王少华：《南京新发现太平天国官印和官执照》，《文物》1980 年第 2 期。

张学研、崔志华：《资源整合视角下南京老字号复兴探究》，《建筑与文化》2016 年第 4 期。

王嵩：《浅议中国传统建筑再利用面临的问题》，《华中建筑》2008 年第 10 期。

赵侃：《仿古建筑兴起的文化因素》，《艺术评论》2009 年第 3 期。

姜磊、陈方慧、舒畅：《仿古建筑的真实性探讨》，《华中建筑》2008 年第 6 期。

李剑平：《关于仿古建筑形式的思考》，《文物世界》2001 年第 3 期。

贾鸿儒：《论仿古建筑的文化价值》，《中国建材科技》2014 年第 4 期。

苗阳：《我国传统城市文脉构成要素的价值评判及传承方法框架的建立》，《城市规划学刊》2005 年第 4 期。

乔怡青：《城市设计中的场所精神》，《城市问题》2011 年第 9 期。

杨建军：《场所精神与城市特色初探——以苏州为例》，《华东交通大学学报》2006 年第 5 期。

邓清华：《城市色彩探析》，《现代城市研究》2002 年第 4 期。

周立：《关于城市色彩的思考》，《现代城市研究》2005 年第 5 期。

蒋跃庭、卢银桃、甄峰：《城市历史文化区色彩规划方法创新——以南京明城墙及其周边区域为例》,《华中建筑》2010 年第 8 期。

王发堂:《仿古建筑不应成为"假古董"》,《中国社会科学报》2012 年 7 月 16 日, 第 B02 版。

学位与会议论文

贺菲菲:《历史街区的商业化改造与更新研究》, 硕士学位论文, 湖南大学, 2007 年。

张素荣:《ZigBee 技术在历史街区智能化中的应用》, 硕士学位论文, 湖南科技大学, 2008 年。

胡颖:《论历史街区的非物质文化遗产保护——以屯溪老街为例》, 硕士学位论文, 华东师范大学, 2006 年。

郑利军:《历史街区动态保护研究》, 博士学位论文, 天津大学, 2004 年。

魏皎:《城市转型期中南京历史街区现状和保护更新研究》, 硕士学位论文, 南京工业大学, 2010 年。

吴超:《南京老城南门东历史街区空间结构分析》, 大学硕士学位论文 西安建筑科技, 2013 年。

刘炜:《湖北古镇的历史、形态与保护研究》, 硕士学位论文, 湖北武汉理工大学, 2006 年。

蒋文君:《近代工业遗产的整体性保护再利用策略探讨——以金陵机器制造局为例》, 硕士学位论文, 东南大学, 2013 年。

罗珂:《场所精神》, 硕士学位论文, 重庆大学, 2006 年。

张杰、张飏:《走向物质与非物质整合的历史街区文化遗产保护方法研究——以福州三坊七巷保护为例》, 2009 年中国城市规划年会, 天津, 2009 年 10 月。

陈北领:《土壤源热泵技术在历史街区保护规划中的应用——已南京南捕厅历史街区为例》, 2011 年城市发展与规划大会, 扬州, 2011 年 6 月。

王丽丽:《南京老城南旧城更新的博弈与启示》, 2012 年中国城市规划年会, 昆明, 2002 年 10 月。